厦门市同安区"一村一品"实用手册

——厦门市同安区特色农产品无公害生产技术规程

◎ 杨森山 主编

U0353097

中国农业科学技术出版社

图书在版编目（CIP）数据

厦门市同安区"一村一品"实用手册：厦门市同安区特色农产品无公害
生产技术规程／杨森山主编. —北京：中国农业科学技术出版社，2016. 10
ISBN 978 - 7 - 5116 - 2815 - 2

Ⅰ.①厦…　Ⅱ.①杨…　Ⅲ.①农产品生产 - 无污染技术 - 技术操作规程 -
厦门　Ⅳ.①S3 - 65

中国版本图书馆 CIP 数据核字（2016）第 256387 号

责任编辑　　徐定娜
责任校对　　马广洋

出 版 者　　中国农业科学技术出版社
　　　　　　北京市中关村南大街 12 号　邮编：100081
电　　话　　(010)82105169(编辑室)　　(010)82109702(发行部)
　　　　　　(010)82109709(读者服务部)
传　　真　　(010)82106626
网　　址　　http://www.castp.cn
经 销 者　　各地新华书店
印 刷 者　　北京科信印刷有限公司
开　　本　　710mm ×1 000mm　1/16
印　　张　　19
字　　数　　263 千字
版　　次　　2016 年 10 月第 1 版　2016 年 10 月第 1 次印刷
定　　价　　45.00 元

《厦门市同安区"一村一品"实用手册》
编　委　会

顾　　问：吴良泉　　王朝阳　　陈育才　　吕放动
　　　　　彭明赞
主　　编：杨森山
副 主 编：黄清桂　　彭海乐
参编人员：杨森山　　黄清桂　　彭海乐　　陈荣空
　　　　　蔡海吟　　李谓娟　　邵锦淑　　陈惠秀
　　　　　陈雪雅　　林坎婴
参审人员：邵冬白　　彭建立　　陈水用　　叶庆成
　　　　　苏国存　　郭金堆　　陈美暖　　邵锦淑

组织单位：厦门市同安区农业与林业局
协助单位：厦门市农村专业技术协会
　　　　　厦门市同安区农村专业技术协会

序　言

　　民以食为天，食以安为先，保障食品安全，让人吃得健康、吃得安全，对老百姓来说是"天大的事"。党的十八届五中全会作出了实施食品安全战略的重大决策部署，习近平总书记也多次强调了要用"最严谨的标准、最严格的监管、最严厉的处罚、最严肃的问责"，严把从农田到餐桌的每一道防线，切实保障人民群众"舌尖上的安全"。

　　厦门市同安区各级政府高度重视农产品质量安全工作，把农产品质量安全列入年度绩效考核内容，2016年申请参加第二批国家和省级农产品质量安全县创建工作。区农林部门一手抓执法监管，一手抓标准化生产，从把好农田生产源头质量关出发，组织编著《厦门市同安区"一村一品"实用手册》一书。该书紧紧围绕同安区"一村一品"特色农产品的生产实际，内容涵盖蔬菜、果茶、粮食、油料、畜牧和水产等六大产业，以无公害理论为基础，以实用技术为核心，以指导当地生产为根本，制定的无公害农产品生产技术规程别具一格、新颖独特、查找方便、实用性强。

　　牢固树立绿色发展理念，给消费者提供放心的食品，把舌尖上的安全"产出来"，是每个农业人的使命，也是心愿。该书将农业的科技成果和多年的生产实践相结合，具有"文字简明、通俗易懂、逻辑严谨、便于操作"的特点，可作为新型职业农民培训教材，为农民专业合作社、家庭农场等农业经营主体开展农产品质量安全生产提供技术支撑，为同安区"一村一品"生产指导手册，促进农业"提质增效转方式"。

厦门市同安区人民政府副区长：

编写说明

　　承担《厦门市同安区"一村一品"实用手册》一书的编著工作以来，在进一步摸清同安区"一村一品"特色农产品种类、规模等情况后，我们以陈生斗、刘新录主编的、中国农业出版社出版的《无公害农产品管理与技术》（第三版）等为指导，通过参考各地制定的各种农产品无公害生产技术规程，结合本区实际，完成了该书的编写工作。

　　本书共分五章，第一章概述了主要介绍了无公害农产品的产生背景、无公害农产品概念，以及无公害农产品生产产地环境、生产过程投入品管理、组织管理等基础要求；第二章至第三章是本书的核心部分，围绕同安区"一村一品"特色农产品的生产实际，内容涵盖蔬菜生产、果茶生产、粮食生产、油料生产、畜牧业生产、水产养殖生产等六方面，以无公害理论为基础，以实用技术为核心，以指导当地生产为根本，针对同安区常见的 24 种蔬菜、9 种水果、4 种粮油作物、茶叶、3 种畜禽、7 种水产品制定无公害生产技术规程；第四章主要概述了农产品质量安全生产的有关法律法规，介绍了无公害农产品产地认定和产品认证的管理办法，还从无公害农产品生产的角度，对 2015 年 10 月 1 日实施、新修订的《中华人民共和国食品安全法》，以及《中华人民共和国农产品质量安全法》进行解读。

　　本书的编辑出版，是编著人员多年开展农业"五新"技术推广、农产品质量安全生产措施推广工作的技术和经验的结晶，他们的工作实践为写成本书提供了丰富的资料和素材。在编写过程中，也收录了目前从事相关研究的专家著作或论文中的一些内容，在此，谨向对本书的编写给予帮助的领导、专家深表谢意。

　　由于水平和时间限制，书中出现不足和缺点在所难免，敬请广大读者不吝批评指正。

编写小组

目　　录

第一章 无公害农产品及生产要求

第一节 无公害农产品概念

一、无公害农产品产生的背景

无公害农产品是指产地环境、生产过程、产品质量符合国家有关标准和规范的要求，经有关部门认证合格，获得认证证书并允许使用无公害农产品标志的未经加工或初加工的食用农产品。

无公害农产品的产生和发展，有其深刻的历史背景和社会基础。20世纪90年代后半期，我国主要农产品供求关系发生了重大变化，由长期传统农业型的食物短缺时代进入了相对剩余阶段，由主要解决食物数量安全问题转向了注重食品质量安全问题的发展时期。农产品质量安全问题日益成为公众关注的焦点，成为农业发展的主要矛盾之一。一方面，农产品污染问题突出，有毒有害物质超标造成的餐桌污染和引发的中毒事件时有发生；另一方面，我国的农产品出口因质量安全问题被拒收、扣留、退货、销毁、索赔和中止合同的现象时有出现，许多传统大宗出口创汇农产品被迫退出国际市场。正是在这样一个时代背景下，农业部按照国务院的指示精神，在充分调研的基础上，于2001年4月启动了"无公害食品行动计划"，以提高农产品质量安全水平为核心，以强化农产品质量安全保障体系建设为基础，以农产品产地环境、生产过程、投入品监管、质量追溯和市场准入等环节为重点，全面推进农产品质量安全监管的各项工作，并率先在北京、天津、上海和深圳四个大城市进行试点，并于次年在全国范围内全面加快推进。

2003 年 3 月，经中央机构编制委员会办公室批准和国家认证认可监督管理委员会登记注册，农业部成立了农产品质量安全中心，专门负责无公害农产品认证的具体工作。至此，农业部正式启动了全国统一标志的无公害农产品认证与管理工作。

二、无公害农产品定义

无公害农产品属于农产品范畴，是农产品家族中的一部分。根据农业部、国家质量监督检验检疫总局第 12 号部长令发出的《无公害农产品管理办法》第二条规定，无公害农产品是指产地环境、生产过程、产品质量符合国家有关标准和规范的要求，经认证合格获得认证证书并允许使用我公害农产品标志的未加工或初加工的食用农产品。也就是使用安全的投入品，按照规定的技术规范生产，产地环境、产品质量符合国家强制性标准并使用特有的安全农产品，包括种植业、畜牧业和渔业产品。

无公害农产品的管理是一种质量认证性质的管理，质量认证合格的表示方法为颁发"认证证书"和使用"认证标志"。农业部农产品质量安全中心是唯一实施无公害农产品质量认证管理的单位，无公害农产品的"认证证书"由农业部农产品质量安全中心制作颁发。农产品只有经农业部农产品质量安全中心认证合格，获得颁发认证证书，并允许在产品及产品包装上使用全国统一的无公害农产品标志的食用农产品，才能称之为无公害农产品。

无公害农产品实行认证目录制度，只有在认证目录范围内的产品才能受理认证，不在认证目录范围内的产品不予受理。列入认证范围的农产品名单由农业部和国家认证认可监督管理委员会通过发布《实施无公害农产品认证的产品目录》的形式确定。无公害农产品全部为食用农产品，非食用农产品如棉花等不在无公害农产品的认证范围。

三、无公害农产品内涵

无公害农产品具有丰富的内涵，突出体现在以下方面。

全程质量控制的管理理念：无公害农产品通过认证实现对质量安全的管理，认证的过程不是生产的某个环节或某个技术或某个方面的认可，而是对农产品生产整个过程的合格评定，包括农产品的产地环境中空气、土壤和生产用水的检测，周围环境质量状况的评估，生产过程质量安全控制措施的实施，生产中投入品的使用记录，以及最终成品的质量安全水平等，覆盖了农产品生产的整个过程多个环节各个方面。

标准化生产的要求：标准是无公害农产品认证的重要依据，无公害农产品认证的过程是依据相关标准和规范对农产品生产进行合格评定的过程。也就是说标准和规范覆盖的无公害农产品生产的全过程，无公害农产品生产操作的每个环节，都要按照规定的技术标准和规范进行，产地环境、投入品使用、产品质量都必须符合国家相关的强制性标准和规范要求。

可追根溯源：获得认证的无公害农产品，颁发的认证证书和允许使用的无公害农产品标志，都带有申报无公害农产品认证企业的基本生产信息，既可防伪又能追根溯源，防止假冒伪劣，不仅维护了合法生产者的权益，也保护了消费者的权利，一举多得。这三个方面是农业现代化的重要内容，要是当前和今后相当长的一段时间促进我国农业持续快速健康发展的关键性措施。

四、无公害农产品的特征

在市场定位上，无公害农产品是公共安全品牌，保障基本安全，满足大众消费。

在产品结构上，无公害农产品主要是百姓日常生活离不开的"菜篮子"和"米篮子"等大宗未经加工及初加工的农产品。

在技术制度上，无公害农产品推行"标准化生产、投入品监管、关键点控制、安全性保障"的技术制度。

在认证方式上，无公害农产品认证采取产地认定与产品认证相结合的方式，产地认定只要解决产地环境和生产过程中的质量安全控制问题，是产品认证的前提和基础，产品认证主要解决产品安全和市场准入问题。

在发展机制上，无公害农产品认证是为保障农产品生产和消费安全而实施的政府质量安全担保制度，属于公益性事业，实行政府推动的发展机制。

在标志管理上，无公害农产品认证是由农业部和国家认证可监督管理委员会联合公告，依据《无公害农产品标志管理办法》实施全国统一标志管理。

第二节　无公害农产品产地环境
要求与生产管理

一、无公害农产品产地环境要求

《农产品安全质量》产地环境要求 GB/T 18407—2001 分为以下四部分。

1.《农产品安全质量 无公害蔬菜产地环境要求》（GB/T 18407. 1—2001）

该标准对影响无公害蔬菜生产的水、空气、土壤等环境条件按照现行国家标准的有关要求，结合无公害蔬菜生产的实际做出了规定，为无公害蔬菜产地的选择提供了环境质量依据。

2.《农产品安全质量 无公害水果产地环境要求》（GB/T 18407. 2—2001）

该标准对影响无公害水果生产的水、空气、土壤等环境条件按照现行国家标准的有关要求，结合无公害水果生产的实际做出了规定，为无公害水果产地的选择提供了环境质量依据。

3.《农产品安全质量 无公害畜禽肉产地环境要求》（GB/T 18407.3—2001）

该标准对影响畜禽生产的养殖场、屠宰和畜禽类产品加工厂的选址和设施，生产的畜禽饮用水、环境空气质量、畜禽场空气环境质量及加工厂水质指标及相应的试验方法，防疫制度及消毒措施按照现行标准的有关要求，结合无公害畜禽生产的实际做出了规定。从而促进我国畜禽产品质量的提高，加强产品安全质量管理，规范市场，促进农产品贸易的发展，保障人民身体健康，维护生产者、经营者和消费者的合法权益。

4.《农产品安全质量 无公害水产品产地环境要求》（GB/T 18407.4—2001）

该标准对影响水产品生产的养殖场、水质和底质的指标及相应的试验方法按照现行标准的有关要求，结合无公水产品生产的实际做出了规定。从而规范我国无公害水产品的生产环境，保证无公害水产品正常的生长和水产品的安全质量，促进我国无公害水产品生产。

二、无公害农产品产地条件与生产管理

根据《厦门市无公害农产品产地认定管理办法》（厦农〔2016〕123号）规定，无公害农产品产地条件与生产管理要求如下。

（一）无公害农产品产地应当符合的条件

1. 环境检测

无公害农产品产地环境必须经具有资质的检测机构检测，水源（灌溉水、畜禽饮用水、产品加工用水）、土壤、大气等方面应当符合农业部颁布实施的无公害食品产地环境标准要求。

2. 产地周边环境

种植业产地：周围5千米以内应没有对产地环境可能造成污染的污染源、蔬菜、茶叶、果品等园艺产品产地应距离交通主干道100米以上。

畜牧业产地：符合本区域的行政规划，不在禁养区内；周围 1 千米范围内及水源上游应没有对产地环境可能造成污染的污染源。养殖区所处位置应符合环境保护和动物防疫要求，应远离干线公路、铁路、城镇、居民区、公共场所等。

3. 产地规模

无公害农产品产地应区域范围明确、相对集中，产品相对稳定，附报区域范围图，具备一定的生产规模：粮、油、茶、果、菜作物达 100亩①以上，设施栽培作物 30 亩以上，食用菌 1 万平方米（或 50 万袋）以上；蛋用禽存栏 3 000 羽以上，肉用禽年出栏 6 000 羽以上，生猪年出栏 600 头以上，奶牛存栏 60 头以上，肉牛年出栏 200 头以上，羊年存栏180 只以上。

（二）无公害农产品的生产过程应当符合的要求

1. 管理制度

无公害农产品产地应有能满足无公害农产品生产的组织管理机构和相应的技术、管理人员，并建立无公害农产品生产管理制度。

2. 生产规程

无公害农产品产地的生产过程控制应参照无公害食品相关标准，并结合本产地生产特点，制定详细的无公害农产品生产质量控制措施和生产操作细则。

3. 农业投入品使用

按无公害农产品生产技术标准（规程、规范、准则）要求使用农业投入品，实施农（兽）药停（休）药期制度。

4. 动植物病虫害监测

无公害农产品产地应定期开展动植物病虫害监测，并建立动植物病虫害监测报告档案制度。畜牧业产地按《动物防疫法》要求实施动物疫病免疫程序和消毒制度，养殖企业具备防疫合格证。

---

① 1 亩约等于 667 平方米，1 公顷 =15 亩。全书同

5. 生产记录档案

无公害农产品产地应建立生产过程和主要措施的记录制度，农产品生产记录应保存二年。

第三节　无公害农产品生产的施肥技术

一、无公害农产品生产的施肥原则

无公害农产品生产的施肥原则应是：以有机肥为主，辅以其他肥料；以多元复合肥为主，单元素肥料为辅；以施基肥为主，追肥为辅。为降低污染，充分发挥肥效，应实施配方施肥，即根据蔬菜营养生理特点、吸肥规律、土壤供肥性能及肥料效应，确定有机肥、氮、磷、钾及微量元素肥料的适宜用量和比例以及相应的施肥技术，做到对症配方。

尽量限制化肥的施用，如确实需要，可以有限度有选择地施用部分化肥，但应注意掌握以下原则。

1. 有机肥为主的原则

宜使用的优质有机肥的种类有堆肥，厩肥，腐熟人、畜粪便，沼气肥，绿肥，腐殖酸类肥料以及腐熟的作物秸秆和饼肥等。通过增施优质有机肥料，培肥地力。允许限量使用的化肥及微肥有尿素、碳酸氢铵、硫酸铵、磷肥（磷酸二铵、过磷酸钙、钙镁磷肥等）、钾肥（氯化钾、硫酸钾等）、Cu（硫酸铜）、Fe（氯化铁）、Zn（硫酸锌）、Mn（硫酸锰）、B（硼砂）等。掌握有机氮与无机氮之比为7：（3~6）：4不低于1∶1。

2. 提高无机氮肥有效性的原则

氮素是作物吸收的大量元素之一，生产中需施用大量氮肥补充土壤供应的不足。但大量施用氮素化肥对环境、农产品及人类健康具有潜在的不良影响。这是由于无机氮肥在土壤中易转化为 NO_3—N 和 NO_2—N，其中 NO_3 易被淋溶而污染地下水，NO_2—N 除影响作物生长外，还可经反硝化途径形成氮氧化物释放至大气中，对环境造成不利影响。对于必须补充的无机氮肥，提倡使用长效氮肥，如化合型脲异丁醛（IBDU）、草酰胺、CDU、GUP 等，以及包膜型的硫衣尿素、LP 包衣尿素、包衣碳铵等，以减少氮素因淋溶或反硝化作用而造成的损失，提高氮素利用率，减轻环境污染。因此，在常规氮肥的使用中，应配合施用氮肥增效剂，抑制土壤微生物的硝化作用或脲酶的活性，达到减少氮素硝化或氮挥发损失的目的。目前，已开发的增效剂有 N—吡啶、AM、硫脲、双氰胺、氢醌等。

3. 以底肥为主的原则

增加底肥比重，一方面有利于培育壮苗，另一方面可通过减少追肥（氮肥为主）数量，减轻因追肥过迟距临近成熟对吸收的营养不能充分同化所造成的污染，还可提高产品的无公害程度。生产中宜将有机肥料全部底施，如有机氮与无机氮比例偏低，辅以一定量无机氮肥，使底肥氮与追肥氮比达 6：4 或 7：3。施用的磷、钾肥及各种微肥均采用底施方式。

4. 测土配方施肥，保持生产基地的农田土壤中的养分输入、输出相平衡的原则

做到氮、磷、钾肥以及微肥的均衡供应。农家肥以及人、畜粪便应腐熟达到无害化标准的原则。

5. 适宜施肥量的确定

在测土配方施肥的基础上，采用平衡施肥的方法确定适宜的施肥量。某种肥料需要量的估测，可用下式计算：肥料需要量 =（一季作物的总吸收量 – 土壤养分供应量）÷（肥料中该养分含量 – 肥料当季利用率）

一季作物的总吸收量：目标产量 × 每千克产量养分的需要量

肥料当季利用率如下：氮肥一般 30% ~ 50%（长效氮肥可达60% ~ 80%），磷肥为 10% ~ 20%（过磷酸钙、钙镁磷肥）和 25%。30%（磷酸二铵），钾肥为 50% ~ 70%，有机肥一般条件下为20% ~ 25%。

根据上述公式及参数，可大体确定达到预期产量目标所需施用的氮、磷、钾的用量。

二、推荐使用的肥料种类

无公害农产品生产推荐使用的肥料种类见表 1 – 1。不使用硝态氮肥。

表 1 – 1　无公害农产品生产推荐允许使用的肥料种类

肥料名称	名称	简介
有机肥料	1. 堆肥	以各类秸秆、落叶、人畜粪便堆积而成
	2. 沤肥	堆肥的原料在淹水的条件下进行发酵而成
	3. 积肥	猪、羊、牛、鸡、鸭、等禽畜的粪尿与秸秆垫料堆成
	4. 绿肥	栽培或野生的绿色植物体作肥料
	5. 沼气肥	沼气液或残渣
	6. 秸秆	作物秸秆
	7. 泥肥	未经污染的河泥、塘泥、沟泥等
	8. 饼肥	菜籽饼、棉籽饼、芝麻饼、茶籽饼、花生饼、豆饼等
	9. 灰肥	草木灰、木炭、稻灰、糠灰等
商品肥料	1. 商品有机肥	以生物物质、动植物残体、排泄物、废原料加工制成
	2. 腐殖酸类肥料	甘蔗滤泥、泥炭土等含腐殖酸类物质的肥料、环亚氨基酸等
	3. 微生物肥料	
	根瘤菌肥料	能在豆科植物上形成根瘤的根瘤菌剂
	固氮菌肥料	含有自身固氮菌、联合固氮菌剂的肥料
	磷细菌肥料	含有磷细菌、解磷真菌、菌根菌剂的肥料
	硅酸盐细菌肥料	含有硅酸盐细菌、其他解钾微生物制剂
	复合微生物肥料	含有二种以上有益微生物，它们之间互不拮抗的微生物制剂
	4. 有机—无机复合肥	以有机物质和少量无机物质复合而成的肥料如畜禽粪便加入适量锰、锌、硼等微量元素制成
	5. 无机肥料	
	氮肥	尿素、氯化铵
	磷肥	过磷酸钙、钙镁磷肥、磷矿粉
	钾肥	氯化钾、硫酸钾

（续表）

肥料名称	名称	简介
商品肥料	钙肥	生石灰、石灰石、白云石粉
	镁肥	钙镁磷肥
	复合肥	二元、三元复合肥
	6. 叶面肥	
	生长辅助类	青丰可得、云苔素、万得福、绿丰宝、爱多收、迦姆丰收、施尔得、云大 120、2116、奥普尔、高美施、惠满丰等
商品肥料	微量元素类	含有铜、铁、锰、锌、硼、钼等微量元素及磷酸二氢钾、尿素、氯化钾等配置的肥料
其他肥料	海肥动物杂肥	不含防腐剂的鱼渣、虾渣、贝蚧类等 不含防腐剂的牛羊毛废料、骨粉、家畜加工废料等

制作堆肥用的农家肥应经 50℃ 以上发酵 5～7d，充分腐熟后才能使用。不应使用含重金属和有害物质的城市生活垃圾、污泥、医院的粪便垃圾和工业垃圾。此类垃圾要经过无害化处理后才可使用。作土施追肥使用的化学肥料应在采果前 30d 停用，作叶面追肥的肥料应在采果前 20d 停用。

三、无公害蔬菜生产的施肥技术

蔬菜生产中农药、化肥的超量使用，会造成蔬菜产品中有害物质大量积累，影响人们健康。蔬菜生产必须向无公害方向发展，确保蔬菜中硝酸盐及其他有害物质的含量不超标。

1. 无公害蔬菜生产的肥料种类

无公害蔬菜生产中，允许使用的肥料类型和种类有：

（1）农家肥如堆肥、厩肥、沼气肥、绿肥、作物秸秆、泥肥、饼肥等。

（2）生物菌肥包括腐殖酸类肥料、根瘤菌肥料、磷细菌肥料、复合微生物肥料等。

（3）无机矿质肥料如矿物钾肥和硫酸钾、矿物磷肥等。

（4）微量元素肥料即以铜、铁、硼、锌、锰、钼等微量元素及有益元素为主配制的肥料。

（5）其他肥料如骨粉、氨基酸残渣、家畜加工废料、糖厂废料等。

2. 无公害蔬菜生产的施肥原则

施肥原则是：以有机肥为主，辅以其他肥料；以多元复合肥为主，单元素肥料为辅；以施基肥为主，追肥为辅。尽量限制化肥的施用，如确实需要，可以有限度有选择地施用部分化肥，但应注意掌握以下几点：①禁止使用硝态氮肥；②控制用量，一般每亩不超过25kg；③化肥必须与有机肥配合施用，有机氮比例为2：1；④少用叶面喷肥；⑤最后一次追施化肥应在收获前30d进行。

3. 配方施肥技术

配方施肥是无公害蔬菜生产的基本施肥技术，配方施肥即根据蔬菜营养生理特点、吸肥规律、土壤供肥性能及肥料效应，确定有机肥、氮、磷、钾及微量元素肥料的适宜量和比例以及相应的施肥技术，做到对症配方。具体应包括肥料的品种和用量，基肥、追肥比例；追肥次数和时期；以及根据肥料特征采用的施肥方式。

4. 无公害蔬菜生产中施肥技术应注意的问题

（1）人粪尿及厩肥要充分发酵腐熟，并且追肥后要浇清水冲洗。

（2）化肥要深施、早施，深施可以减少氮素挥发，延长供肥时间，提高氮素利用率。早施则利于植株早发快长，延长肥效，减轻硝酸盐积累。一般铵态氮施于6cm以下土层，尿素施于10cm以下土层。

（3）配施生物氮肥，增施磷、钾肥，配施生物氮肥是解决限用化学肥料的有效途径之一，磷、钾肥对增加蔬菜抗逆性有着明显作用。

（4）根据蔬菜种类和栽培条件灵活施肥，不同类型的蔬菜，硝酸盐的累积程度有很大差异，一般是叶菜高于瓜菜，瓜菜高于果菜。另外，同一种蔬菜在不同气候条件下，硝酸盐含量也有差异，一般高温强光下，硝酸盐积累少。反之，低温弱光下，硝酸盐大量积累，在施肥过程中，应考虑蔬菜的种类、栽培季节和气候条件等，掌握合理的化肥用量，确保硝酸盐含量在无公害蔬菜的规定范围之内。

5. 不同种类蔬菜施肥技术

（1）瓜类，包括：黄瓜、冬瓜等。

施肥原则：以有机肥为主，重在底肥，合理追肥，控制氮肥施用，禁止施用硝态氮肥，测土配方，保持土壤肥力平衡。

施足基肥：保证施腐熟的有机肥 2 000 ~ 2 500kg/亩、磷酸二铵 30 ~ 50kg/亩、硫酸钾 40 ~ 60kg/亩或三元素复合肥 100kg/亩。

合理追肥：每亩可追施腐熟人粪尿 1 000kg/亩或三元复合肥（或尿素）10kg/亩。同时可用 0.5% 尿素加 0.2% ~ 0.3% 磷酸二氢钾辅以叶面追肥 2 ~ 3 次。

保护地内可增补 CO_2 气。禁止施用有害的城市垃圾和污泥，收获阶段不许用粪水肥追肥。

（2）茄果类蔬菜，包括：番茄、辣椒、茄子等。

施肥原则：以有机肥为主，重在底肥，合理追肥，控制氮肥用量，提倡使用专用肥和生物肥，测土配方，保持土壤肥力平衡。

施足基配：保证施充分腐熟的有机肥 3 000 ~ 4 000kg/亩，并配合施用磷酸二铵 30 ~ 50kg/亩、硫酸钾 40 ~ 60kg/（亩）或三元素复合肥 100kg/亩。合理追肥：每亩可追施腐熟人粪尿 1 000 kg/亩或尿素 10kg/亩。

禁止施用有害的城市垃圾和污泥，收获阶段不许用粪水肥追肥。

（3）叶菜类，包括大白菜、甘兰、芹菜、韭菜等的种植。

施肥原则：以有机肥为主，重在底肥，合理追肥，控制氮肥用量，提倡使用专用肥和生物肥，禁止使用硝态氮肥，测土配方，保持土壤肥力平衡。

施足基肥：保证施腐熟的有机肥 1 000 ~ 2 000 kg/亩、磷酸二铵 30 ~ 40kg/亩、硫酸钾 30 ~ 40kg/亩或三元素复合肥 50kg/亩。

合理追肥：前期和中期追施缓效肥料，可追施充分腐熟的人粪尿 1 000kg/亩及草木灰 50 ~ 100kg/亩或三元素复合肥（或尿素）10kg/亩；后期适当追施速效碳酸氢铵 20 ~ 30kg/亩或尿素 10kg/亩。

第四节　无公害生产与农作物病虫害防治

一、无公害农产品病虫害防治技术

1. 农业防治措施

（1）选用抗病虫品种。选择适合当地生产的高产、优质、抗病虫、抗逆性强的优良品种，这是防治病虫最经济有效的办法。

（2）加强植物检疫，禁止从疫区引种，防止危险性病虫杂草的侵入与蔓延。

（3）加强科学栽培管理。一是实行轮作倒茬，合理间作套种。二是清洁田园，彻底清除病虫残体和杂草落叶，集中销毁、深埋，切断传播途径。三是深耕深翻，破坏病虫越冬场所，杀死大量病菌害虫。四是大力推广平衡施肥技术，增施腐熟有机肥，采用配方施肥技术，提高肥效，增加土壤根际微生物的拮抗作用，增强作物的抗病虫能力。五是人工拔除病株，人工捕虫。通过人工绑草环、摘虫卵、提成虫、摘病叶、拔病株等方法消灭害虫和病原体，减轻病虫害的发生。

2. 生物防治措施

（1）利用害虫天敌——以虫治虫。农业生产中害虫天敌种类繁多，主要包括寄生性和捕食性2大类。天敌与害虫之间互相依存、互相制约，因此在防治时首先要保护好自然天敌，选择性用药；还可人工饲养释放天敌，如赤眼蜂、蚜茧蜂、七星瓢虫等进行治虫。寄生性的天敌主要有赤眼蜂、丽蚜小蜂、金小蜂、烟蚜茧蜂等。它们可将卵产在螟虫、棉铃虫、夜蛾、白粉虱等多种害虫卵内，吸取其营养，使害虫发黑死亡。捕食性的天敌主要有草蛉、瓢虫、螳螂、蜘蛛等，可消灭蚜虫、红蜘蛛、叶蝉、蛾类等多种害虫。

（2）利用微生物及其产物——以菌治虫。苏云金杆菌、7216芽孢杆菌等对100多种害虫有毒杀作用。座壳孢菌剂可有效防治温室白粉虱类。白僵菌可防治金龟子、地老虎。

（3）性外激素诱杀。目前性外激素应用大致有 3 种形式：利用人工合成的性外激素（性诱剂）；利用性外激素的粗提物；直接利用未交尾的活雌虫诱杀雄蛾。

（4）以死虫治活虫。可把捉到的害虫制成让害虫忌避的汁液，喷洒到田间作物上，使害虫忌避、厌食而活活饿死。取 50g 菜青虫、小菜蛾幼虫装入塑料袋内捣烂，加水 100mL 浸泡 24h 后过滤，然后加水 20kg、洗衣粉 25g 喷雾防治菜青虫，效果可达 90％以上。

3. 物理防治措施

（1）种子精选、晒种和浸种。将种子晒 2～3d，利用阳光灭菌，还可将种子用 55℃温水浸种 10min，能有效地漂出和杀灭部分病菌残体，还可防治根结线虫病。

（2）黄板诱杀。蚜虫、白粉虱等对黄色具有强烈趋性，可将 30cm 长、30cm 宽的夹板，两面涂成橙黄色，干后再涂上一层粘油。竖立田间，每亩 20～40 块，黄板应高出作物 30cm，可诱杀大量害虫并防止其迁飞扩散。

（3）灯光诱杀或糖醋液诱杀。利用害虫的趋光性，采用黑光灯、高压汞灯等集中诱杀。许多昆虫对糖醋液有趋性，可将糖醋液盛在水盆内制成诱捕器，放入田间诱杀害虫。

4. 化学防治措施

根据病虫发生规律，在病虫的出蛰期、卵孵化至低龄期及病菌初侵染期等关键时期，选用高效、低毒、低残留的农药进行化学防治。应严格控制用药种类、用药次数、用药浓度，注意安全间隔期，为确保无公害生产，应全面禁用剧毒、高残留或致癌、致畸、致突变农药；限制使用全杀性，高抗性农药。可大力推广使用以下农药。

（1）生物源农药抗生素类。齐螨素、抗霉菌素 120、浏阳霉素、DT 杀菌剂、BT 乳剂等可防治多种害虫。9281、农用抗菌素、腐必清等可有效防治多种病害。

（2）植物性农药。如茼蒿素、绿保伟、除虫菊、烟草水等具有驱虫、抑卵孵化等作用，能除治小害虫。

（3）无机或矿物源农药。如石硫合剂、波尔多液、索利巴尔可防治多种病害；柴油乳剂对介壳虫有特效；高锰酸钾800倍液可防治腐烂病、霜霉病。

（4）以肥治虫。尿素具有破坏昆虫几丁质的作用，用尿素、洗衣粉、水按4∶1∶400的比例混配成洗尿合剂，对蚜虫、菜青虫、红蜘蛛等多种害虫有良效。1%~3%石灰水浸出液喷雾可避卵附着，灭虫效果达80%以上。

（5）昆虫生长调节剂类。如除虫脲、灭幼脲、农梦特、卡死克等甲酰基脲类杀虫杀螨剂，可调节昆虫变态，抑制幼虫脱皮达到有效杀灭害虫，保护天敌的功效。

（6）必须选用高效低毒农药。如锐劲特、吡虫啉、蚜虱净、普力克、杀毒矾、百菌通、粉锈宁等。

（7）喷洒无毒保护剂和增效剂类农药。如植物健身素类等，具有乳化、扩散、粘着功能，配合农药使用可提高药效，减少用药，降低成本，避免产生抗药性，延长药效期。

二、常用农药使用安全间隔期

农药使用安全间隔期是指最后一次施用农药的时间到农产品收获时相隔的天数，可保证收获农产品的农药残留量不会超过国家规定的允许标准。不同农药或同一种农药施用在不同作物上的安全间隔期不一样，农民朋友在使用农药时一定要看清农药标签标明的农药使用安全间隔期和每季最多用药次数，确保农产品在农药使用安全间隔期过后才采收，不得随意增加施药次数和施药量，以防止农产品中农药残留超标。

以下列举了一些常用农药的使用安全间隔期，具体施药时就遵照所用农药标签的规定和《农药合理使用准则》。

杀虫剂、杀菌剂/杀线虫剂的使用安全间隔期见表1-2、表1-3。

表1-2 杀虫剂的使用安全间隔期

农药名称	含量及剂型	适用作物	防治对象	每季最多使用次数（次）	安全间隔期（d）
阿维菌素	1.8%乳油	叶菜	小菜蛾	1	7
		柑橘	潜叶蛾、红蜘蛛	2	14
		黄瓜	美洲斑潜蝇	3	2
		豇豆	美洲斑潜蝇	3	5
啶虫脒	20%乳油	黄瓜	蚜虫	3	2
		柑橘		1	14
	20%可溶粉剂	黄瓜		3	1
	3%乳油	烟草			15
双甲脒	20%乳油	柑橘	螨类、介壳虫	春梢3次夏梢2次	21
三唑锡	25%可湿性粉剂	柑橘	红蜘蛛	2	30
	20%悬浮剂	柑橘		2	30
苯螨特	10%乳油	柑橘	红蜘蛛	2	21
联苯菊酯	10%乳油	番茄（大棚）	白粉虱、螨类	3	4
		茶叶	尺蠖、茶毛虫、茶小绿叶蝉、黑刺粉虱、象甲	1	7
仲丁威	50%乳油	水稻	稻飞虱、叶蝉、三化螟、蓟马	4	21
噻嗪酮	25%可湿性粉剂	水稻	稻飞虱、叶蝉、褐飞虱	2	14
		柑橘	矢尖蚧	2	35
		茶叶	小绿叶蝉、黑刺粉虱	1	10
虫螨腈	10%悬浮剂	甘蓝	小菜蛾	2	14
杀螺胺	70%可湿性粉剂	水稻	福寿螺	2	52
高效氟氯氰菊酯	2.5%乳油	甘蓝	菜青虫蚜虫	2	7
高效氯氰菊酯	10%乳油	甘蓝	菜青虫	3	
氟氯氰菊酯	5.7%乳油	甘蓝	菜青虫	2	7

（续表）

农药名称	含量及剂型	适用作物	防治对象	每季最多使用次数（次）	安全间隔期（d）
氯氟氰菊酯	2.5%乳油	叶菜	小菜蛾、蚜虫、菜青虫	3	7
		柑橘	潜叶蛾、介壳虫、螨类	3	21
		茶叶	茶尺蠖、茶毛虫、小绿叶蝉	1	5
		烟草	烟蚜	2	7
		荔枝	蝽象	2	14
氯氰菊酯	10%乳油	柑橘	潜叶蛾	3	7
		桃	桃		
		叶菜	菜青虫小菜蛾	3	小青菜2大白菜5
		番茄	蚜虫、棉铃虫	2	1
	25%乳油	茶叶	茶尺蠖、茶毛虫、小绿叶蝉	1	7
	5%乳油	叶菜	菜青虫小菜蛾	3	3
		荔枝	荔枝椿象	2	14
顺式氯氰菊酯	5%乳油	茶叶	茶尺蠖、叶蝉	1	7
	10%乳油	叶菜	菜青虫、小菜蛾、蚜虫	3	3
		黄瓜	蚜虫	2	3
		柑橘	潜叶蛾、红蜡蚧	3	7
溴氰菊酯	2.5%乳油	叶菜	菜青虫、小菜蛾	3	2
		柑橘	潜叶蛾		28
		茶叶	茶尺蠖、茶毛虫、小绿叶蝉介壳虫	1	5
		烟草	烟青虫	3	15
		油菜	蚜虫	2	5
		花生	蚜虫	2	14
			棉铃虫		
	25%水分散片剂	甘蔗	菜青虫		3

（续表）

农药名称	含量及剂型	适用作物	防治对象	每季最多使用次数（次）	安全间隔期（d）
除虫脲	25%可湿性粉剂	柑橘	潜叶蛾 锈壁虱	3	28
		甘蓝	菜青虫		7
	25%悬浮剂	茶叶	茶毛虫 茶尺蠖	1	7
顺式氰戊菊酯	5%乳油	叶菜	菜青虫、小菜蛾	3	3
		柑橘	潜叶蛾	3	21
		茶叶	茶尺蠖、叶蝉等	2	7
		烟草	烟青虫	2	10
		甜菜	甘蓝夜蛾	2	60
苯丁锡	50%可湿性粉剂	番茄	红蜘蛛	2	7
		柑橘	红蜘蛛、锈螨		21
甲氰菊酯	20%乳油	叶菜	小菜蛾、菜青虫		3
		柑橘	红蜘蛛、潜叶蛾		30
		茶叶	茶尺蠖、茶毛虫、茶小绿叶蝉	1	7
氰戊菊酯	20%乳油	叶菜	菜青虫、小菜蛾	3	12
		柑橘	潜叶蛾、介壳虫	3	7
		茶叶	茶尺蠖、茶毛虫、丽绿刺、黑刺粉虱	1	10
氟虫脲	5%乳油	柑橘	全爪螨、锈螨、潜叶蛾	2	30
噻唑磷	10%颗粒剂	黄瓜	土壤线虫	1	25
噻螨酮	5%可湿性粉剂	柑橘	红蜘蛛	2	30
吡虫啉	20%可溶液剂	水稻	稻飞虱	2	7
		甘蓝	菜蚜		7
		烟草	蚜虫		10
		番茄	白粉虱	2	3
		番茄 （保护地）	白粉虱		7
	5%乳油	节瓜	蓟马	3	3

18

（续表）

农药名称	含量及剂型	适用作物	防治对象	每季最多使用次数（次）	安全间隔期（d）
四聚乙醛	6%颗粒剂	水稻	福寿螺	2	70
		叶菜	蜗牛、蛞蝓		7
杀扑磷	40%乳油	柑橘	褐圆介、红蜡介	1	30
杀虫单	80%可溶粉剂	水稻	二化螟	2	30
			稻纵卷叶螟		
稻丰散	50%乳油	水稻	螟虫、稻飞虱、叶蝉、负泥虫	4	7
		柑橘	介壳虫、蚜虫、蓟马、潜叶蛾、黑刺粉虱、角肩椿象	3	30
克螨特	73%乳油	柑橘	螨类	3	30
哒螨灵	15%乳油	茶叶	螨类	1	5
多杀菌素	2.5%悬浮剂	甘蓝	小菜蛾	3	3

表1－3　杀菌剂/杀线虫剂的使用安全间隔期

农药名称	剂型及含量	适用作物	防治对象	每季作物最多使用次数	安全间隔期
百菌清	45%烟剂	黄瓜	霜霉病	4	3
	75%可湿性粉剂	花生	叶斑病、锈病	3	14
		番茄	早疫病		7
	40%胶悬剂	花生	花生叶斑病	3	30
	40%悬浮剂	番茄	早疫病		3
氢氧化铜	77%可湿性粉剂	番茄	早疫病	3	3
		柑橘	溃疡病	5	30
己唑醇	5%悬浮剂	水稻	纹枯病	2	45
抑霉唑	22.2%乳油	柑橘	青绿菌	1	60（处理后距上市时间）
	50%乳油				
异菌脲	25%悬浮剂	香蕉	储藏病害	1	4
	50%悬浮剂	番茄	灰霉病、早疫病	3	7

（续表）

农药名称	剂型及含量	适用作物	防治对象	每季作物最多使用次数	安全间隔期
稻瘟灵	40%乳油、可湿性粉剂	水稻	稻瘟病	2	28
春雷霉素	2%水剂	水稻	稻瘟病	3	21
		番茄	叶霉病		4
代森锰锌	80%可湿性粉剂	番茄	早疫病	3	15
		西瓜	炭疽病		21
		荔枝	霜疫霉病	3	10
		烟草	赤星病	2	21
		马铃薯	晚疫病	3	3
		花生	叶斑病	3	7
	42%干悬浮剂	香蕉	叶斑病	3	7
	75%干悬浮剂	西瓜	西瓜炭疽病	3	21
	43%悬浮剂	香蕉	香蕉叶斑病	3	35
咪鲜胺	45%乳油	果	储存病害	1	7（处理后距上市时间）
	45%水乳剂	香蕉	香蕉冠腐病、炭疽病		7
丙环唑	25%乳油	香蕉	叶斑病	2	42
丙森锌	70%可湿性粉剂	黄瓜	霜霉病	3	5
		番茄	早疫病、晚疫病、霜霉病	3	7
嘧霉胺	40%悬浮剂	黄瓜	灰霉病	2	3
烯肟菌酯	25%乳油	黄瓜	霜霉病	3	3
戊唑醇	25%水乳剂	香蕉	叶斑病	3	42
甲基硫菌灵	70%可湿性粉剂	水稻	稻瘟病、纹枯病	3	30
	50%悬浮剂	水稻	稻瘟病、纹枯病	3	
三环唑	75%可湿性粉剂	水稻	稻瘟病	2	21
1 春雷霉素＋氧氯化铜	50%可湿性粉剂	柑橘	溃疡病	5	21
甲霜灵＋代森锰锌	58%可湿性粉剂	黄瓜	霜霉病	3	1
		葡萄		3	21

（续表）

农药名称	剂型及含量	适用作物	防治对象	每季作物最多使用次数	安全间隔期
恶霜灵 + 代森锰锌	64% 可湿性粉剂	黄瓜	霜霉病	3	3
		烟草	黑胫病	3	20
霜脲氰 + 代森锰锌	72% 可湿性粉剂	黄瓜	霜霉病	3	2
		荔枝	荔枝霜（疫）霉病	3	14

三、国家明令禁止使用和限制使用的农药

国家明令禁止使用和限制使用的农药见表 1 - 4。

表 1 - 4　国家明令禁止和限制使用的农药（2016 版）

类别	农药剂名称	禁用范围
全面禁止使用的农药（共 40 种）	甲胺磷、甲基对硫磷、对硫磷、久效磷 磷胺、六六六、滴滴涕、毒杀芬、二溴氯丙烷杀虫脒、二溴乙烷、除草醚、艾氏剂、狄氏剂汞制剂、砷、铅类、敌枯双、氟乙酰胺 甘氟、毒鼠强、氟乙酸钠、毒鼠硅、氧乐果、灭多威、氯磺隆、福美甲胂；胺苯磺隆单剂、甲磺隆单剂、苯线磷、地虫硫磷、甲基硫环磷、磷化钙、磷化镁、磷化锌、硫线磷、蝇毒磷、治螟磷、特丁硫磷（40 种）	全部
	百草枯水剂	自 2016 年 7 月 1 日起停止在国内销售和使用
	胺苯磺隆复配制剂，甲磺隆复配制剂	自 2017 年 7 月 1 日起禁止在国内销售和使用
限制使用的农药（共 17 种）	甲拌磷、甲基异硫磷、硫环磷、内吸磷、克百威、涕灭威、灭线磷、氯唑磷（8 种）	蔬菜、果树、茶叶、中草药材
	水胺硫磷	柑橘树
	三氯杀螨醇、氰戊菊酯	茶树
	丁酰肼（比久）	花生
	溴甲烷	草莓、黄瓜
	硫丹	苹果树、茶树
	氟虫腈	除卫生用、玉米等部分旱田种子包衣剂外
	毒死蜱、三唑磷	自 2016 年 12 月 31 日起禁止在蔬菜上使用

第五节 畜牧业生产规范文件及无公害生产技术

一、畜牧业生产规范文件

畜牧业生产规范文件主要有：

（1）GB 13078—2001 饲料卫生标准。

（2）GB 18596—2001 畜禽养殖业污染物排放标准。

（3）NY/T 388—1999 畜禽场环境质量标准。

（4）NY 5027—2008 无公害食品 畜禽饮用水水质。

（5）《饲料药物添加剂使用规范》 农业部第 168 号（2001）公告。

（6）《病死动物无害化处理技术规范》 农医发〔2013〕34 号。

（7）《家禽产地检疫规程》农医发〔2010〕20 号。

（8）《生猪产地检疫规程》。

（9）《禁止在饲料和动物饮用水中使用的药物品种目录》农业部、卫生部、国家药品监督管理局第 176 号（2002）公告。

（10）《食品动物禁用的兽药及其他化合物清单》农业部第 193 号（2002）公告。

（11）《兽药停药期规定》农业部第 278 号（2003）公告。

（12）《在食品动物中停止使用洛美沙星、培氟沙星、氧氟沙星、诺氟沙星 4 中兽药》农业部第 2292 号（2015）公告。

二、无公害畜产品生产技术

畜禽产品生产涉及场地环境、场地布局建设、畜禽繁育、环境控制、疾病防疫、饲料供应、屠宰加工、产品保藏运输等诸多环节。必须对每一环节进行有效的控制，按照有关无公害畜产品相关标准进行生产，方能生产出无公害的畜产品。

（一）引种

引种应注意的问题如下。

（1）不得从疫区引种。

（2）引种畜禽应从具有畜牧兽医主管部门核发的《种畜禽经营许可证》和《动物防疫合格证》的种畜禽场引进，并按照 GB16567 进行检疫。

（3）引进的种畜禽须隔离观察饲养，经当地动物防疫监督机构确定为健康合格后，方可供生产使用。

（二）产地环境要求

产地环境的内容主要包括了养殖场（区）的选址布局、卫生条件、用水水质、环境控制等方面的内容。产地环境是无公害农产品生产的基础，做好产地的选择是无公害生产的基础，这也是从产地到餐桌各环节链中，确保无公害农产品生产的重要一环。

对场地环境的要求，主要体现在以下三方面。

（1）防止污染，相对隔离。地址应选择在地势高燥、生态环境好、无或不直接接受工业三废及农业、城镇生活、医疗废弃物污染的生产区域。与水源有关的地方病高发区，不能作为无公害畜禽产品类生产、加工地。养殖场周围（猪、禽3km）范围内、水源上游没有对产地环境构成威胁的污染源（包括工业三废、农业、城镇生活、医疗废弃物污染）。应避开水源防护区、风景区、人口密集等环境敏感地区，符合环境保护。

（2）防疫合格，设施齐备。场区应布局合理，生活区和生产区严格分离，应符合兽医防疫要求，配备保证产品符合相应标准和法规要求的相应资源。畜禽养殖地应设置防止渗漏、溢流、飞扬且具有一定容量的专用储存设施和场所，设有粪尿污水处理设施、畜禽病害肉尸及其无害化处理设施并符合相应的规定。排放的生产用水和废弃物应符合GB8978的规定。饲养场、加工场应设有适宜的消毒设施、更衣室、兽

23

医室等，并配备工作所需的仪器设备。

（3）空气清新，水质合格。空气中有毒有害气体含量应符合 NY/T388 要求，畜禽饮用水要符合 NY5027 的要求。

总之，产地环境是无公害畜产品的基础，只有产地环境符合要求，才能把好源头质量关，才有可能生产出符合标准的畜产品。以上只是产地环境相关标准要求的要点，在具体产品的生产产地，在每个标准中还有更为明确的要求

（三）疫病防制要求要点

1. 疫病防治

无公害畜禽养殖场应根据《中华人民共和国动物防疫法》及其配套法规的要求，结合当地实际情况，有针对性地选择适宜的疫苗、免疫程序和免疫方法，进行疫病的预防接种工作。

2. 疫病监测

（1）肉（蛋）鸡场在饲养过程中对动物疫病的监测要求如下。

蛋鸡场常规检测的疫病至少应包括：高致病性禽流感、鸡新城疫、禽白血病、禽结核病、鸡白痢与伤寒。除此之外，还应根据当地实际情况，选择其他一些必要的疫病进行监测。

禽蛋不应检出以下病原体：高致病性禽流感、鸡新城疫、大肠杆菌、李氏杆菌、结核分枝杆菌、鸡白痢与伤寒沙门氏菌。

肉鸡场疫情监测：至少应包括高致病性禽流感、鸡新城疫、传染性法氏囊、鸡白痢与伤寒。除此之外，还应根据当地实际情况，选择其他一些必要的疫病进行监测。

监测应结合当地实际情况，由动物防疫监督机构进行的定期或不定期的疫情监测，除上述疫病外，还有支原体病、白血病等，并将结果按规定上报。

（2）乳牛、牛疫病的监测要求如下。

肉牛场疫情监测：至少应包括口蹄疫、结核病、布鲁氏菌病。不应检出的疫病有：牛瘟、牛肺疫（传染性胸膜肺炎）等。除此之外，还应

根据当地实际情况，选择其他一些必要的疫病进行监测。

奶牛场疫情监测：至少应包括口蹄疫、蓝舌病、炭疽、牛白血病、结核病、布鲁氏菌病。同时注意检测我国已经扑灭的疫病和外来疫病，如牛瘟、牛肺疫（传染性胸膜肺炎）等。母牛干乳前15d作隐性乳房炎检验，在干乳时用有效抗菌制剂封闭治疗。除此之外，还应根据当地实际情况，选择其他一些必要的疫病进行监测。

（3）猪场疫情监测要求如下。

重点监测口蹄疫、猪水泡病等人畜共患病。其他应包括猪瘟、猪繁殖和障碍综合征、伪狂犬病、乙型脑炎、猪丹毒、布病、结核病、猪囊尾蚴病、旋毛虫病和弓形虫病。除此之外，还应根据当地实际情况，选择其他一些必要的疫病进行监测。

（4）肉羊场疫情监测要求如下。

重点监测口蹄疫、羊痘、蓝舌病、布鲁氏菌病等。同时需注意监测外来病的传入，如痒病、小反刍兽疫、山羊关节炎/脑病等。除此之外，还应根据当地实际情况，选择其他一些必要的疫病进行监测。

（5）肉兔饲养场动物疫病的监测按农业部的行标要求执行。

兔场疫情监测：定期监测，特别是自繁自养的兔场的父母代兔的监测。至少应包括兔出血病、兔黏液瘤病、野兔热等。除此之外，还应视当地实际情况，选择其他一些必要的疫病进行监测。

3. 卫生消毒及防疫

（1）消毒剂：在无公害畜禽产品生产的兽药使用原则中，已对各自的消毒剂进行了规定。

（2）消毒方法：包括喷雾消毒、浸液消毒、紫外线消毒、喷洒消毒、火焰消毒和熏蒸消毒。

（3）喷雾消毒：用一定浓度的次氯酸纳、有机碘混合物、过氧乙酸、新洁尔灭、煤酚等对清洗完毕后的畜禽舍、带畜禽环境、道路和周围及进入场区的车辆用喷雾方法进行的消毒。

（4）浸液消毒：用规定浓度的有机碘混合物、新洁尔灭、煤酚的水溶液对常用的兽医器械、工作人员用具进行的消毒。

（5）紫外线消毒：在畜禽场的入口处和更衣室设置的紫外线照射消毒，照射时间至少5min。

（6）喷洒消毒：在畜禽舍周围、入口、产床、培育床、鸡舍地面等撒生石灰或火碱以杀灭大量细菌和病毒的消毒方法。

（7）熏蒸消毒：用甲醛对饲喂用具和器械在密闭的室内或容器内进行熏蒸。

（8）火焰消毒：在畜禽经常出入的地方用喷灯的火焰依次瞬间喷射消毒。

（9）消毒制度如下。

环境消毒：畜禽舍周围环境每2～3周消毒1次；畜禽场周围及场内污染池、排粪坑、下水道出口每月消毒1次；畜禽场、畜禽舍入口设消毒池，定期更换消毒液。

人员消毒：包括工作人员和外来人员，进入畜禽舍必须消毒。

畜禽舍消毒：每批畜禽调出后，都必须彻底清扫，清洗，然后进行喷雾消毒。

用具消毒：定期对饲喂用具兽医用具等进行的消毒。

畜禽消毒：根据需要，定期进行畜禽消毒，以减少环境中的病原微生物。

有效杀灭鼠、蚊虫等：选择的药物应符合有关规定并对杀灭物应做无害化处理。

记录：用药和疫苗免疫、疫病监测、无害化处理、销售（调运）记录等完整，所有的报告、记录等材料详实、准确和齐全。所有记录应存档，一般要求所有记录应在清群后保存两年以上。

（四）饲养用药使用规范的要点要求

1. 药品合格

养殖场应做好动物防疫，控制好环境，尽量减少疾病发生，确需用药，应在兽医指导下用药。预防、诊断和治疗用药的药品，必须符合《中华人民共和国兽药典》《中华人民共和国兽药规范》《兽药质量标准》《兽用生物制品质量标准》《进口兽药质量标准》和《饲料药物添加剂使用规定》及相关规定。所用兽药必须来自具有《兽药生产许可证》和产品批准文号及经 GMP 认证合格的生产企业；或者具有《进口兽药许可证》的供应商。所用兽药标签必须符合《兽药管理条例》的规定。禁止使用致畸、致癌、致突变作用的兽药。禁止使用《食品动物禁用的兽药及其化合物清单》中药物。禁止使用未经国家畜牧兽医行政管理部门批准兽药（包括基因工程方法生产的）或已经被淘汰的兽药。

2. 用药规范

不同畜禽饲养过程中兽药的使用存在差异，允许使用的药品种类和休药期也各有不同，均在相应的兽药使用准则中有明确的规定，各饲养场均应严格执行。

3. 建立并保存药品使用全过程记录

（1）内容要求：包括免疫程序、疫苗使用（疫苗种类、使用方法、剂量、批号、生产单位等）、患病动物的预防和治疗等记录（时间、动物标识、所用药物名称及成分、生产单位及批号、使用方法及剂量、治疗时间、疗程、停药时间、治疗效果等）。

（2）记录要求：所有的报告、记录等材料详实、准确和齐全。

（3）存档要求：存档，一般要求所有记录应在清群后保存两年以上。

（五）饲料及饲料添加剂使用准则要点

1. 饲料及饲料原料品质符合要求，使用剂量符合规定

（1）饲料原料应无发霉、变质、结块，无异味、异嗅，液体饲料应色泽均匀。卫生指标符合有毒有害物质及微生物允许量符合 GB13078 的规定。禁止使用制药工业副产品。

（2）配合饲料、农缩饲料和添加剂预混料应色泽一致，无发霉、变质、结块，无异味、异嗅。有毒有害物质及微生物允许量符合 GB13078 的规定。

（3）营养性添加剂和一般性添加剂应具有该品种应有的色、嗅、味和形态特征，无异嗅、异味。所用品种应属中华人民共和国农业部公布的《允许使用的饲料添加剂品种目录》以及取得试生产产品批文的新饲料添加剂品种，生产企业应是已取得农业部颁发的饲料添加剂生产许可证的企业。其用法和用量应遵照饲料标签规定的用法和用量。

（4）药物饲料添加剂严格执行农业部发布的《饲料药物添加剂使用规范》规定的品种、用量和休药期。不使用国家规定的违禁药物。不同畜禽饲料中允许使用的饲料、饲料添加剂及卫生和禁用要求均在相应的饲料使用准则中有明确规定。

（5）禁止在牛、羊饲料中添加和使用肉骨粉、骨粉、血粉、血浆粉、动物下脚料、动物脂粉、干血浆及其他血液制品、脱水蛋白、蹄粉、角粉、鸡杂碎粉、羽毛粉、油渣、鱼粉、骨胶等动物源性饲料。在商品肉兔和獭兔的配合饲料中禁用肉骨粉、骨粉、血粉及其他动物下脚料，慎用鱼粉。

2. 饲料加工过程规范

（1）设施良好。生产企业设计、设施卫生、卫生管理和生产过程符合 GB/T16764 的要求。定期对计量设备进行检验和维护，为微量和极微量成分应进行预稀释，有专门的配料室，并有专人管理。

（2）混合均匀。混合投料按先大量、后小量的原则进行，投入的微量组分应预稀释到配料称最大称量的 5% 以上；生产含药物添加剂的饲料时，根据药物类型，先生产含药量低的饲料，再生产含药量高的饲料；同一班次应先生产不加药的饲料，再生产加药饲料；生产含不同药物的饲料时，应避免药物的交叉污染。

（3）留样规范。新接受的饲料原料和各批次的饲料产品应保留样品，留样应设标签，载明饲料品种、生产日期、批次、生产负责人和采样人等事项，并建立专门的留样档案和专人管理。一般样品保留至该批产品保质期满后 3 个月。

（4）检验有效。感官要求、粗蛋白质、钙、磷含量为出厂检验项目，其余均为型式检验项目，出厂检验项目自行确定，检验与仲裁指标合格与否时，应考虑允许误差。违禁药物、限用药物和违禁药物为判定合格指标。检验中有一项指标不合格，应重新取样复检，复检中有一项指标不合格者即判为不合格。

（5）标签、包装、贮存和运输。标签按《GB10648 饲料标签》执行；包装材料应符合《GB/T16764 配合饲料企业卫生规范》的要求，包装物不得重复使用；运输工具应符合《GB/T16764 配合饲料企业卫生规范》的要求，运输过程中应采取必要的措施以防止饲料被污染。

饲料贮存场地不应使用化学灭鼠药和杀鸟剂，不合格和变质饲料应做无害化处理，不应放在饲料贮存场所。

投入品的使用应注意以下几项：

一是饲料和饲料添加剂：饲料和饲料原料符合各自的饲养饲料准则，不在饲料中添加镇静剂、β—兴奋剂、激素等违禁药品等和《禁止在饲料和动物饮用水中使用的药品品种目录》中禁止使用的药品，禁止使用砷制剂和铬制剂，禁止直接用潲水喂猪。使用含抗生素和化学合成抗菌药时，应严格执行休药期。

二是饮水：按照《NY/T5027 无公害食品畜禽饮用水水质》的要求执行。

三是疫苗使用：按照各自的兽医防疫准则执行，包括疫苗的种类和剂量。

四是兽药使用：按照各自的兽药使用准则执行，包括兽药的种类、剂量、疗程，在家畜的育肥期使用兽药治疗时，要严格执行休药期。

（六）其他

1. 管理

人员管理人员符合健康条件，不得在各饲养场间活动。在生产管理上猪鸡的饲养一般实施"全进全出"饲养工艺，严格执行投入品的管理规定和卫生消毒制度。

2. 运输

畜禽上市前，应经兽医防疫部门根据《GB16549 畜禽产地检疫规范》检疫，并出具检疫合格证明；运输车辆在运输前和运输后都要用适宜的消毒方法彻底消毒；运输途中，不在疫区、城镇和集市停留、饮水和饲喂。

3. 无害化处理

传染病致死的畜禽按《GB16548 畜禽病害肉尸及其产品无害化处理规程》的要求进行无害化处理；无公害生产的畜禽场不出售病死和淘汰畜禽；患病畜禽应隔离饲养。废弃物实行减量化、无害化和资源化原则；粪便堆积发酵后应作农业用肥；污水应作沉淀发酵后方可作为液体肥使用。

（七）生产档案

无公害畜禽饲养场应建立一系列相关的生产档案，确保无公害畜产品品质的可追溯性。

（1）建立并保存畜禽的免疫程序记录。

（2）建立并保存畜禽全部兽医处方及用药的记录。

（3）建立并保存畜禽饲料饲养记录，包括饲料及饲料添加剂的生产厂家、出厂批号、检验报告、投料数量，含有药物添加剂的应特别注明药物的名称及含量。

（4）建立并保存畜禽的生产记录，包括采食量、育肥时间、出栏时间、检验报告、出场记录、销售地记录。

第六节　无公害水产品生产技术规范及其质量标准

一、无公害水产品的定义

无公害水产品是指产地环境、生产过程和产品质量都符合国家有关规范和标准的要求，经认证合格而获得认证证书并有无公害农产品标志的水产品及其加工品。广义的无公害水产品分为两类：第一类是完全不使用渔药、农药、化肥、添加剂等人工合成化学物质而生产出来的水产品，如有机食品、生态食品、AA 级绿色食品等，人们常称这类食品为纯天然食品。第二类是生产中允许限品种、限量、限时使用渔药、农药、化肥、添加剂等人工合成化学物质，这种方法生产出来的无公害水产品（包括 A 级绿色食品），其卫生质量比国家食品卫生标准严格。目前，各省正在或即将积极发展的无公害水产品主要属于第二类。

二、无公害水产品的生产技术

主要技术及要求包括以下三部分。

（一）无公害水产品产地生态环境质量要求

无公害水产品产地环境的优化选择技术是无公害水产品生产的前提。产地环境质量要求包括无公害水产品渔业用水质量、大气环境质量及渔业水域土壤环境质量等要求。

1. 淡水渔业水源水质要求

水源水质要求包括水质的感官标准：色、嗅、味（不得使鱼、虾、贝、藻类带有异色、异臭、异味）；卫生指标应符合水产行业标准《无公害食品淡水养殖水质标准（SCI050—2001）》的规定；海水水质的各项指标应符合《无公害食品海水养殖水质（SC/T2008，2001）》的规定。

2. 大气环境质量要求

无公害水产品生产对大气环境质量规定了 4 种污染物的浓度限值，即总悬浮颗粒物（TSP）、二氧化硫（SO_2）、氮氧化物和氟化物（F）的浓度应符合《环境空气质量标准（CB3059 1996）》的规定。

3. 渔业水域土壤环境质量要求

无公害水产品生产对渔业水域土壤环境质量规定了汞、镉、铜、砷、铬（六价）、锌及六六六、滴滴涕的含量限量。其残留量应符合《土地环境质量标准（GBI5618—1995）》的规定。

（二）无害水产品生产技术规范

无公害水产品生产技术规范包括优质、健康苗种生产技术、无公害水产品养殖及加工技术等。在整个无公害水产品的生产过程中，应充分引用 HACCP 体系，即对水产品生产过程进行危害分析并找出其关键控制点，以便对水产品的生产全过程进行有效的质量控制，从而使水产品符合安全无公害的标准。

1. 优质、健康苗种生产技术

（1）优良亲本培育技术。用于繁殖的亲本应来源于原、良种场，质量符合相关标准；亲本在培育过程中应投喂优质的、营养全面的饲料；不同种鱼类的亲本应在不同的池中进行饲养管理；人工繁殖后应及时对亲鱼建立档案，以供来年参考利用。

（2）规范的苗种繁育技术。亲鱼催产应把握好最佳催产时间，并使用符合规定的催产药物，催产药物用量适量；鱼苗孵化时应控制好水温、水质；鱼苗出膜后应投喂足量、适口的开口饵料；同时进行病害防治，防治用药应符合渔用药物使用准则。

（3）主要养殖品种的良种选育技术。水产苗种质量应符合水产原、良种的有关标准，选育必须经过专业技术人员检验合格；水产苗种应加强产地检验检疫，检验合格方可出售或用于生产。

2. 无公害水产品养殖及规范

无公害水产品生产技术规范包括渔药、饲料、农药、肥料等的使用。

（1）渔药使用准则。无公害水生动物增养殖过程中对病、虫、敌害生物的防治，坚持"全面预防，积极治疗"的方针，强调"防重于治，防治结合"的原则，提倡生态综合防治和使用生物制剂、中草药对病虫害进行防治；推广健康养殖技术，改善养殖水体生态环境，科学合理混养和密养，使用高效、低残留渔药；渔药的使用必须严格按照国务院、农业部有关规定，严禁使用未经取得生产许可证、批准文号、产品执行标准的渔药；禁止使用硝酸亚汞、孔雀石绿、五氯酚钠和氯霉素。外用泼洒药及内服药具体用法及用量应符合水产行业标准《无公害食品渔用药物使用准则（SCI051—2001）》的规定。

（2）饲料使用准则。饲料中使用的促生长剂、维生素、氨基酸、蜕壳素、矿物质、抗氧化剂或防腐剂等添加剂种类及用量应符合有关规定；饲料中不得添加国家禁止的药物（如己烯雌酚、喹乙醇）作为防治疾病或促进生长的目的。其他药物的使用应符合水产行业标准《无公害食品渔用药物使用准则（SCI051—2001）》的规定；不得在饲料中添加未经农业部批准的用于饲料添加剂的兽药。无公害水产品养殖使用的饲料卫生指标及限量应符合水产行业标准《无公害食品渔用饲料安全限量（SCI052—2001）》的规定。

（3）肥料使用准则。养殖水体施用肥料是补充水体无机、营养盐类、提高水体生产力的重要技术手段，但施用不当（指过量）又可造成养殖水体恶化并污染环境，造成天然水体的富营养化。施肥主要用于池塘养殖，针对的养殖对象主要为鲢、鳙、鲤、鲫、罗非鱼等。

肥料的种类包括有机肥和无机肥。允许使用的有机肥有：堆肥、沤肥、绿肥、发酵粪等；允许使用的无机肥有：尿素、碳酸氢铵、过磷酸钙、磷酸二铵、磷酸一铵、石灰、碳酸钙和一些复合无机肥料。肥料的使用方法及施用量可参照《中国池塘养鱼技术规范长江下游地区食用鱼饲养技术（SC/T1016.5—1995）》要求进行。

3. 加工过程中质量控制准则

无公害水产品加工原料应来自无公害水产品基地，品质新鲜，各项理化指标符合相应无公害水产品的品质要求；原料在运输过程中应采取保鲜、保活措施；运输工具、存放容器、储藏场地必须清洁卫生。

无公害水产品加工工厂、冷库、仓库的环境卫生，加工流程卫生，包装卫生，储运安全卫生和卫生检验管理应符合《肉类加工厂卫生规范（CB12694—90）》及《水产品加工质量管理规范（SC/T3009—1999）》的规定。接触原料的刀具、操作台应使用不锈钢材料。存放容器应使用无毒、无气味、不吸水、耐腐蚀并能经得起反复冲洗与消毒的材料制成，表面光滑，无凹坑或裂缝。

无公害水产品加工用水应符合《生活饮用水标准（CB5749—1985）》的要求；所用海水应符合《海水水质量标准（CB3077—1997）》规定的第 1 类；生产过程使用的冰应符合《人造冰（SC/F9001—

1984）》的要求。

无公害水产品加工过程中不得使用任何未经许可的食品添加剂，如果生产过程中需要加入添加剂时，其添加剂总类、数量、加入方法等，必须符合《食品添加剂使用卫生标准（CB2760—1996）》的规定，不得使用国家明令禁止的色素、防腐剂、品质改良剂等添加剂。

4. 包装要求

包装材料必须是国家批准可用于食品的材料。所用材料必须保持清洁卫生，在干燥通风的专用库内存放。内外包装材料分开存放，直接接触水产品的包装必须符合食品卫生要求，不能对内容造成直接的和间接的污染。

（三）无公害水产品质量要求

无公害水产品质量要求包括了水产品的感官指标、鲜度指标及安全卫生指标。

1. 无公害水产品的感官指标要求

（1）外观：鱼类要求体表光滑无病灶，有鲜鱼鳞片完整，无鳞鱼无浑浊粘液，眼球外突饱满透明，鳃丝清晰鲜红或暗红。贝类（螺、蚌、蚬）壳无破损和病灶，受刺激后足部快速缩入体内，贝壳紧闭。甲壳类（虾、蟹）甲壳光洁，完好无损，眼黑亮，鳃乳白色半透明，反应敏捷，游泳爬行自如。爬行类（龟、鳖）体表完整无损，鳖裙边宽而厚，爬行游泳动作自如。两栖类（养殖蛙类）体表光滑有粘液，腹部呈白色或灰白色，背部绿褐色或深绿色，后肢肌肉发达，弹跳能力强。

（2）色泽：保持活体状态固有本色。虾：青灰或青蓝色，蟹：青背白肚黄毛金爪。

（3）气味：无异味。

（4）组织：鱼类肌肉紧密有弹性，内脏清晰可辨无腐烂。甲壳类肌肉紧密有弹性，呈半透明。贝类、爬行类、两栖类肌肉紧密有弹性。

（5）鲜活度：鱼虾类要求是活体或刚死不久，螺、蚌、蚬、蟹、龟、鳖、蛙均要求是活体。

（6）鲜度指标：挥发性盐基氮≤30mg/100L（海产品）、≤20mg/100g（淡水产品）；pH值≥6.3。

2. 安全卫生指标

（1）水产品中重金属及有害元素的限量：汞（以 Hg 计）≤0.5mg/kg（其他水产品）、≤1.0mg/kg（贝类及肉食性鱼类）；砷（以 As 计）≤0.5mg/kg（淡水鱼）；无机砷≤0.5mg/kg（海水鱼）、≤1.0mg/kg（贝类、甲壳类、其他海产品）；铅（以 Pb 计）≤0.5mg/kg（其他水产品）、≤1.0mg/kg（软体动物）；镉（以 Cd 计）≤0.1mg/kg（鱼类）、≤0.5mg/kg（甲壳类）、≤1、0mg/kg（软体动物）；硒（以 Se 计）≤1、0mg/kg（鱼类）；铜（以 Cu 计）≤50mg/kg（所有水产品）；氟（以 F 计）≤2.0mg/kg（淡水鱼）；铬（以 Cr 计）≤2.0mg/kg（鱼，贝类）。

（2）水产品中药物残留限量：土霉素≤0.1mg/kg；四环素≤0.1mg/kg；磺胺类≤0.1mg/kg；氯霉素、青霉素、呋喃唑酮、喹乙醇、已烯雌酚不得检出。敌百虫≤1.0mg/kg；六六六≤2mg/kg；滴滴涕≤1mg/kg。

（3）有毒有害物质：二氧化硫≤100mg/kg（冻鱼、冻虾类）。

（4）生物毒素及微生物指标限量：麻痹性贝类毒素（PSP）≤80μg/kg；腹泻性贝类毒素（DSP）不得检出；菌落总数≤1.0×10^5 个/g；大肠菌群≤30 个/100g；致病菌不得检出。

无公害水产品安全卫生指标具体可参见《无公害食品水产品中有毒有害物质限量（SC3013—2001）》及《无公害食品水产品渔药残留最高限量（SC3012—2001）》的规定。

第二章 种植业产品无公害生产技术规程

第一节 蔬菜产品无公害生产技术规程

一、春甘蓝无公害生产技术规程

结球甘蓝简称甘蓝，别名包心菜，两年生草本植物，喜温和气候。依产品收获期分春甘蓝（秋、冬播种，春季至初夏收获），夏甘蓝（春、初夏播种，晚夏至早秋收获），秋甘蓝（夏季播种，秋末冬初收获）。在同安区，由于夏季至初秋高温多台风暴雨，不利甘蓝生长；秋冬（10—12月）栽培则产量高，品质好。春甘蓝成为同安主要冬种作物之一，是同安区的特色农产品，年种植面积约 6 000 亩，一般亩产 3 500～4 000kg，主要分布在五显镇、莲花镇。

（一）品种选择

春甘蓝选用抗逆性强，耐抽薹，冬性强的早熟、中熟品种，如中甘11号、13号、15号、8398，牛心甘蓝，春蓝，绿急等。每亩用种量50g左右。

（二）培育壮苗

1. 播种适期

11月上旬至翌年1月上旬播种育苗。

2. 苗床整地

选用肥沃菜园土2份与腐熟过筛农家肥1份配合，每立方米加三元复合肥 1kg 制成苗土，苗床土厚 10cm。

3. 种子播种

苗土浇足底水，水渗后按 $4g/m^2$ 的量将种子均匀撒播于床面。用 50% 多菌灵可湿性粉剂与 50% 福美双可湿性粉剂按 1∶1 比例混合，按每平方米用药 8～10g 与 4～5kg 过筛细土混合，播种时 2/3 铺于床面，1/3 覆盖在种子上，并覆盖干草保湿。

4. 苗期管理

播种后保持 20～25℃，畦面湿润，3～5d 幼苗出土后，撒去畦面上的覆盖物，注意控水防徒长；一叶一心至两叶时进行间苗，喷施 0.5% 三元复合肥以利于根系恢复生长，6～8 叶时即可定植。在定植起苗前，追施一次氮肥，对提高幼苗抗性、缩短缓苗期很有好处。

5. 壮苗标准

植株健壮，4～5 片叶，叶片肥厚腊粉多，根系发达，无病虫害。

（三）大田栽培

1. 定植

（1）整地施肥：深耕细作，露地采用平畦，畦宽包沟 1.0～1.2m。结合整地（定植前 7～15d），亩施用腐熟农家肥 800～1 000kg 或精致有机肥（商品肥）250kg，加 45% 三元复合肥 20kg 或 17% 碳酸氢铵 20kg、12% 过磷酸钙 25kg、60% 氯化钾 4.5kg，注意磷肥必须于起犁后条施于畦心位上。同安区普遍存在土壤酸化现象，可亩施生石灰或壳灰 75～150kg。秋冬种作物需度过冬春低温季节，宜多施禽粪、羊粪等热性肥料。

（2）定植期：11 月下旬至翌年 1 月下旬，产品春节前上市收获直至 5 月上旬。

（3）密度：双行种植，株行距为 30cm×50cm，一般每亩植 4 000～4 500株，肥沃土壤可亩植 3 800株左右。

2. 定植后管理

（1）科学施肥：定植后 7d 可用 1% 复合肥或尿素水点浇追肥，后隔

7~10d 再追肥 1 次。连座期每亩追施（穴施）46% 尿素 10kg、60% 氯化钾 5kg。结球初期同用量再次追肥。结球中期后视苗情喷施叶面肥 1~2 次。

追肥穴施技术：在（行间）4 株中间挖穴深 10cm 左右，施肥后覆土；土壤湿时化肥浅施，土壤较干则深施。

（2）合理浇水：幼苗定植时选择晴天下午带土移栽，栽后浇透水；定植后应保持土壤湿润，促使甘蓝尽早缓苗。大田前期保持干干湿湿，莲座前期蹲苗 7~10d 促进根系下扎，为后期提升吸收水肥能力打好基础。莲座期到结球膨大期间注意保持土壤水分，此期需水量大，但不可积水。收获前期保持土壤见干见湿，适当控制叶片长势，促进叶片干物质积累。后期注意田间雨后不积水，以免造成球体胀裂。

（3）补苗中耕：移栽后 7~10d（缓苗后）进行田间查苗补苗确保全苗。全生育期中耕培土 3 次：缓苗后一次，莲座前期一次，莲座后期（封行前）一次。

（四）病虫害管理

1. 主要病虫害种类

主要病害：霜霉病、黑斑病、菌核病、黑腐病、软腐病。

主要虫害：小菜蛾、菜青虫（菜粉蝶）、甘蓝夜蛾、甜菜夜蛾、菜螟、小地老虎、大造桥虫、菜蚜；地下害虫蛴螬、金针虫和蝼蛄。

2. 主要害虫害状

一般以虫害为主，小菜蛾、菜青虫、菜螟、蚜虫等常给生产造成较大的影响。

（1）菜青虫（菜粉蝶）：初期危害形成许多虫孔，遇天雨时诱发软腐病。

（2）小菜蛾：2 龄前啃食叶肉，仅留透明表皮；3 龄后咬穿叶片，将叶缘咬成缺刻，有时吃光叶肉仅留网状叶脉；可传播软腐病。

（3）菜螟：钻蛀性害虫，危害心叶及叶片，可传播软腐病。

（4）甘蓝夜蛾：2 龄前啃食叶肉，仅留透明表皮；3 龄后咬穿叶片，或将叶缘咬成缺刻，甚至吃光叶片。

（5）菜蚜：刺吸植物汁液，使菜叶变黄，卷缩变形，生长不良影响包心。

（6）三种地下害虫取食根茎，小地老虎等截断根茎。

3. 综合防治方法

（1）农业措施主要有以下方面：①轮作倒茬：开展水旱轮作，与豆科等作物轮作。②清洁田园，晒土垡：及时清除地内前茬包括田埂、地边，消灭病残体及虫卵、害虫窝藏地；同时深翻土地，夏季晒垡，减少病虫害基数。③选用抗性品种。④种子处理。晒种 2d 后，用 55℃（两开兑一凉）再用 70% 百菌清 250 倍液浸种 30min。⑤适期播种。⑥应用防虫网，培育无病虫壮苗。⑦科学施肥浇水，适当稀植，改善、优化生态条件。⑧及时拔除病株、清楚田间杂草，减少病虫传播源。

（2）物理防治：①用频振式杀虫灯诱杀蛾类成虫。②用色板诱杀蚜虫、小菜蛾、粉虱等。

（3）生物防治：① 16 000IU/mg 苏云金杆菌可湿性粉剂 100～150g/亩，杀灭鳞翅目害虫。②240g/L 甲氧虫酰肼悬浮剂 10～20mL/亩，杀灭鳞翅目害虫。③2.5% 鱼藤酮乳油 100～150g/亩，防治蚜虫。④毒饵诱杀。炒麸子拌 0.3% 晶体敌百虫，在田间放成小撮，诱杀小地老虎。⑤昆虫信息素诱杀。选择相应昆虫信息素种类诱杀小菜蛾、菜粉蝶、甜菜夜蛾、斜纹夜蛾等。

（4）化学防治：使用药剂防治应符合农药安全使用标准（GB 4285）、农药合理使用准则（GB/T8321）的要求。保护地优先采用粉尘法、烟熏法。注意轮换用药，合理混用，防止和推迟病虫害抗性的产生和发展。严格控制农药安全间隔期。①防治小菜蛾、菜青虫等蛾类害虫喷施，1.8% 阿维菌素乳油 30～40g/亩，或 2.5% 高效氯氟氰菊酯水乳剂 40～60mL/亩等。②防治蚜虫、粉虱喷施，200g/L 吡虫啉可溶液剂 5～10mL/亩，或 10% 溴氰虫酰胺可分散油悬浮剂 24～28mL/亩等。③防治软腐病、黑腐病等细菌性病害喷施，20% 噻森铜悬浮剂 120～200mL/亩，或 46% 氢氧化铜水分散粒剂 25～30g/亩等。④防防治黑斑病、白粉病喷施，10%苯醚甲环唑水分散粒剂 35～50g/亩，或 35%氟菌·戊唑醇悬浮剂 20～25mL/亩等。

（五）适时采收

根据甘蓝的生长情况和市场需求，陆续采收上市，在叶球大小定型，紧实度大到八成即可采收。注意采收过程用工具要清洁卫生无污染，按球的大小分级包装上市或储藏。

二、青花菜无公害生产技术规程

青花菜又叫西兰花、绿花菜，十字花科芸薹属，一、二年生草本植物，与花椰菜类似，属甘蓝的一个变种。西兰花起源于地中海东部沿岸，19 世纪传入我国。西兰花盛产于欧美各国，日本栽培也很普遍，近年来全国各省相继引种栽培，同安区区各蔬菜片区均有种植，以秋冬种植和春季种植为主，发展势头良好。

（一）品种选择

1. 生产季节与品种选用

（1）秋冬季青花菜：播种适期早熟在 8 月中旬至 10 月上旬；晚熟在 9 月中下旬至 12 月上旬。品种有：绿好 60d，美好 60d，美奇，绿珍，绿美，绿天下 85d、90d，绿好，绿宝等。

（2）春季青花菜：播种适期 12 月上旬至 1 月上旬；主要品种有：绿天下 100d，炎秀等

（二）播种育苗

1. 苗床地准备

选择地势高燥、通风、能灌能排、土壤肥沃、无连作的地块。前茬作物出茬后及时耕翻晒垡，施腐熟有机肥和磷钾肥，与土壤混匀、整细，做成高畦面苗床。

2. 播种期

根据不同品种、育苗方法、栽培措施和上市季节选择适宜的播种期。

3. 播种方法

撒播或点播。每亩大田需种量 40 ~ 50g，每 1m² 苗床播种 2.5g，宜使用穴盘育苗。

4. 苗床管理

夏秋季育苗注意防高温暴雨，应保持土壤湿润。冬春低温播种，需覆盖保温，白天 18 ~ 20℃，夜间 5 ~ 15℃。苗床经常保持湿润，晴热天每 1 ~ 2d 上午浇水一次，二叶一心期之前一般只喷清水。1 ~ 2 片真叶时，间苗 1 ~ 2 次，去除细弱，过密苗；二叶一心期后浇水时加施 0.02% 尿素，隔 5 ~ 7d 浇施第二次。苗 5 ~ 6 叶即可移栽，起苗前一天将苗床浇透水，利于带土拔苗，并用叶面肥喷施。秧苗要求：植株粗壮，叶片厚、叶色绿，根系发达，无病虫害。

（三）定植

1. 定植前准备

忌与十字花科作物连作，前茬作物收获后及时耕翻晒垡。青花菜较花椰菜植株大而生长快，吸肥量也多，应施足基肥，一般每亩施用腐熟有机肥 1 000 ~ 1 500kg，叶菜类专用复合肥 50kg。

2. 定植方法

栽培地作深沟高墒，当幼苗具 5 ~ 6 片真叶时，即可定植。定植前 7 ~ 10d 应提前炼苗。夏秋季定植宜选择阴天或晴天的傍晚，冬春季定植选择晴天上午，并做到根部多带土。株行距为（40 ~ 45）cm × 50cm，定植密度根据品种特性而定。浇透定根水，保持土壤湿润，直到活棵。

（四）田间管理

1. 中耕除草

青花菜前期生长缓慢，土壤蒸发量大，易板结，须进行中耕除草，每 7 ~ 10d 一次，直到封行为止，每次中耕应同时结合培土进行。

2. 追肥

定植成活后，可用 10% ~ 15% 的稀人粪尿浇施；移栽后 15 ~ 20d、25 ~ 28d 各追施一次，每亩施尿素 5 ~ 6kg、氯化钾 4kg。移栽后 40d 现蕾前，每亩穴施叶菜类复合肥20kg；中晚熟品种当花球直径3cm时，每亩再施复合肥10kg，后施0.2%磷酸二氢钾＋0.25%硼酸叶面肥2次。收获前10d不能施氮肥。

3. 水分管理

青花菜生长期间，保持土壤湿润。在青花菜的营养生长旺盛期和花球膨大期间，保持水分充足。雨水多时应注意及时排水降渍。

（五）病虫害管理

主要病害、害虫为黑腐病、霜霉病、菜青虫、小菜蛾、斜纹夜蛾、甜菜夜蛾、蚜虫。按照"预防为主，综合防治"的植保方针，坚持以"农业防治、物理防治和生物防治为主，化学防治为辅"的无害化治理原则进行综合治理。

1. 农业防治

（1）合理轮作：与非十字花科作物进行2～3年轮作，可控制多种土传性病害的发生。

（2）加强田间管理：深耕土壤，深沟高畦，搞好排灌系统，雨后及时排水，防止大水漫灌或田间积水。适当浇水，增加田间湿度，可恶化夜蛾类害虫的生存环境。合理密植。科学施肥。

（3）清洁田园：及时清除残株、老叶和杂草，采收后翻耕、晒垡、冻垡，减少病虫源基数，保持田园环境清洁。

2. 物理防治

（1）隔离保护：提倡使用防虫网覆盖栽培。

（2）人工捕杀：结合田间管理，摘除老叶、虫叶，带出田外销毁；在早晨幼虫入土前，人工捕杀夜蛾类幼虫。

（3）物理诱杀：①提倡利用银灰色遮阳网覆盖栽培，驱避苗期蚜虫，减轻病毒病发生。②在播种出苗后4周或定植缓苗后，每亩挂30～40张黄色诱虫板诱杀蚜虫、小菜蛾、粉虱等。③采用杀虫灯诱杀蛾类害虫。

3. 生物防治

积极保护利用天敌，选用生物药剂，如采用核型多角体病毒、苏云金杆菌、春雷霉素、中生菌素、苦参碱、印楝素等生物农药防治病虫害。

4. 主要病虫害的综合防治

（1）霜霉病：①症状表现：属真菌病害，在花球发育过程表现较明显，老叶先发病，然后蔓延至幼叶，发病初期出现缺绿，叶片变黄的现象。干燥时叶片干枯，潮湿时叶背面出现霉层。②防治方法。选择抗病性强的品种。避免连作，土壤应深翻晒白，并施入适量石灰改良。发病初期及时用50%烯酰吗啉可湿性粉剂30～50g/亩，或40%三乙膦酸铝可湿性粉剂235～470g/亩，或687.5g/L氟菌·霜霉威悬浮剂60～75mL/亩，或72%霜脲·锰锌可湿性粉剂133～180g/亩等。

（2）软腐病：①症状表现：属细菌病害，西兰花生长后期遇较多雨水时易发生。病斑呈水渍状，逐渐软化腐败，产生臭味；病菌从根、茎、叶的伤口侵入。②防治方法：避免与十字花科蔬菜，特别是与甘蓝类、白菜类连作。加强田间管理，培育壮苗。避免伤害，注意雨后排水。发病初期及时喷洒46%氢氧化铜水分散粒剂30～40g/亩，或2%春雷霉素水剂140～175mL/亩，或20%噻菌铜悬浮剂75～100g/亩，或48%琥铜·乙膦铝可湿性粉剂125～180g/亩。

（3）小菜蛾：①症状表现：初龄幼虫仅能取食叶肉，留下透明表皮，3～4龄幼虫可将菜叶食成孔洞，严重时全叶被食成网状。②防治方法：在低龄幼虫期喷施16 000IU/mg苏云金杆菌可湿性粉剂50～75g/亩，或300亿OB/mL小菜蛾颗粒体病毒悬浮剂25～30mL/亩，或30%茚虫威水分散粒剂5～9g/亩，或5%氟铃脲乳油40～75g/亩等。

（4）菜青虫：①症状表现：幼虫啃食叶肉，只剩一层透明的表皮，重则仅剩叶脉，危害花球时容易发生软腐病，虫粪还会污染花球，降低商品价值。②防治方法：在低龄幼虫期喷施16 000IU/mg苏云金杆菌可湿性粉剂50～75g/亩，或30%茚虫威水分散粒剂5～9g/亩，或5%氟铃脲乳油40～75g/亩，或1.8%阿维菌素乳油30～40g/亩等。

（5）菜蚜：①症状表现：被害植株严重失水，卷缩、变黄、扭曲畸形，菜蚜危害还可引发煤烟病及传播病毒病。②防治方法：在低龄幼虫期喷施 0.3% 苦参碱水剂 168～192mL/亩，或 10% 溴氰虫酰胺可分散油悬浮剂 10～14mL/亩，或 200g/L 吡虫啉可溶液剂 5～10mL/亩，或 25g/L 溴氰菊酯乳油 40～50mL/亩等。

（六）采收

根据品种特性，当花球达到采收要求时，用利刀将花球连同下部 10～15cm 长的花茎一起割下。

三、花椰菜无公害生产技术规程

同安花椰菜已有几百年的栽培历史，具有早、中、晚熟系列优良品种，以结球大、白、细、紧、高产优质而风靡省内外，同安区花椰菜种子曾经供应到全国各地。2000 年后由于结构调整等原因，花椰菜面积有所减少，但近年来由于松花型花椰菜等优良品种的引入，种植面积又有逐年递增的趋势。

（一）品种选择

同安花椰菜以秋冬季、春季种植为主。

1. 秋冬季品种选择

以秋冬季中早熟为主，主要有：庆农 65d、长胜 65d、长胜 80d、长胜 85d、农乐 65d、丰田 2 号、新贵 65d、丰田 65d、丰田青梗 85d 等。

2. 春季品种选择

春季宜选用冬性强，耐寒品种，如庆农 90d、同安 90d、120d，城场 120d，福州 100d、120d，厦雪 100d 等。

（二）培养壮苗

1. 育苗办法

露地育苗应有防雨、防虫、遮阳等设备。

2. 用种量

苗床育苗每平方米播种量 1.5～2.5g。

3. 种子处理

将种子放入 50℃温水浸种 20min，并不断搅拌，然后在常温下持续浸种 3~4h；或用 50% 的福美双可湿性粉剂拌种。

4. 催芽

将浸好的种子捞出洗净，稍加风干后用湿布包好，放在 20~25℃ 的条件下催芽，天天用清水冲刷 1 次，当有 60% 以上的种子萌发时即可播种。

5. 苗床育苗

选通风、向阳、排灌方便，近 3 年未种过十字花科蔬菜的肥沃园土，播种前撒施充分腐熟过筛有机肥混合均匀，每立方米加三元复合肥 1kg。床苗厚度 10~12cm。用 50% 的多菌灵可湿性粉剂与 50% 的福美双可湿性粉剂按 1∶1 混合，或 25% 的甲霜灵可湿性粉剂与 70% 的代森锰锌可湿性粉剂按 9∶1 混合，按每立方米用药 8~10g，与 4~5kg 过筛细土混合，播种时 2/3 铺于床面，其他 1/3 掩盖在种子上。

近年大量使用穴盘育苗，穴盘采用 70 孔盘，在填上基质后每穴播种 1~2 粒。

6. 播种

早熟种一般于 6 月中旬至 7 月下旬播种，中熟于 7 月中旬至 8 月中旬播种，晚熟于 7 月下旬到 9 月下旬播种，晚熟种作春季栽培于 10 月中旬至 11 月上旬播种。浇足底水，水渗后，覆一层细土（或药土），将种子均匀撒播于床面，覆细土（药土）0.6~0.8cm。

7. 苗期管理

花椰菜根系较浅，不耐干旱，播种后用稻草或遮阳网覆盖，要注意浇水，经常保持土壤湿润。播种后大约 4~5d 可齐苗，要注意及时把覆盖物揭去。出苗时期土壤相对湿度保持在 70%~80%。齐苗后视墒情，酌情补充水分，并施 2~3 次尿水肥，后期注意蹲苗促根。夏季育苗，幼苗遇高温多暴雨季节、易发生猝倒病，可用 72.2% 霜霉威盐酸盐水剂 5~8mL/m^2 浇灌苗床。遮阳网育苗的移栽定植前 8~10d 要揭除遮阳网，使秧苗充分见光进行炼苗，最后达到壮苗，从而提高秧苗移栽后的适应能力和抗逆性。

8. 壮苗标准

植株强健，株高 8～10cm，4～5 片叶，叶片肥厚，根系兴旺，无病虫灾。

（三）大田栽培管理

1. 适时定植

不同的花椰菜品种，苗期时间不一致。一般情况下，早熟品种苗期约为 25～28d，中熟品种为 30d，晚熟品种为 30～35d。选择苗长至 4～5 片真叶时，在晴天的下午或阴天进行移栽定植。

2. 整地施肥

定植前，选择地势较高、排水方便、有机质丰富、土壤疏松肥沃、前期未种过十字花科作物的田块。定植前 7d 进行深翻耕作，每亩施用腐熟的农家有机肥 1 000～1 500kg 或商品有机肥 800kg，45% 的硫酸钾三元复合肥 35～40kg，硼砂 1～1.5kg。施肥方法为开沟深施后覆土并构筑高畦，畦宽 1.20～1.4m，沟深 30cm。

3. 合理密植

种植密度具体根据品种、市场需求和个体重量而定，早熟品种 2 800～3 200株/亩，中晚熟品种 2 000～2 500株/亩。

4. 肥水管理

早熟种因生育期较短，追肥要早施、勤施，以速效肥为主促早生快发；中、晚熟品种因生育期相对延长，应速效肥与缓性肥混合施用，后期视苗情喷施根外追肥，以保后期不早衰。

一般定植后 5～7d 施一次缓苗肥，以腐熟人粪尿 1∶5 对水浇施。旺盛生长期至花蕾形成初期应结合中耕培土共追肥 2～3 次，第一次在发棵期每亩施 17% 碳酸氢铵 25～30kg 加 22% 硫酸钾 10～12kg；第二次追肥（莲座卷心期）每亩施 46% 尿素 15～20kg 加 22% 硫酸钾 15～20kg；第三次（花蕾初现期）每亩施 46% 尿素 8～10kg。后期一般不再施肥，视苗情根外追肥，可用 46% 尿素稀释成 1% 的水溶液进行根外喷施，并适时喷施微肥。中后期不施用碳酸氢铵氮肥以免产生"毛花"。当花球直径 8～10cm 时，要束叶或折叶盖花，以保持花球洁白。

花椰菜喜湿润，叶盛长期常是秋后旱热季节，每天应浇三次水，第一次重浇，后两次轻浇，但第三次应在下午 4 时至 5 时前浇完，以保湿降温及减少大田夜间湿度。花球生长期应满足浇水量，但遇阴雨天应做好排水工作。并根据天气，北风天多浇，南风天少浇，南风天并忌沟灌。由于春花菜常遇阴雨气候，且是花球长大期，应注意及时排水防浸，慎防花球腐变。

（四）病虫害管理

1. 主要病虫害

苗期主要病害有猝倒病，大田期主要病害有霜霉病、黑腐病，主要虫害有小菜蛾、菜青虫、蚜虫。

2. 防治原则

按照"预防为主，综合防治"的植保方针，坚持"农业防治，物理防治，生物防治为主，化学防治为辅"的原则。

3. 防治方法

积极保护利用天敌，防治病虫害。选用生物药剂，如采用核型多角体病毒、苏云金杆菌、春雷霉素、中生菌素、苦参碱、印楝素等生物农药防治病虫害。应用水旱轮作，清除病叶残枝和杂草切断病虫传播源进行农业防治；应用黄板、银灰膜诱杀、频振杀虫灯诱杀害虫等物理防治。

4. 药剂防治

（1）黑斑病：发病初期喷施 75% 百菌清可湿性粉剂 100～200g/亩，或 10% 苯醚甲环唑水分散粒剂 35～50g/亩，或 500g/L 异菌脲悬浮剂 50～100mL/亩，或 35% 氟菌·戊唑醇悬浮剂 20～25mL/亩等。

（2）霜霉病：发病初期喷施 50% 烯酰吗啉可湿性粉剂 30～50g/亩，或 40% 三乙膦酸铝可湿性粉剂 235～470g/亩，或 687.5g/L 氟菌·霜霉威悬浮剂 60～75mL/亩，或 72% 霜脲·锰锌可湿性粉剂 133～180g/亩等。

（3）黑腐病：发病初期喷施 46% 氢氧化铜水分散粒剂 30～40g/亩，或 2% 春雷霉素水剂 140～175mL/亩，或 20% 噻菌铜悬浮剂 75～100g/亩，或 48% 琥铜·乙膦铝可湿性粉剂 125～180g/亩等。

（4）小菜蛾：在低龄幼虫期喷施 16 000IU/mg 苏云金杆菌可湿性粉剂 50～75g/亩，或 300 亿 OB/mL 小菜蛾颗粒体病毒悬浮剂 25～30mL/亩，或 30% 茚虫威水分散粒剂 5～9g/亩，或 5% 氟铃脲乳油 40～75g/亩等。

（5）菜青虫：在低龄幼虫期喷施 16 000IU/mg 苏云金杆菌可湿性粉剂 50～75g/亩，或 30% 茚虫威水分散粒剂 5～9g/亩，或 5% 氟铃脲乳油 40～75g/亩，或 1.8% 阿维菌素乳油 30～40g/亩等。

（6）蚜虫：在低龄幼虫期喷施 0.3% 苦参碱水剂 168～192mL/亩，或 10% 溴氰虫酰胺可分散油悬浮剂 10～14mL/亩，或 200g/L 吡虫啉可溶液剂 5～10mL/亩，或 25g/L 溴氰菊酯乳油 40～50mL/亩等。

（五）适时采收

因花椰菜个体成熟不一致，一般需 7～15d，分 3～4 次收完。采收标准是花球充分长大，表面园正，边缘尚未散开，可留 3～4 片叶，以保护花球不受机械损伤及便以包装运输。

四、高山叶用大叶芥菜无公害生产技术规程

以小坪芥菜为代表的高山叶用大叶芥菜（简称"小坪芥菜"），大部分种植于海拔 800 米以上的山区村，因日夜温差大、霜期早，其产品具有叶大、纤维少、历经霜期过后更显质细嫩、口感清甜的独特风味，在历届厦门特色农产品展销会上深受市民的青睐，已列为同安区"一村一品"的特色农产品。"小坪芥菜"种植面积约 500 亩，主要分布在莲花镇小坪、水洋、军营、白交祠等山区村。

（一）品种特性及提纯复壮

1. 品种及特性

"小坪芥菜"品种为历代传承，喜湿润，抗病虫性能强。主要有两

个品种类型：叶片紫黑色的"黑油芥"和叶片青绿色的"白油芥"。"小坪芥菜"植株根系发达，株高80cm以上，茎叶开展度80~90cm，单株重高达5kg以上，单叶平均重0.6kg，具耐寒、抗霜冻的特性。

2. 品种提纯复壮

提纯复壮技术要点：应选择茎粗、生长势好、抗性好的植株作为留种植株，种子花序一般从下部往上部成熟，最佳留种时期掌握在花穗顶端还有少许花时即可从茎基部整株砍割，割后整株置于通风透气处晾干、后熟。如种子过于成熟后才收割，来年种植能引起早抽苔开花。

（二）培育壮苗

1. 苗床整地

一般选择地势较为平坦、排灌方便、土质疏松、肥沃的沙壤土或壤土，经深翻、晒白、晒透后，每亩施优质腐熟土杂肥2 500~3 000kg，或商品有机肥800kg，施硫酸钾型三元复合肥（15-15-15）50~75kg，混合后均匀撒施于田面，然后再翻耕一次，细耙平，按1.2~1.5m宽（畦带沟）做畦建苗床。取出部分熟土过筛堆放，备作育苗床播后覆土用。

2. 种子处理

将种子放在55℃的温水中，搅拌15min，除去瘪粒，在温水中浸泡5h，再用清水冲洗干净，按用种量的0.4%的50%DT可湿性粉剂拌种。

3. 苗床消毒剂的配制

用50%多菌灵可湿性粉剂与50%的福美双可湿性粉剂按1：1混合，或用25%的早霜灵可湿性粉剂与70%的代森锰锌可湿性粉剂按9：1混合，也可用50%的多菌灵粉剂与70%的代森锰锌按1：1混合，按8~10g/m² 与4~5kg细土的比例混匀后备用。

4. 适时播种

播种时间为8月下旬至9月上旬，可用小拱棚遮阳网护苗。播种前将苗床整细、整平、浇足底水（以水渗透后畦面见干见湿为宜）。将先前配制好的苗床消毒剂，2/3铺于床面，种子按面积的播种量分两次均匀撒播于床面，再将余下的1/3苗床消毒剂覆盖于种子上，盖种厚度约1cm，后保持苗床湿润，以利出苗。苗床每$10m^2$播种50g，一般可供大田亩栽植。

5. 施肥管理

在幼苗有一片真叶时，每亩施用4%～5%稀释腐熟人类尿500kg；2～3片真叶时，每亩浇施1%的尿素液500～600kg，同时加喷一次0.25%磷酸二氢钾溶液，促进植株粗壮，根系发达。

6. 间苗、水分管理

在两叶一心、三叶一心期各间苗一次，去掉病苗、弱苗及杂苗、相挤苗，间苗前先喷水。育苗期床土不干不浇水，浇水宜浇小水或喷雾水，定植前浇透水。育苗期间注意防暴雨冲刷，遇雨后应及时排出苗床积水，起苗前两天可喷施一次50%多菌灵500倍液，幼苗带药移栽。

7. 壮苗标准

植株健壮、根系发达、叶片肥厚呈绿色、无病虫害，4～5片真叶，株高在8～10cm。

（三）大田栽培

1. 精细整地，施足底肥

小坪芥菜前茬一般是中稻，9月中、下旬收割后及时深耕25～30cm，深翻晒白、晒透，促土壤疏松，减少病虫源。10～15d后细耙起畦。根据同安区农技中心测土配方施肥取样检测：该几个半山区村耕地土壤富含有机质、碱解氮中等、速效磷丰富、速效钾缺乏；土壤pH值酸性大，介于4.6～5.3。配方施肥体系为氮：磷：钾＝1：0.3：0.85，即亩施纯氮18kg、P_2O_5 5kg、K_2O 15kg。

施肥以"重基肥、轻追肥，减少产品硝酸盐累积"为原则，基肥施用量占总施肥量的70%，第一次追肥占10%并在缓苗7d后追施，第二次追肥占10%为割叶前20d施用，留10%作为后期追施。基肥一般每亩施用腐熟农用有机肥2 500～3 000kg、三元硫酸钾复合肥75kg，配合施用壳灰80～100kg改良酸性土壤。整平、耙透、起畦，做成畦带沟1.2m

左右，垄高 30cm 的小高畦待种。

2. 适时定植，中耕除草

小坪芥菜一般在 9 月底至 10 月初定植，选择晴天下午起小苗带土移栽，双行种植，株行距为 0.45m×0.6m，亩植株数 2 500 株左右。整个期间中耕培土 3～4 次，缓苗后，及时中耕除草，各追肥期结合中耕培土一次，封垄前进行最后一次中耕。中耕期间应前浅后深，注重避免伤根。

3. 科学施肥，合理管水

定植后，及时浇缓苗水，缓苗后（栽后 7～10d），每亩施尿素 10～15kg，促进提苗；第一次割叶前 20d、割 2～3 次叶时期，每亩施三元硫酸钾复合肥（15－15－15）30kg，促进植株迅速生长；9 叶期开始直至全田采收结束前 20d，每长 2 片叶每亩施 1 次三元复合肥 2kg、尿素 3～4kg。追肥应穴施，深施土下 10cm 左右，以提高肥料利用率，施后覆土。生长中后期如显肥料不足，可视情况补施如腐熟饼肥等有机肥料。

整个生育期水分的管理，缓苗期进行 2～3 次缓苗水后，在植株长至 6～8 片叶时进行蹲苗，以利促根系深扎和多生次生根，并提高后期吸收水肥能力。蹲苗以 7～10d 为宜，蹲苗期如遇雨天，可适当延长蹲苗期。苗蹲过后保持干干湿湿，山地土壤一般 7～10d 浇水一次直至收获完成。

（四）病虫害管理

1. 主要病虫害

"小坪芥菜"生长中后期由于气温较低，几乎不需打药。生长前期（9 月中下旬至 10 月上旬）主要病害有：白粉病、霜霉病；主要虫害有：曲条跳甲、蚜虫、菜青虫、小菜蛾、甜菜夜蛾等。

2. 主要防治方法

（1）农业防治：选用抗（耐）病优良品种；实行轮作。与禾本科、豆科等不易交叉感病的作物轮作，加强中耕除草，清洁田园，降低病虫源数量；培育无病虫害壮苗。播前种子应进行消毒处理：防治霜霉病可用 50% 福美双可湿性粉剂，或 75% 百菌清可湿性粉剂按种子量的 0.4% 拌种；也可用 25% 瑞毒霉可湿性粉剂按种子量的 0.3% 拌种。

（2）物理防治：温汤浸种，用 50℃ 温水浸种 15min；每亩挂 30～40 片黄板诱杀蚜虫、黄曲条跳甲、小菜蛾等。

（3）生物防治：积极保护利用天敌，防治病虫害。选用生物药剂，如采用核型多角体病毒、苏云金杆菌、春雷霉素、中生菌素、苦参碱、印楝素等生物农药防治病虫害。

（4）药剂防治：使用药剂防治应符合农药安全使用标准（GB 4285）、农药合理使用准则（GB/T8321）的要求。注意轮换用药，合理混用，防止和推迟病虫害抗性的产生和发展。严格控制农药安全间隔期。

3. 常见病虫害防治方法

（1）黄曲条跳甲：①黄条跳甲因鞘翅上具有黄色条纹而得名，成虫善跳跃，高温时还能飞翔，以中午前后活动最盛。有趋光性，对黑光灯敏感。成虫寿命长，产卵期可达 1 个月以上，卵散产于植株周围湿润的土隙或细根。幼虫需在高湿条件下才能孵化，因而湿度高的菜地重于湿度低的菜地。幼虫孵化后在此 -5cm 的表土层啃食根皮，老熟幼虫在 3～7cm 深的土中作土室化蛹。成虫食叶、以幼苗为害最最严重，刚出土的幼苗子叶被吃后，整株死亡，造成缺苗断垄。在留种地也为害花蕾和嫩茎。②防治措施：清除菜田及其周围杂草，深耕细耙，杀死部分卵及幼虫。可用糖醋液诱杀越冬代成虫减轻幼虫为害或灯光诱杀成虫。移栽前沟（穴）施 0.5% 噻虫胺颗粒剂 4～5kg/亩，或 1% 联苯·噻虫胺颗粒剂 4～5kg/亩，施药后覆土。成虫盛发期喷施，10% 溴氰虫酰胺可分散油悬浮剂 24～28mL/亩，或 5% 啶虫脒乳油 60～120mL/亩，或 300g/L 氯虫·噻虫嗪悬浮剂 28～33g/亩，或 25g/L 溴氰菊酯乳油 20～40mL/亩。

（2）蚜虫：①最有利于菜蚜病害发生的是 16～25℃ 温度下的清凉干爽天气。蚜虫繁殖速率很高，条件适宜 4～5d 便完成一个世代。菜农如疏忽大意或者未及时防范，则菜蚜容易传播病毒病而造成芥菜减产失收。蚜虫防治的难点在于虫体小，早期不易发现，并且对不少药剂都产生了抗药性。②防治方法：在幼虫始盛期喷施 0.3% 苦参碱水剂 168～192mL/亩，或 5% 啶虫脒可湿性粉剂 20～30g/亩，或 25g/L 溴氰菊酯乳油 40～50mL/亩，或 200g/L 吡虫啉可溶液剂 5～10mL/亩。

（3）小菜蛾：①世界性害虫。成虫昼伏夜出，产卵期可达 10d，平均每雌产卵 100～200 粒，卵散产或数粒在一起，多产于叶背脉间凹陷处。初龄幼虫钻入叶片，仅取食叶肉，稍大则啃食下表皮和叶肉，残留上表皮，在菜叶上形成一个个透明的斑，称为"开天窗"，3～4 龄幼虫可将菜叶食成孔洞和缺刻，严重时全叶被吃成网状。幼虫很活跃，遇惊扰即扭动、倒退或翻滚落下，老熟幼虫在叶脉附近结薄茧化蛹。在苗期常集中心叶为害，发育最适温度为 20～30℃，10～11 月为发生高峰期。②防治方法：应用频振式杀虫灯诱杀成虫、性信息素诱杀；在害虫卵孵化盛期至低龄幼虫期喷施 16 000IU/mg 苏云金杆菌可湿性粉剂 0～75g/亩，或 30% 茚虫威水分散粒剂 5～9g/亩，或 1.8% 阿维菌素乳油 30～40g/亩，或 2.5% 高效氯氟氰菊酯水乳剂 40～60mL/亩。

（4）霜霉病：①病菌以卵孢子附着在种子表面越冬，随之侵染幼苗。大田主要借风雨传播，蔓延很快。温度 16℃ 时有利于病菌侵入，24℃ 时有利于病菌发育，85% 以上相对湿度利于发病，病菌侵入需要有水滴及露水。叶片上病斑初呈黄绿色，后逐变为黄色，因受叶脉限制病斑由近圆形扩展至多角形，直径 10mm。湿度大时病斑背面长出白色霉层。严重时，病斑连片，叶片变黄干枯。②防治方法：一是使用无病种子，用适量新高脂膜拌种，能有效灭杀有害病菌，隔离病毒感染，加强呼吸强度，提高发芽率。适期播种，密度要适宜。二是加强田间管理。及时间苗、定苗，结合间苗及时清除病苗、病株，减少田间侵染菌源。适时中耕松土。根据植株生长需求，合理施水肥，避免大水漫灌。三是药剂防治：发病初期喷施 40% 三乙膦酸铝可湿性粉剂 235～470g/亩，或 687.5g/L 氟菌·霜霉威悬浮剂 60～75mL/亩，或 722g/L 霜霉威盐酸盐水剂 60～100mL/亩，或 72% 霜脲·锰锌可湿性粉剂 133～180g/亩。

（五）采收

在 4~5 叶移栽的前提下，大田第 6~9 叶多为无效叶，可让其自然落黄后再摘除。当叶片达到 15 片叶时，即应第一次采收第十片叶，采摘可用锋利割刀在植株主茎与叶片茎交接处（叶茎留 0.3~0.5cm）一刀切割。以后可交替采摘，一般每新长出一完全叶，即采一片老叶，可采收到翌年 3~4 月份结束。

五、萝卜无公害生产技术规程

萝卜又名菜头，属十字花科，一年到两年生草本双子叶植物。同安民间有句谚语"冬吃萝卜夏吃姜，不劳医生开药方"，据记载，同安在唐、宋时期已有种植萝卜。下溪头村外的康浔埭里的埭田为海积物衍生出特有的砂质壤土，土壤极为肥沃，极为适合萝卜的种植、生长，加之具备优良的环境、地理位置，促使萝卜在这里种植产量高、品质好、清甜脆香等特点，下溪头的村民世代种植萝卜，经验极为丰富，该村种植的白萝卜现已成为同安区"一村一品"的特色农产品。

（一）品种选择

据栽培季节不同，春夏萝卜和夏秋萝卜宜选用耐热性强的品种，秋冬萝卜和冬春萝卜宜选用冬性强、不易抽薹的品种。

春夏萝卜适宜种植品种有寒雪、白雪春等。

夏秋萝卜适宜种植品种有短叶 13、马耳早萝卜、火车头萝卜等。

秋冬萝卜和冬春萝卜品种有梅花 120、白玉王（韩国）、理想大根（日本）、大棚大根（韩国）、白玉春（韩国）、春白玉、雪凤凰等品种。

（二）整地作畦

萝卜是深根类作物，应选择土层深厚，最好是沙质壤土或中壤土作为种植地，前茬最好为水稻、瓜类、豆类的作物。种植前应清除前茬作物残株和杂草，及早进行翻耕细耙，翻耕的深度在 25~30cm。末次耕前普施基肥，每亩均匀撒施完全腐熟的有机肥 2 500~3 000kg、三元复合肥 30kg、过磷酸钙 25kg、硫酸钾 20kg。同时结合土壤消毒灭茬和防治地下害虫（线虫），每亩施煅烧的海蛎壳灰 75 ~ 100kg。种植大、中型萝卜一般作畦面宽为 60 ~ 70cm，畦高 20 ~ 30cm，沟宽 25 ~ 30cm，畦面开两行垄沟种植二行。

（三）适时播种

1. 播种时间

冬春萝卜和春夏萝卜于 9 月至翌年 3 月均可播种，在 1 ~ 3 月间应在气温高于 13℃以上播种，同时采用地膜覆盖为宜。夏秋萝卜和秋冬萝卜在 5 月中旬至 10 月中旬为适宜播种期，但早萝卜应掌握气温稳定在 18℃以上播种，防止幼苗期或莲座期抽苔，如提早在 4 月中旬播种，应覆盖地膜保温。

2. 播种方式

萝卜不宜移栽，应直播。在发芽率正常情况下，小型萝卜如短叶 13、马耳、火车头，每亩一般用种量 0.5 ~ 1kg，株行距 10cm × 20cm，条播。大中型萝卜如寒雪、白雪春，每亩用种量 100 ~ 125g，株行距 20cm × 30cm，穴播（点播）。播种时有先浇水播种后盖土和先播种盖土后再浇水两种方式。

（四）田间管理

1. 间苗定苗

应早间苗、晚定苗。第一次间苗在子叶充分展开时进行，将细弱苗、畸形拔除；当萝卜具 2 ~ 3 片真叶时，开始第二次间苗；具 5 ~ 6 片真叶，肉质根"破肚"（开始快速生长）时，按规定的株距进行最后定苗。

2. 中耕培土

结合间苗进行中耕除草。中耕时先浅后深，以避免伤根为原则，第一、二次间苗要浅耕，锄松表土，最后 1 次深耕，并把畦沟的土壤培于畦面，以防止倒苗。

3. 合理浇水

发芽期：播后要充分灌水，土壤有效含水量宜在80%以上，夏秋萝卜采取"三水齐苗"，即播后一水、拱土一水、齐苗一水，以防止高温发生病毒病。幼苗期：苗期根浅，需水量小。土壤有效含水量宜在60%以上，在"破肚"前一段时间还要少浇水、进行蹲苗；破肚后，肉质根生长不太快、需水不多，还要适当蹲苗促进肉质根下扎，掌握土壤发白才浇水的原则。叶生长盛期：此期叶数不断增加，叶面积逐渐增大，肉质根也开始膨大，需水量大，但要适量灌溉。肉质根膨大盛期：此期需水量最大，应充分均匀浇水，土壤有效含水量宜在70%～80%以上。多雨天要及时清沟排除积水以防烂根。采收前停止灌水。

4. 科学追肥

追肥根据土壤肥力和生长状况确定追肥时间，一般在苗期、茎叶生长期和肉质根生长盛期分2次进行。第一次在定苗后于垄肩中下部拉沟施入，一般亩施45%三元复合肥15kg拌60%氯化钾10kg，然后覆土，覆土后及时浇水保持湿润；第二次在肉质根生长盛期，畦间条（沟）施，施后培土，一般每亩施45%三元复合肥25～30kg。第三次如后劲不足可补根外喷肥。收获前20d不再追肥。

（五）病虫害防治

1. 主要病虫害

主要害虫害有蚜虫、菜青虫、小菜蛾、菜螟、斜纹蛾、黄曲条跳甲；主要病害有病毒病、软腐病、黑斑病等。

2. 农业防治

选用抗（耐）病优良品种；合理布局，实行轮作，清洁田园，加强中耕除草，降低病虫源数量；培育无病虫害壮苗。

3. 药剂防治

禁止使用国家明令禁止的高毒、剧毒、高残留的农药及其混配农药品种。使用药剂防治应符合农药安全使用标准（GB 4285）、农药合理使用准则（GB/T8321）的要求。注意轮换用药，合理混用，防止和推迟病虫害抗性的产生和发展。严格控制农药安全间隔期。

4. 常见病虫害防治

（1）黄曲条跳甲：①成虫与幼虫均造成危害。成虫咬食叶片，幼虫为害根部，咬食萝卜肉质根，受害萝卜表皮形成许多黑斑而失去商品价值，甚至变黑腐烂。②防治方法：首先，清除菜园残株落叶，铲除杂草；其次，收获后或播前及时翻耕晒土；再次，加强苗期水肥管理；第四，可用0.5%噻虫胺颗粒剂4~5kg/亩拌土穴施；或300g/L氯虫·噻虫嗪悬浮剂28~33g/亩喷淋或灌根；最后，在成虫活动盛期，可选用10%溴氰虫酰胺可分散油悬浮剂24~28mL/亩，或5%啶虫脒乳油60~120mL/亩喷雾，或300g/L氯虫·噻虫嗪悬浮剂28~33g/亩，或25g/L溴氰菊酯乳油20~40mL/亩等叶面喷雾。喷药夏季在上午9时前或下午6时后，应采用先喷四周再喷中央的方式，包围杀虫。

（2）蚜虫：萝卜蚜虫对黄色有强烈趋性，可以在田间设置黄板诱杀萝卜蚜，当平均每株有蚜虫3~5头时，即应喷药防治。可用0.3%苦参碱水剂168~192mL/亩；或200g/L吡虫啉可溶液剂5~10mL/亩；或50%抗蚜威水分散粒剂10~18g/亩等。

（3）菜青虫：为菜粉蝶的幼虫，主要为害叶片。菜青虫幼虫三龄前食量小，抗药性差，药剂防治以幼虫三龄前防治为宜。药剂防治选择16 000IU/mg苏云金杆菌可湿性粉剂25~50g/亩，或20%灭幼脲悬浮剂25~38mL/亩，或30%茚虫威水分散粒剂2.5~4.5g/亩，或5%氟铃脲乳油40~75g/亩等。

（4）病毒病：植株明显矮化，叶片叶色黄绿相间或发生畸形。蚜虫、跳甲、粉虱是重要传播媒介。田间管理粗放，高温干旱，蚜虫、跳甲发生量大或植株长势弱发病较重。应"治虫防病"，防止粉虱、蚜虫、跳甲等传播病毒。防治粉虱、蚜虫、跳甲可选择，10%溴氰虫酰胺可分散油悬浮剂43~57mL/亩，或200g/L吡虫啉可溶液剂15~20mL/亩等；发病初期可选用，0.5%香菇多糖水剂200~250g/亩，或5%盐酸吗啉胍可溶粉剂400~500g/亩，或8%宁南霉素水剂75~100mL/亩等，连喷2~3次。以增强植株的抗性，同时注意防止高温、干旱。

（5）霜霉病：萝卜霜霉病主要危害叶片。发病先从外叶开始，叶面出现淡绿色至淡黄色的小斑点，扩大后呈黄褐色，受叶脉限制成多角形。潮湿时叶背面出现白霉，严重时外叶枯死。发病初期喷施 250g/L 嘧菌酯悬浮剂 60～90mL/亩，或 687.5g/L 氟菌·霜霉威悬浮剂 60～75mL/亩，或 50% 烯酰吗啉可湿性粉剂 60～100mL/亩，或 72% 霜脲·锰锌可湿性粉剂 133～180g/亩，或 722g/L 霜霉威盐酸盐水剂等。

（6）黑腐病：黑腐病是由黑腐菌引起的病害，主要症状是根部中心变黑以及肉质根的维管束变黑腐烂，后形成空洞。高温多雨、灌水过量、排水不良、肥料未腐熟、连作及人为伤口或虫伤多利于发病。发病严重的地块，在根际周围撒石灰粉，每亩撒 60kg，可防止病害流行。药剂防治可在发病初期喷施，2% 春雷霉素水剂 140～175mL/亩，或 48% 琥铜·乙膦铝可湿性粉剂 125～180g/亩，或 46% 氢氧化铜水分散粒剂 40～60g/亩等。

（六）采收

萝卜一般以肉质根充分膨大、基部变圆，叶色转淡并开始变黄绿色时应及时采收。收获太早，萝卜未完全发育好，个小质硬；收获过晚，易出现糠心病等，降低产品质量。

六、冬春大白菜无公害生产技术规程

大白菜亦称结球白菜或包心白，属于十字花科芸苔属植物，其产量高，品质好，营养丰富，并且耐贮藏运输，是冬春重要蔬菜之一。大白菜在我国南方地区已实现周年供应，但冬春大白菜可利用冬闲田种植，具有生育期短、经济效益高等特点，同安年种植面积近万亩，主要分布在五显镇溪西、店仔、后垄等叶菜区，以及莲花镇、汀溪镇的部分半山、平原村。

（一）品种选择

冬春种植大白菜，由于前期温度很低，极易使大白菜植株通过春化，后期温度高、日照时间逐渐变长，很容易造成大白菜未熟抽薹开花，因此生产上应选择早熟、晚抽薹的大白菜品种，同安区现有的品种主要有：富春、良庆、亮春、春大将、强春、阳春、强春 2 号和春美人等。

（二）培育壮苗

1. 适时播种

播种期一般选择在 11 月上旬至翌年 1 月上旬，产品以 3 月中下旬—4 月中旬前后上市的价格较高，效益好。

2. 穴盘育苗

穴盘基质育苗方法是指选用符合国家和行业标准的商品育苗基质进行育苗，以 50 孔穴盘为最佳，苗壮，定植后产量高。

（1）播种：选择发芽率在 85% 以上的优质种子。按商品基质说明进行拌料装盘，用木板刮平。种子用 35% 甲霜灵可湿性粉剂混拌均匀后播种，用药量为种子质量的 0.3%。每穴播种 1 粒，留总盘数的 20% 的孔穴，每穴播种 2 粒，播后覆盖经预湿的基质，然后用喷壶喷透水，盘上覆盖一层白色地膜，待 70% 幼苗顶土时去除。待幼苗一叶一心时定苗，间出的苗用于补缺、补漏。

（2）保温育苗：创造适宜生长的温度是防止先期抽薹、获得高产高效的关键。大白菜适宜的发芽温度为 20～25℃，种子萌发时遇低温(0～10℃)经 10～15d 可完成春化阶段，可导致在大白菜植株长日照条件下未熟抽薹，失去商品价值。

11 月上旬至翌年 1 月上旬播种，如果育苗期间温度较低，应在大棚内覆盖小拱棚保温，根据温度变化情况适当增减拱棚的覆盖物。高于 25℃时，应进行放风通气。

（3）培育壮苗：苗期保证肥水充足，浇水注意见干见湿，促进营养生长。定期喷药防治病虫害，培育无病虫害的壮苗。移栽前要根据苗情适时通风炼苗。

（4）严控苗龄

一般冬春季采用 50 孔穴盘育苗，苗龄以 25～30d 为宜。当大白菜幼苗形成完整根系、脱盘不散时即应定植，否则苗龄越长，定植后产量降幅越大，未熟抽薹的风险越大。

（三）定植管理

1. 整地施基肥

冬春大白菜不宜与十字花科作物连作，一般以黄瓜、四季豆、豇豆、番茄为前作。根据大白菜根系比较浅、对土壤水分和养分要求高的特点，创造适宜于根系发育的土壤条件是十分重要的。在整地过程中，必须做到深耕细耙，这是保证高产、稳产的重要环节。在整地的同时，要施用有机质肥料作为基肥，一般亩施腐熟有机肥 1 000～1 500kg、过磷酸钙 50kg。如土壤酸性过大，应增施生壳灰 80～120kg 可中和土壤酸性等。

2. 高畦栽培

春季低温阴雨时间较长，若种植密度高，通风透光性差，易导致软腐病等病害的发生。定植时做高畦，（畦带沟）宽 1m，覆盖地膜，双行种植，株距为 0.45m，每亩栽 3 000 株左右。

3. 中耕锄草

在浇水或雨后适时中耕，防止地面板结，促进土壤通气，并清除杂草。前期中耕应浅，一般以锄破表土为宜，忌中耕伤根。成苗之后，进行中耕除草，需掌握离苗远处宜深、近苗处宜浅的原则。用深沟高畦栽培者应锄松沟底和畦面两侧，并将所锄松土培于畦侧或畦面，以利于沟路通畅，便于排灌。覆盖地膜栽培的不必中耕。

4. 水肥管理

（1）大白菜对养分的吸收状况：冬春大白菜对氮、磷、钾三要素的吸收量，以钾最多，其次是氮，磷最少。对三要素的吸收，随着植株的增长而逐渐增加。以整个生长期的吸收总量为 100% 计算，则刚发芽期吸收量为 0.01%，幼苗期为 0.43%，莲座期为 10% 左右，结球期为 89% 左右。大白菜不同的生长时期，对三要素的吸收比例也有变化，大体上是在结球期以前吸收氮最多，钾次之，磷最少。进入结球以后，氮、钾吸收量较多，而对钾的吸收超过氮，对磷的吸收量虽然有所增加，但仍然相对较少。

（2）大白菜各生长时期的水肥管理：①幼苗期。幼苗期的植株生长总量不大，对水肥的需要量相对较少。但是其根系不发达，吸收水肥的能力弱，适时满足幼苗期的水分要求，对促进幼苗健壮生长十分重要。在破心之际，追施腐熟的稀薄粪液1次；在定苗后或移植成活后施发棵肥，开沟施浓粪肥并配合磷钾化肥。②莲座期。从这一时期开始是生长的重要时期，加强莲座期的水肥管理，是创造丰产的关键。一般在定苗或定植缓苗后，在行间或株间开穴或小沟追肥，约施粪肥1.5 t/亩、尿素10～15kg/亩，然后灌水1次。在莲座期增加施氮量，并配合适当的磷、钾肥，结合灌水，既促进了叶片生长，也控制了徒长，以提高抗性。③结球期。结球期是产品形成时期，如果这时脱肥往往结球不紧实，影响产量和品质。结球期的肥水管理，重点在结球始期和中期，即"抽筒肥"和"灌心肥"，这2次施肥都要用速效性肥料，并需提前施入。一般在开始包心时立即追肥，施碳酸氢铵10～15kg/亩或尿素5.0～7.5kg/亩＋氯化钾15kg/亩。在收获前10d停止灌水，以免叶球含水量过多不耐贮藏。

（四）病虫害防治

冬春大白菜危害性大的有软腐病、霜霉病和病毒病。在防治这些病害的同时，也要注意防治其他病虫害，如软腐病绝大多数是由叶帮基部受伤或由炭疽病等腐烂引起的。黄曲条跳甲、菜螟、菜青虫和一些地下害虫均带有软腐病菌，虫害发生后，除直接影响植株正常生长外，并伴随病害的流行造成严重减产。

黄曲条跳甲多发生在破心前后，子叶受害轻则影响幼苗生长，重则引起死亡。可用10%溴氰虫酰胺可分散油悬浮剂24～28mL/亩，或25g/L溴氰菊酯乳油20～40mL/亩喷雾防治。在耕作管理上，主要是清洁田边和路边杂草，深耕炕土，消灭虫卵和幼虫。

菜螟主要发生在幼苗期，可用150g/L茚虫威悬浮剂10～18mL/亩，或1%甲氨基阿维菌素苯甲酸盐乳油10~20mL/亩喷雾防治。

团棵以后，蚜虫大量发生，除了直接为害植株外，同时也是病毒传播者，其繁殖能力强，发育快，必须早治，可用0.3%苦参碱水剂168~192mL/亩，或200g/L吡虫啉可溶液剂5~10mL/亩，或25g/L溴氰菊酯乳油40~50mL/亩，或5%啶虫脒可湿性粉剂20~30g/亩等喷雾防治。

进入结球后，斜纹夜蛾开始危害，是暴发性害虫，钻入叶球后，药剂防治困难，需在初孵幼虫群集危害时防除，菜青虫等也发生危害，可用16 000IU/mg苏云金杆菌可湿性粉剂50~100g/亩，或20%灭幼脲悬浮剂25~38mL/亩，或5%氟铃脲乳油40~75g/亩，或200g/L氯虫苯甲酰胺悬浮剂5~10mL/亩等喷雾防治。

（五）采收

大白菜完成春化后，在12h以上日照和18~20℃较高温度条件下极易抽薹开花，因此大白菜叶球形成后应视苗情及时采收，否则增加抽薹风险。

七、黄瓜无公害生产技术规程

黄瓜原为夏季主要蔬菜之一，近年来由于温室和塑料大棚栽培的兴起，黄瓜实现了周年生产、均衡供应，近几年早春黄瓜市场效益逐年看好。同安区年种植面积已达1.7万亩次，规模仅次于紫长茄，主要分布在五显镇、洪塘镇，以及莲花镇和汀溪镇的平原村。

（一）栽培管理

1. 品种选择

选择优质高产、抗病虫，抗逆性强，商品性好，适宜本地栽培、市场需求的黄瓜品种。黄瓜品种类型较多，分有熟性不同，有季节栽培不同，栽培方式不同等的品种，并还有一些地方传统品种。

露地春季早熟栽培可选用早熟、耐寒、抗逆性强的津春4号、津研4号、津杂2号、中农8号等。

夏秋露地栽培可选用耐热、抗病的津研2号、津杂1、2号、津春4

号、夏青 4 号、夏丰等。

晚秋及冬春大棚黄瓜，应选择适应强，耐阴、抗病的新泰密刺、长春密刺、中农 5 号、8 号、农大 12、京旭 1、2、中农 1101、秋棚 1 号等。

2. 培育壮苗

（1）育苗设施：各地根据气候、季节、栽培方式，采用育苗或直播，育苗有冷床、大小棚结合塑盘或营养袋育苗等设施及工具。

（2）种子处理：①种子消毒：首先晒种半天（不可暴晒），然后用 55℃温热水浸种 20min，浸种时要不断搅拌至 30℃ 水温时再浸 4～5h；也可用 50% 多菌灵可湿剂 500 倍或 40% 福尔马林 300 倍溶液浸种 1h 灭菌，可防预防炭疽病、菌核病、病毒病及枯萎病等。②种子经消毒浸泡、洗净后，再放温水中浸种 5～6min，待晾干种皮水分后用湿纱布包好，放在背光处设定 28～30℃温度下保湿催芽每天用温水清洗一次，当 70%～80% 种子露白即可播种。

（3）苗床准备：①营养土的配制：选近 3 年未种过葫芦科的菜园土，要求苗床背风向阳，土壤疏松肥沃，富含有机质、保水保肥能力较强的弱酸性至中性（pH 值为 6.5 左右）的砂质壤土，苗床宽 1.2m 左右。营养土配制为优质土壤 40%、腐熟优质农家土杂肥 60%，每 1m³ 营养土加三元复合肥 2.5kg。②床土消毒：用 70% 甲基托布津或 50% 多菌灵可湿粉剂 8～10g/m²，拌细土 3～5kg，均匀撒在 1m² 的苗床。

（4）播种：①1.2.4.1 播种期露地早黄瓜 1 月中下旬播种育苗，夏秋黄瓜 4 月至 6 月播种，秋冬 7 月至 10 月播种。②播种量：每亩用种量 150～200g，直播 300g/亩。③播种方法：一是将催过芽的种子单粒直播在塑盘穴内（露白根尖向下，播后用筛过的火烧土或优质耕层土覆盖在种粒表面），或营养袋内。二是播在作好的苗床内，夏秋多为直播。

（5）苗床管理：春播气温及土温较低，一般采用大小棚育苗，播前给苗床或营养钵浇透水，随后播种、盖土、覆棚膜。出苗后适时通风，白天温度控制在 24～28℃，夜温 15～16℃，注重调节温度，一般不能低于 12℃。当两片真叶展开后可带土分苗，苗期水分不宜过多，保持湿润即可。定植前 1 周要时常揭膜通风进行炼苗。

（6）配方施肥：黄瓜在生长过程中应多次追肥，采用少量多次施肥和有机无机交替或混用的原则，幼苗可适时追 1 次提苗肥，用尿素 5～8kg/亩，或人粪尿 200～500kg/亩对水点穴浇施。

（7）壮苗标准：株高 10cm，有 3～4 片叶，茎粗、节短、叶绿、叶厚、根系发达无病虫、无机械伤。

3. 定植

（1）地块选择：选择三年内未种过葫芦科植物的田块，要求土壤肥沃，耕层深厚，排水条件良好。

（2）施肥：耕地施肥每亩施入腐熟有机肥 3 000kg，过磷酸钙 20～30kg，硫酸钾 20～25kg 或氮、磷、钾比例为 15：15：15 的复合肥 50kg作底肥。根据栽培季节作成具有一定规格的墒高。

（3）棚室消毒：保护地栽培定植前应进行消毒，按每亩地用敌敌畏 250g 加硫磺粉 2～3kg 混合拌入粗糠或锯末，分 10 个点，用暗火点燃，熏蒸一夜，待放风无药味时定植。

（4）定植时间：露地栽培晚霜结束，气温稳定在 15℃以上，苗龄为 5～6 片叶时即可定植；大棚定植地温在 12℃以上，气温在 20℃时为好。夏、秋黄瓜当苗龄达 3～4 叶或播后 30～40d 即可定植。早春选择晴天下午定植，夏季应在阴天傍晚定植。

（5）定植规格：定植前一天将育苗盘浇透水。定植时将黄瓜苗轻轻取出，栽植于畦内，将根部压实，栽植为株距 30cm，行距 60～65cm，每亩 3 000～3 800 株。栽后浇一次透水，如果天气干旱，3 天后再浇一水。

4. 田间管理

（1）温、湿度管理：定植缓苗后白天维持在 20～25℃，夜间不低于 15℃，随着气温的 L 高，如果棚内温度超过 30～35℃应及时进行通风降温、排湿。

空气相对湿度，缓苗期为 80%～90%，开花结果期 70%～80%。

（2）肥水管理：定苗成活后应追一次提苗肥，每亩用尿素 5～7kg

对水浇施；根瓜坐稳后，第二次瓜膨大期追第二次肥料，每亩用尿素 10~15kg 或与腐熟人粪尿 500kg 对水等交替使用；结瓜盛期结合浇水、追肥 2~3 次，每次用尿素 10~15kg，硫酸钾 8~10kg；还可进行叶面喷肥，喷施 1% 尿素 +0.2% 磷酸二氢钾溶液，每 5~7d 喷 1 次连喷 2 次。定植后及时中耕，提高地温，春季雨水多时，要防止墒面和沟内积水；夏季幼苗蒸腾量大，应视苗情及时补水，其间中耕培土 2~3 次，收根瓜时停止中耕。

（3）植株调整：株高 30cm，现蕾开花时应插架引蔓上架。搭成"人"字形，每 3~4 节绑 1 次蔓。主蔓结瓜品种要注意及时摘除侧蔓和卷须；当所留的主、侧蔓长满架时应封顶，并除去病叶、老叶及畸形瓜，以利于通风透光。

（二）病虫害防治

1. 主要病虫害

黄瓜病害主要有霜霉病、白粉病、黑星病、灰霉病、细菌性角斑病、炭疽病、花叶病、枯萎病等；主要虫害有蚜虫、粉虱、螨类、斑潜蝇等。

2. 防治原则

按照"预防为主，综合防治"的植保方针，坚持以"农业防治、物理防治、生物防治为主，化学防治为辅"的无害化治理原则。

3. 农业防治

选用抗性强的品种；采用合理的耕作制度、轮作换茬；合理密植，起垄种植，加强中耕除草、清洁田园等田间管理，降低病虫源数量；及时发现中心病株并清除、带出田外深埋。

4. 物理防治

（1）黄板诱杀：田间悬挂黄色粘虫板诱杀蚜虫等害虫。黄色粘虫板规格 25cm×40cm，每亩悬挂 30~40 片。

（2）银灰膜驱避蚜虫：铺银灰色地膜或张挂银灰膜膜条避蚜。

（3）杀虫灯诱杀：利用电子杀虫灯诱杀鞘翅目、鳞翅目等害虫。杀虫灯悬挂高度一般为灯的底端离地 1. 2 ~ 1. 5m,每盏灯控制面积一般在 1. 33 ~ 2. 0hm² 。

（4）设施防护：利用防虫网防虫栽培,减轻病虫害的发生。

5. 生物防治

积极保护利用天敌,控制病虫害。选用核型多角体病毒、苏云金杆菌、春雷霉素、中生菌素、苦参碱、印楝素等生物农药防治病虫害。

6. 主要病虫害发生特点及防治

（1）霜霉病：属真菌性病害,其发病部位在黄瓜中上部叶片,在田间观察时应掌握以下要点,每日上午 8 时左右,看叶背面是否有水浸状、多角形病斑、病斑上是否有灰霉层,若具备这三点可确诊为霜霉病。适宜发病环境是温度16 ~ 22℃,相对湿度在83%以上。该病病菌有两怕,即怕干燥、怕高温。干燥时病菌3 ~ 5d 自然死亡。在棚内湿度较大的情况下可以把温度控制到45℃2 小时,在喷施适当的药剂防治,很容易的控制此病。

药剂防治：发病初期喷施 250g/L 嘧菌酯悬浮剂 60 ~ 90mL/亩,或687. 5g/L 氟菌·霜霉威悬浮剂 60 ~ 75mL/亩,或50% 烯酰吗啉可湿性粉剂 60 ~ 100mL/亩,或 72% 霜脲·锰锌可湿性粉剂 133 ~ 180g/亩,或722g/L 霜霉威盐酸盐水剂等。

（2）灰霉病：可为害瓜、叶片和茎蔓。为害瓜条多先侵染败落的花,使花腐烂,长出淡灰褐色的霉层后,再进一步侵染到幼瓜,被害小瓜迅速变软,萎缩腐烂,其上密生灰白色霉层。叶片发病多为圆形、近圆形至不规则病斑,直径20 ~ 50mm,病斑边缘明显,表面呈浅红褐色,生有少量灰霉。茎蔓受害引起局部腐烂,严重时病茎折断,整株死亡。由真菌侵染引起的病害,温室内本病常在入冬后湿度大、放风不及时且温度低时开始发生。温度20℃左右,阴天光照不足,相对湿度在90%以上,结露时间长,是灰霉病发生蔓延的重要条件。若温度高于30℃,相对湿度在90%以下,病害则停止蔓延。药剂防治：发病初期喷施22. 5% 啶氧菌酯悬浮剂 30 ~ 40mL/亩,或400g/L 嘧霉胺悬浮剂 63 ~ 94mL/亩,或 500g/L 异菌脲悬浮剂 50 ~ 100mL/亩,或20% 二氯异氰尿酸钠可溶粉剂 187.5 ~ 250g/亩，或 250g/L 嘧菌酯悬浮剂 60 ~ 90mL/亩等。

（3）白粉病：先在下部叶片正面或背面长出小圆形白粉状霉斑，逐渐扩大，厚密，不久连成一片。发病后期整个叶片布满白粉，后变灰白色，最后叶片呈黄褐色干枯。茎和叶柄上也产生与叶片类似病斑，密生白粉霉斑。在秋天，有时在病斑上产生黄褐色小粒点，后变黑色。此病在叶片布满白粉，发病初期霉层下部表皮仍保持绿色，与其他叶部病害容易区别。此病的适宜温度条件是 20 ~ 25℃，适宜相对湿度是 35% ~ 45%。所以，白粉菌对温、湿度的要求是，不冷不热、不干不湿。幼嫩、徒长的植株易感此病。

防治方法：发病初期喷施 250g/L 嘧菌酯悬浮剂 60 ~ 90mL/亩，或 35% 氟菌·戊唑醇悬浮剂 5 ~ 10mL/亩，或 10% 苯醚甲环唑水分散粒剂 50 ~ 83g/亩，或 40% 腈菌唑可湿性粉剂 7.5 ~ 10g/亩等。

（4）病毒病：黄瓜病毒病主要危害叶和瓜。苗期、成株期均能发生。幼苗期发病子叶变黄枯萎，幼叶浓绿与淡绿相间呈花叶状。成株期发病植株矮小，节间短而粗，叶片明显皱缩增厚，新叶呈黄绿相间花叶，病叶严重时反卷，病株下部老叶逐渐枯黄。瓜条发病后停止生长，表面呈深浅绿相间的花斑。严重时瓜表面凹凸不平或畸形，发病重的植株，节间缩短，簇生小叶，不结瓜，导致萎缩枯死。主要靠蚜虫、粉虱、田间操作传播。在高温、干旱、日照强的条件下发病重。缺水、缺肥、管理粗放、蚜虫多时发病重。防治方法：发现病株立即排除，并用石灰消毒；防治粉虱、蚜虫等传毒媒介；发病初期喷施 0.5% 几丁聚糖水剂 300 ~ 500 倍液，或 0.5% 氨基寡糖素水剂 187 ~ 250mL/亩，或 0.5% 香菇多糖水剂 208 ~ 250g/亩，或 5% 盐酸吗啉胍可溶粉剂 400 ~ 500g/亩等。

（5）细菌性角斑病：幼苗期子叶上产生圆形或卵圆形水浸状病斑稍凹陷，后变褐色干枯。成株期叶片上初生针头大小水浸状斑点，病斑扩大受叶脉限制呈多角形，黄褐色，湿度大时，叶背面病斑上产生乳白色黏液，干后形成一层白色膜或白色粉末状物，病斑后期质脆，易穿孔。茎、叶柄及幼瓜条上病斑水浸状，近圆形至椭圆形，后呈淡灰色，病斑常开裂，潮湿时瓜条上病部溢出菌脓，病斑向瓜条内部扩展，沿维管束的果肉变色，一直延伸到种子，引起种子带菌。病瓜后期腐烂，有臭味，幼瓜被害后常腐烂、早落。土壤中的病菌通过灌水、风雨、气流、昆虫及农事作业在田间传播蔓延。病菌由气孔、伤口、水孔侵入寄主。发病的适宜温度18~26℃，相对湿度75%以上，湿度愈大，病害愈重，暴风雨过后病害易流行。地势低洼，排水不良，重茬，氮肥过多，钾肥不足，种植过密的地块，病害均较重。

防治方法：发病初期喷施2%春雷霉素水剂140~175mL/亩，或46%氢氧化铜水分散粒剂40~60g/亩，或48%琥铜·乙膦铝可湿性粉剂130~180g/亩，或20%噻菌铜悬浮剂83.3~166.6g/亩。铜制剂使用过多易引起药害，一般不超过3次。喷药须仔细周到地喷到叶片正面和背面，可以提高防治效果。

（6）粉虱：粉虱食性很杂，可危害多种蔬菜。主要以若虫为害，集中在黄瓜叶背面吸取汁液，造成叶片褪色、变黄、萎蔫，严重时植株枯死。为害时还分泌密露，污染叶片，引起霉菌感染，影响植株光合作用，严重影响产量和品质。防治方法：尽量避免混栽，特别是黄瓜、西红柿、菜豆不能混栽。调整生产茬口也是有效的方法，即头茬安排芹菜、甜椒等白粉虱为害轻的蔬菜，下茬再种黄瓜、番茄。老龄若虫多分布于下部叶片，摘除老叶并烧毁。在温室设置黄板可有效地防治白粉虱。卵孵盛期喷施20%呋虫胺可溶粒剂30~50g/亩，或10%溴氰虫酰胺可分散油悬浮剂43~57mL/亩，或25%噻虫嗪水分散粒剂10~12.5g/亩，或22%螺虫·噻虫啉悬浮剂30~40mL/亩等。

（7）斑潜蝇：斑潜蝇包括美洲斑潜蝇、拉美斑潜蝇、番茄斑潜蝇等混合发生，严重为害设施内瓜类豆类、茄果类及叶菜类等多种蔬菜和花卉，危害严重，果菜减产可达30%~50%，叶菜损失5%~10%。主要为害叶，在叶片内蛀食或成弯曲的隧道，破坏叶绿素和叶肉细胞，导致叶片光合作用下降，严重时叶片枯死甚至成片植株死亡，造成减产甚至绝产绝收。防治措施：要培育无虫苗；棚室通风口及门口张挂防虫网，棚室内可使用涂有机油的黄板或用灭蝇纸诱杀成虫。田间要经常查看，

68

发现斑潜蝇为害植株，要及时防治，防治扩展蔓延。可用10%溴氰虫酰胺可分散油悬浮剂14～18mL/亩，或1.8%阿维菌素乳油40～80g/亩，或30%灭蝇胺可湿性粉剂27～33g/亩，或1.8%阿维·啶虫脒微乳剂30～60mL/亩等。

（三）适时采收

雌花谢后8～10d采收嫩果，及时采收有利于余下雌花坐果，又能保证果实嫩脆。采收过迟，单瓜增重但品质下降，也影响上部瓜条的生长发育。

八、苦瓜无公害生产技术规程

苦瓜又名凉瓜，葫芦科苦瓜属一年生攀援状柔弱草本植物。原产东印度，南宋时传入我国，历经几百年的栽培后，已形成了丰富的品种和类型。近年来，随着福建省农业科学院选育的"翠玉""新翠"等杂交一代苦瓜高产、优质新品种的推广，以及苦瓜嫁接苗的应用推广及大棚设施等配套的普及，苦瓜的商品化生产又一次进入快速发展时期。

（一）品种选择

苦瓜依果实形状分为短圆锥形、长圆锥形和长条形三种类型；依采收期果实果皮的颜色分为浓绿、绿色、绿白也划分为3种类型。目前主要品种有翠玉、惠玉、宝玉2号、宝玉5号、槟城苦瓜、江门大顶、株洲长白苦瓜、农友绿人、穗新1号、穗新2号、丰绿1号、夏丰3号等。

（二）种子处理

苦瓜种子种皮坚硬，因此要进行浸种催芽，其方法是：将种子晾晒后，放在55℃左右的温水中浸泡20min，不断搅拌，待水温降到30℃时，继续浸种12～15h，浸泡过程中，适当搅拌；浸种搓洗后捞出用清水冲洗干净放在30～35℃的高温条件下进行保湿催芽，催芽期间用和催芽温度相当的温水每6～8h冲洗一次，一般3d即可发芽。当70%的种子露白时，即可播种。

（三）培育壮苗

根据季节不同，选用温室、塑料棚、温床等设施育苗；夏秋季育苗应配有防虫、遮阳、防雨设施。有条的可采用穴盘育苗和工厂化育苗。

1. 营养土配方

无病虫源菜园土 50%～70%、优质腐熟农家肥 50%～30%，三元复合肥（N－P－K＝15－15－15）1%。消毒土配制：用 8～10g 50% 多菌灵与 50% 福美双等量混合剂，与 15～30kg 营养土或细土混合均匀。

2. 播种期

春、夏、秋均露地栽培，一般春播在 2～3 月，夏播 4—5 月，秋播 7—8 月；保护地育苗 12 月—翌年 3 月。

3. 每亩栽培面积的用种量

育苗移栽 350～450g，露地直播 500～650g。

4. 播种方法

配制好的营养土均匀铺于播种床上，厚度 10cm，或装进营养钵中。将催芽后的种子均匀撒播于苗床（盘）中，或点播于营养钵中，播后用消毒后的土盖种防治苗床病害。按每平方米苗床用 15～30kg 药土作床面消毒。

露地直播：按确定的栽培方式和密度穴播 2 粒干种子。

5. 苗期管理

苦瓜喜温、较耐热，不耐寒。幼苗生长的适温要求在 20～25℃，冬春育苗要保暖增温，夏秋育苗要遮阳降温。苦瓜苗期在大棚或小棚内应注意使床土疏松湿润、水气调匀，尽可能降低苗床内空气湿度。

6. 炼苗

早春定植前 7d 适当降温通风，夏秋逐渐撤去遮阳网，适当控制水分。

7. 壮苗标准

株高 10～12cm，茎粗 0.3cm 左右，4～5 片真叶，子叶完好，叶色浓绿，无病虫害。

（四）大田栽培

1. 适时定植

（1）定植前准备：每亩施充分腐熟优质农家肥 1 500 ~ 2 000kg、过磷酸钙 10kg、硫酸钾三元复合肥 50kg。深翻二遍，整平作高畦，一般畦高 15 ~ 20cm，畦宽（带沟）1.1 ~ 1.2m；在大棚内生产，畦上应覆地膜，膜下留水沟，以备进行膜下暗灌，以减少棚内湿度，从而减少病虫害。在夏季休闲期，可用淹水进行高温消毒。

（2）定植期：苦瓜是短日照作物，喜光而不耐阴，因而定植期应选择在温暖时期为佳。露地栽培，必须在终霜期后，地温稳定在 15℃，气温 25℃左右定植；设施栽培，在大棚、温室内定植，必须掌握在 10cm 时的地温稳定在 15℃，气温 20℃左右进行。

（3）定植：苗床定植前一天浇足底水，并喷施一次百菌清或多菌灵药液，挖苗时尽可能保持土坨完整，以防伤根。在冬春季大棚内定植必须选阴尾晴头的中午进行。在夏天或气温高时，应选择阴天或下午 4 时后定植。定植采用每畦单行栽植，株距 150cm。一般露地栽培的密度为每亩 400 株左右，棚内栽植密度 350 株。栽植时浇足水，一般缓苗前不需再浇水。

2. 田间管理

（1）肥水管理：定植后一般 7d 左右可见到心叶见长，此时新根已长出，证明已度过缓苗期。缓苗后选择晴天上午浇一次缓苗水，生长期视苗情生长情况适当蹲苗，蹲苗期一般 3 ~ 5d；第一条根瓜座住后，浇透水一遍，以后 5 ~ 10d 浇一次水；结瓜盛期应注重保持土壤湿润。生产上应通过地面覆盖、滴灌（暗灌）、通风排湿、温度调控等措施，尽可能使土壤湿度控制在 60% ~ 80%。多雨季节应及时排除田间积水。

根据苦瓜长相和生育期长短，按照平衡施肥要求施肥，适时追施氮肥和钾肥。同时应有针对性地喷施微量元素肥料，根据需要可喷施 1.5% 尿素或 0.3% 磷酸二氢钾等叶面肥以防早衰。春种时，幼苗期应少施肥；夏秋种时从子叶展开后开始连续多次轻追肥。开花结果期间一般要重施 2 次肥，于初花期施第一次，每亩用豆饼肥 50kg 或优质鸡粪肥 100～150kg、三元复合肥 30kg，结合培土施用；第一次采收后再施 1 次，每亩施三元复合肥 30kg。以后视苗情每采收 2～3 次，每亩可再施三元复合肥 15kg 左右。收瓜前 7～10d 及收获期间应控制氮肥的施用。

（2）插架：当苦瓜主蔓长到 50cm 时，选择晴天进行搭架，可采用人字架或搭平棚栽，并把瓜蔓往不同方向向上分布攀缘。

（3）整枝：主蔓出现第一雌蕾后，开始整枝。苦瓜前期可不留侧蔓，等主蔓出现连续几个小瓜时，则要将中间未开花的小瓜摘除，保持小瓜间有 2～3 个空节；主蔓上架后，看其侧蔓有无小瓜，有则保留 3～4 个瓜后将蔓条顶心打掉，无则从基部剪除；随时除掉多余孙蔓、卷须、雄花及畸形瓜，及早采收根瓜，充分利用空间，使养分集中在生殖生长和瓜的营养上，保证植株、果实同时有良好的发育。中后期注意及时摘除病叶和黄叶，增强田间通透性。

（五）病虫害防治

1. 防治原则

按照"预防为主，综合防治"的植保方针，坚持以"农业防治、物理防治、生物防治为主，化学防治为辅"的无害化治理原则。

（1）农业防治：选用抗病品种，严格进行种子消毒减少种子带菌传病。培育适龄壮苗，提高抗逆性。创造适宜的生育环境，控制好温度和空气湿度、适宜的肥水、充足的光照，避免低温和高温障害；深沟高畦，严防积水。

清洁田园，将苦瓜田间的残枝败叶和杂草清理干净，集中进行无害化处理，保持田间清洁。耕作改制，与非葫芦科作物实行轮作，有条件的地区实行水旱轮作。科学施肥，增施腐熟有机肥，平衡施肥。

（2）物理防治：①设施防护：夏季覆盖塑料薄膜、防虫网和遮阳网，进行避雨、遮阳、防虫栽培，减轻病虫害的发生。②诱杀与驱避：保护地栽培运用诱虫板诱杀瓜实蝇、蚜虫、美洲斑潜蝇、黄守瓜等，每亩悬挂 30～40 块黄板。露地栽培铺银灰地膜或悬挂银灰膜条驱避蚜虫，

每 $1 \sim 2hm^2$ 设置一盏频振式杀虫灯诱杀害虫。

（3）生物防治：保护利用天敌，控制病虫害。选用核型多角体病毒、苏云金杆菌、春雷霉素、中生菌素、苦参碱、印楝素等生物农药防治病虫害。

（4）药剂防治：禁止使用国家明令禁止的高毒、剧毒、高残留的农药及其混配农药品种。使用药剂防治应符合农药安全使用标准（GB 4285）、农药合理使用准则（GB/T8321）的要求。保护地优先采用粉尘法、烟熏法。注意轮换用药，合理混用，防止和推迟病虫害抗性的产生和发展。严格控制农药安全间隔期。

2. 苦瓜主要病虫害防治

（1）瓜实蝇：以 6—11 月为害严重。成虫白天活动，夏日中午高温烈日时，静伏于瓜棚或叶背，对糖、酒、醋及芳香物质有趋性。防治方法是诱杀成虫与药剂防治相结合，利用糖醋药剂或台湾产的稳粘诱杀成虫。糖醋药剂的配方为糖 3%、陈醋 2%、敌百虫 1% 加适量的烂香蕉和水调成的水溶液，使用方法为在矿泉水瓶中部四周用烟头烫 $4 \sim 8h$，装入糖醋药剂 40mL，1 周更换 1 次。稳粘可直接喷在矿泉水瓶的外侧，均匀分挂于苦瓜地，$3 \sim 5d$ 后应重新补喷，直到粘不到瓜食蝇为止。如遇雨天应将瓶子挂在淋不到雨的地方。药剂防治：0.1% 阿维菌素浓饵剂 $180 \sim 270mL$/亩，用清水稀释 $2 \sim 3$ 倍后装入诱罐，分散挂于瓜架 1.5m 左右高处，每 7d 换一次诱罐内的药液。可同时诱杀雌、雄成虫。在成虫盛发期，选晴天 8：00—10：00 时或 14：00—18：00 时成虫最为活跃时间，喷洒 100g/L 顺式氯氰菊酯乳油 $5 \sim 10mL$/亩，或 2.5% 高效氯氟氰菊酯水乳剂 $20 \sim 40mL$/亩等。对土面喷 50% 辛硫磷乳油 800 倍液杀蛹。

（2）黄守瓜：当春季气温达到 10℃ 以上时开始活动，中午前后活动最盛。成虫取食瓜苗的子叶和嫩茎叶，常常引起瓜苗死亡，也可蛀入近地表瓜内为害，不及时防治可造成减产。可用 100g/L 顺式氯氰菊酯乳油 $5 \sim 10mL$/亩，或 2.5% 高效氯氟氰菊酯水乳剂 $20 \sim 40mL$/亩等，于中午喷施土表和田边杂草等害虫栖息场所来防治。防治幼虫可用 50% 辛硫磷乳油 2 500 倍液灌根。

（3）瓜绢螟：为害时期多为 7—9 月，幼虫在叶背取食叶肉，呈灰白斑，3 龄后吐丝将叶或嫩梢缀合，隐居其中取食，致使叶片穿孔或缺刻，严重时仅留叶脉。幼虫常蛀入瓜肉，取食瓜肉，影响苦瓜产量和质量。防治方法可在害虫发生初期，喷施 200g/L 氯虫苯甲酰胺悬浮剂 6～12mL/亩，或 10% 溴氰虫酰胺可分散油悬浮剂 14～18mL/亩，或 50g/L 虱螨脲乳油 40～50mL/亩，或 14% 氯虫·高氯氟微囊悬浮－悬浮剂 10～20mL/亩等。

（4）白粉病：主要为害叶片、叶柄和茎蔓。发病初期叶片上出现白色圆形小粉斑，严重时粉斑密布于叶片上并互相连合，就象在叶面撒上一层白粉，最后叶片变黄、干枯。该病菌主要靠气流传播，当气温 16～24℃时，湿度越大发病越重。在发病初期喷施 250g/L 嘧菌酯悬浮剂 60～90mL/亩，或 35% 氟菌·戊唑醇悬浮剂 5～10mL/亩，或 10% 苯醚甲环唑水分散粒剂 50～83g/亩，或 40% 腈菌唑可湿性粉剂 7.5～10g/亩等。

（5）霜霉病：主要为害功能叶，幼嫩叶片和老叶受害较轻。发病初期叶缘或叶背面出现水渍状病斑，早晨尤为明显，病斑逐渐扩大，受叶脉限制，呈多角形淡褐色或黄褐色斑块，湿度大时叶背面或叶面长出灰黑色霉层，后期病斑破裂或连片，导致叶缘卷缩干枯。该病菌主要靠雨水或露水传播，在温度 15～25℃，湿度大于 80% 时，苦瓜叶片均可受到侵染，且湿度越大发病越重。所以在苦瓜采收盛期、叶片重叠严重、通风不良时发病严重。在发病初期喷施 250g/L 嘧菌酯悬浮剂 60～90mL/亩，或 687.5g/L 氟菌·霜霉威悬浮剂 60～75mL/亩，或 50% 烯酰吗啉可湿性粉剂 60～100mL/亩，或 72% 霜脲·锰锌可湿性粉剂 133～180g/亩，或 722g/L 霜霉威盐酸盐水剂等。

（6）枯萎病：由专化型尖镰孢菌侵染苦瓜根部使根部维管束堵塞，造成水分无法向上输送。感病植株首先表现为上部叶片中午萎蔫，早晚恢复常态，久雨放晴病情加重，反复几次，最后地上部干枯死亡。有效的防治方法是轮作和嫁接栽培。在移栽前撒施 3～4kg/亩 1% 噁霉灵颗粒剂。在发病初期用 2% 春雷霉素可湿性粉剂 50 ~ 100 倍液灌根，或 5% 氨基寡糖素水剂 50 ~ 100mL/亩等喷雾防治。

（7）病毒病：主要发生在夏秋高温干旱季节，多在中后期感病，中上部叶片皱缩，叶色不匀，幼嫩蔓梢畸形，生长受阻，瓜变小或变形扭曲。严重影响苦瓜的产量和品质。防治方法是发病初期拔除病株，消灭蚜虫和粉虱等传播途径"治虫防病"，在发病前或初期喷 0.5% 香菇多糖水剂 200 ~ 300mL/亩，或 0.5% 几丁聚糖水剂 300 ~ 500 倍液。

（8）炭疽病：苦瓜整个生长期的茎叶蔓及瓜条均可发病。当夏季温度在 24 ~ 28℃ 的多雨时段，经常可见到果实染病现象，病斑初期呈水渍状，淡绿色，近圆形，扩大后变黄褐色或暗褐色，病部稍凹陷，但不深入果皮内部，中部常开裂。在潮湿环境中，病斑表面常产生粉红色粘状物。在发病初期喷施 60% 唑醚·代森联水分散粒剂 60 ~ 100g/亩，或 35% 氟菌·戊唑醇悬浮剂 25 ~ 30mL/亩，或 50% 咪鲜胺锰盐可湿性粉剂 38 ~ 75g/亩，或 50% 戊唑·嘧菌酯悬浮剂 18 ~ 24g/亩。

（9）蔓枯病：主要危害苦瓜茎蔓或分枝处，初为椭圆形或梭形病斑，后发展成不规则形，灰褐色，边缘褐色，病斑处会开裂，溢出胶质物，引起蔓枯，后期病部上会生出黑色小粒点。在气温 20 ~ 25℃、相对湿度大于 85%、密度过大、通风不良的连作地，发病严重。在发病初期可选用 560g/L 嘧菌·百菌清悬浮剂 75 ~ 120mL/亩，或 22.5% 啶氧菌酯悬浮剂 35 ~ 45mL/亩，或 35% 氟菌·戊唑醇悬浮剂 25 ~ 30mL/亩，或 10% 多抗霉素可湿性粉剂 120 ~ 140g/亩等喷雾防治。

（六）采收

及时摘除畸形瓜，及早采收根瓜，以后按商品瓜标准采收上市。苦瓜采收标准是果实已充分长成、果瘤粗壮、尖端变得稍平滑、皮色浅绿有光泽时采收。结果初期，每隔 5 ~ 6d 采收一次，盛果期 2 ~ 3d 采收一次。及时采收，可促进多结瓜。采收时，一般宜在日出前用剪刀从基部剪下，保证瓜果鲜嫩，耐贮运。

九、丝瓜无公害生产技术规程

丝瓜是葫芦科丝瓜属的一年生攀缘草本植物，是夏暑天人们喜爱的主要蔬菜品种。丝瓜喜温且耐热，在炎热的夏季只要肥水充足仍可开花结果，因此，在同安区各地均有种植，特别是洪塘镇的石浔村、东宅村种植的丝瓜瓜嫩清甜爽口，深受消费者欢迎，已为同安区"一村一品"特色农产品。

（一）品种选择

丝瓜品种分为普通丝瓜和有棱丝瓜。普通丝瓜品种有：南京长丝瓜、线丝瓜、武汉白玉霜、湖南丝瓜、农友特长丝瓜、东光二号等；有棱丝瓜品种有：农友平安、三喜等。一般选用抗病、高产、口感好、商品价值高的当地品种。

（二）栽培季节

丝瓜多在3—4月春季播种育苗，5月份定植到大田，6—9月份采收。同安区以春季播种为主，也有夏、秋播种的。

（三）播种育苗

丝瓜可以直播或育苗移栽。一般露地直播的，每穴2~3粒种子，每亩需种子250g左右；采用育苗移栽的，每穴栽苗1株，每亩需种子100~150g。丝瓜的播种方法及苗期管理同黄瓜基本相似，只是丝瓜不喜高温，不耐低温，所以育苗可稍晚一些，或在早春气温低时，采取防寒保温措施。丝瓜采用育苗栽培的，大约经过25~30d苗龄，幼苗长到3~4片真叶时就可定植。直播的应及时间苗、定苗。

（四）整地定植

丝瓜栽培易选保水力强且肥沃的土壤栽植。栽前深耕晒土，亩施农家肥2 000~2 500kg，复合肥75kg，使土壤疏松，利于根系发育。栽培畦的宽度各地不同，一般采用宽畦，畦宽1.8~2.0m，以单行种植为好，种植在畦中央，1穴2株。春季栽培可适当密植，每亩种植800株左右；夏季栽培植株营养生长旺盛，应适当减少株数，每亩种植600~700株为宜。定植时选择优质苗且需带土坨栽植,以保护根系不受损伤,利于缓苗,定植后要及时浇定植水,以后可视土壤墒情和天气情况再浇缓苗水。

（五）田间管理。

1. 肥水管理

丝瓜茎蔓生长量大,结果多,需水、肥量也多。如果肥水供应不及时或不足易引起落叶落果;相反施肥量过剩,又易造成营养生长过旺,影响生殖生长。一般在定植后浇定植水时,追 1 次肥,以稀薄的人粪尿为宜,以后随着秧苗的生长可每隔 7~10d 追肥 1 次,当开始结瓜后,必须加大施肥量,以满足正常生长和开花结果对养分的需要,通常每采收1~2 次,追肥 1 次。一般每亩每次施用碳铵 15kg 或尿素 7.5kg,或复合肥 7.5~10kg。追肥应结合浇水进行,丝瓜本身性喜潮湿,丝瓜叶片大,蒸腾量大,开花结果多,总需水量也较大,特别是在干旱时期,必须及时灌水才能保证多开花、多结瓜、结大瓜。一般在无雨情况下,在丝瓜结果期间每隔 5~7d 浇水 1 次。水要浇得均匀一致,切忌大水漫灌。雨天要及时排水,以防积水影响植株生长。

2. 植株整理

丝瓜是蔓生植物,需搭架栽培。一般当丝瓜蔓长 30~40cm 时要搭架,架式可根据栽培所采用的品种、植株生长强弱以及分枝情况来定。丝瓜蔓长,生长旺盛,分枝力强的品种以搭棚架为好;生长势弱,蔓较短的早熟类型品种以搭人字架或篱笆架为好。在丝瓜蔓上架之前,要注意随时摘除侧芽,将蔓引到架上,要及时绑扎,松紧要适度,使茎蔓分布均匀,提高光能利用率。当茎、蔓爬到架上部后,便不需要再绑蔓,但架子插的要牢固,以免结瓜时由于重量增加遇刮大风时造成塌棚,造成损失。

丝瓜的主侧蔓均能开花、结果,并能连续结瓜陆续采收,但为了提高丝瓜的产量和质量,要及时进行整枝打杈,及时摘除过多或无效的侧蔓,使养分供给正常发育的花和果实。一般主蔓基部 0.5m 以下的侧蔓全部摘除。0.5m 以上的侧蔓在结 2～3 个瓜后摘顶。丝瓜的雄花发生早而密，花梗长且粗，为了减少养分和水分的消耗，可适当留下一部分雄花供授粉用，而将多余的雄花花序及早摘除。进入盛果期后，要及时摘除一部分枝条、老叶、黄叶、过密过多的叶以及畸形幼果等，一是利于田间通风透气，减少病虫害发生等，二是利于养分集中，促进瓜条肥大生长。

3. 中耕，培土，除草

当丝瓜浇过缓苗水之后，幼苗开始长新根新叶，此时还没开始搭架，应进行第 1 次较深的中耕，以疏松土壤，增加透气性，结合消灭杂草，并通过蹲苗期，利根系下扎，增加吸收水肥能力。以后视土壤板结和杂草生长情况进行第 2 次中耕。中耕时要注意，近苗根部宜浅不宜深，以不伤害幼苗根群为原则。在第 2 次中耕时应将畦土带到植株根部，使平畦变成垄，便于雨季排水，也有利于干旱时浇水，更有利于根群不露在土壤表面，以促进不定根的发生，扩大植株吸收营养的面积；并增加根的吸收能力。以后随着植株长大，枝叶爬满架材，遮蔽了地面，使杂草生长受到抑制，后期可不再中耕，用人工拔草即可。

（六）病虫害管理

1. 主要病虫害

（1）虫害主要是黄（黑）守瓜、瓜实蝇、美洲斑潜蝇、白粉虱和蚜虫等，其中以黄守瓜和瓜实蝇较为常见，而瓜实蝇近年来危害日益严重，虫瓜率一般为 25%～47%，重的达 70%，甚至绝产绝收。

（2）主要病害有病毒病、霜霉病、疫病、枯萎病、白粉病、炭疽病等，基本上以零星发生为主。

2. 农业防治

清洁田园，深翻土壤、杀灭虫卵；测土平衡施肥，增施充分腐熟的有机肥，少施化肥，选用优良抗病品种，适时通风炼苗，提高抗逆性；人工采捉卵块及幼虫。

3. 化学防治

对白粉虱和蚜虫的防治，可用10%溴氰虫酰胺可分散油悬浮剂33.3~40mL/亩，或200g/L吡虫啉可溶液剂5~10mL/亩喷雾防治；斑潜蝇可用1.8%阿维菌素乳油30~40g/亩，或30%灭蝇胺可湿性粉剂27~33g/亩喷雾防治。丝瓜褐斑病、炭疽病、霜霉病等，可用250g/L嘧菌酯悬浮剂40~60mL/亩，或46%氢氧化铜水分散粒剂25~30g/亩等杀菌剂喷雾防治。

4. 常见主要虫害的防治

（1）黄守瓜：丝瓜地里出现了像萤火虫一样的虫，这是黄守瓜。黄守瓜成虫咬食植物叶、茎、花和果实，将幼苗嫩茎咬断，以叶片受害为主，严重时会导致全株死亡；幼虫在土壤中危害根部，3龄后钻食韧皮部与木质部之间，使地上部萎蔫枯死。黄守瓜喜温好湿，中午活动最盛，成虫食性广，为害丝瓜、瓠瓜、冬瓜、西葫芦等瓜菜类作物。

防治措施：①进行间作。将瓜苗种植在甘蓝、芹菜、莴苣等作物行间，可减少黄守瓜的为害程度。②采用覆盖地膜栽培。③药剂防治。可用100g/L顺式氯氰菊酯乳油5~10mL/亩，或2.5%高效氯氟氰菊酯水乳剂20~40mL/亩等，于中午喷施土表和田边杂草等害虫栖息场所来防治。防治幼虫可用50%辛硫磷乳油2 500倍液灌根。

（2）瓜实蝇：1年发生9~10代，在同安区可周年为害，成虫可越冬。到夏秋季节，特别是5—9月活动繁殖最活跃，危害最重。瓜实蝇成虫产卵部分在不同的生育阶段具有选择性，在丝瓜雌花子房未发育完成前，瓜实蝇产卵于丝瓜的雄花或丝瓜蔓上；当果实发育至5~10cm大小、果皮变硬前，雌实蝇成虫将产卵管刺入幼瓜表皮下产卵，产卵处即刻分泌出胶状汁液，1~2d后凝成淡黄色或黄褐色胶状物，其下有针眼状疤点。孵出的幼虫（蝇蛆）在瓜内取食，受害瓜先局部变黄，受害处下陷、畸形，瓜味苦涩，影响瓜的品质和产量；严重的下半部分或整瓜腐烂变黄。瓜内常聚集上百条龄期不一的蛆虫蠕动，造成大量落瓜。

防治方法：①采用覆盖地膜栽培，防止幼虫入土化蛹。人工摘除受害瓜，并收集烂瓜、落瓜，深埋处理，以减少虫口量。②诱杀成虫。

0.1% 阿维菌素浓饵剂 180 ~ 270mL/亩，用清水稀释 2 ~ 3 倍后装入诱罐，分散挂于瓜架 1.5m 左右高处，每 7d 换一次诱罐内的药液。可同时诱杀雌、雄成虫。③药剂防治。在成虫盛发期，选晴天 8：00—10：00 时或 14：00—18：00 时成虫最为活跃时间，喷洒 100g/L 顺式氯氰菊酯乳油 5 ~ 10mL/亩，或 2.5% 高效氯氟氰菊酯水乳剂 20 ~ 40mL/亩等。对土面喷 50% 辛硫磷乳油 800 倍液杀蛹。④套袋保果。套袋技术是目前防止瓜果免受瓜实蝇危害的一种最有效的保护措施，也是生产无公害产品的重要手段。当雌花授粉后，即花瓣开始萎缩时进行套袋，套上长宽为（40 ~ 55）cm×18cm 的白色美果纸袋或无色透明的乙烯薄膜袋，将袋套在果实上，然后将袋 13 在果柄部用线绳扎好，但不能过紧，防止影响果柄横向生长，同时可保持一定的通气性。瓜袋可循环利用。

（七）采收

丝瓜作为菜用，主要食用嫩瓜，所以进入结瓜期后，要及时采摘。一般情况下，从开花到商品瓜成熟约需 10 ~ 12d。当果梗光滑稍变色、茸毛减少、瓜身饱满、皮色呈现品种特性、果皮柔软时便可采收。采收时，用剪刀从果柄上部剪下，注意不要剪伤枝蔓，减少机械损伤。丝瓜不耐贮运，常温下一般只能保持 1 ~ 3d，因此采收后应立即上市，以免影响商品瓜的品质。若上市不及时，可浸泡在凉水中 1 ~ 2d 仍能保持外形色泽和品质不变。

十、冬瓜无公害生产技术规程

冬瓜又名枕瓜，葫芦科一年生蔓生作物。其根系发达、吸收力强、产量高、耐贮藏，比较耐旱，是夏天常见的蔬菜，是重要的渡淡蔬菜品种之一。冬瓜营养成分丰富，随着综合利用技术研究的深入，其已经越来越广泛地用于各类新型食品及保健品的加工，发展前景良好。

（一）品种选择

早熟品种选用早熟、优质、抗病、适合市场需求的小型品种；中晚熟品种选用抗病、优质、适合市场需求的品种。主要品种有青皮类型的大青皮、细长大冬瓜、农友细长二号和青皮小冬瓜；黑皮类型有牛脾冬瓜和广东黑皮冬瓜；灰皮类型的蓉抗 1 号。

（二）培育壮苗

1. 种子处理

因种子皮厚并有角质层，不易吸收水。因此，在播前用温水浸泡催芽。用 55℃温水浸泡 30min，水量为种量的 5～6 倍，不停地搅拌，自然降温至 30℃左右，反复搓洗种子，再换入 30℃左右温水中浸泡 3h 左右，然后取出晾干，用湿纱布包好，置于 28～30℃下催芽，每天中午用温水淘洗粘液，至种子露白时播种。

2. 播种期

春播在 2—3 月播种；夏冬瓜一般在 4 月下旬播种；秋冬瓜应在小暑前播种。

3. 播种方法及播种量

营养钵育苗 1 粒/钵；直播 2～3 粒/穴。

4. 育苗方法

春播冬瓜采用保护地育苗（大棚或小棚＋营养钵）；断霜后可露地育苗或直播；露地育苗也提倡采用营养钵，表面覆盖地膜保湿。

5. 床土配制

有机质含量高的肥土 4 份、腐熟的有机肥 3 份、泥炭土谷糠灰 3 份，1m³ 床土再加复合肥 5kg，在充分混合均匀后，装进营养袋摆在苗床即可。

6. 苗床管理

保护地育苗，播种至出苗，棚内温度保持在 25～30℃，超过 32℃要通风、降温，当有 50% 左右种子弓腰时，揭去地膜，揭膜后逐步将棚内温度降至 23～26℃；保持苗床湿润，在晴天中午适当浇水，湿度过大，应通风、降湿。要避免引发幼苗徒长及引发猝倒病、疫病等病害的发生。

7. 炼苗

于定植前 15d 开始，前 7～8d 逐渐加强白天放风，减少夜间覆盖，后 7 ~ 8d 逐渐加大夜间通风。苗期不可过度蹲苗,以防出现小老苗。

8. 壮苗标准

株高 15cm,3 ~ 4 片真叶,叶大色浓绿,根系发达,植株无病虫害、无机械损伤。

(三)定植

1. 施基肥与整地

定植田应深耕 2 次,冬前第一次深耕 26 ~ 33cm。定植前再次深耕,施足基肥,作成高畦,整平畦面,畦宽按栽培方式而定。基肥以腐熟有机肥为主,每亩施腐熟有机肥 2 000 ~ 3 000kg,过磷酸钙 50kg 或施瓜果类复合肥 80 ~ 100kg。

2. 定植时间与密度

瓜苗 3 ~ 4 叶及时定植,幼苗做到带药定植,每穴 1 株。每亩小型冬瓜植 1 000 ~ 1 200株、大型冬瓜植 300 ~ 400 株,爬地冬瓜比搭架冬瓜密度小。

(四)田间管理

1. 水分管理

定植后浇足定根水;缓苗至活棵,适当控水;进入抽蔓期,浇一次透水,保持土壤湿润;开花后少浇水;座果后应及时浇催瓜水,果实迅速膨大期,遇涝及时排水,遇旱在早晨和傍晚及时灌水。

2. 追肥

定植缓苗后至抽蔓期,结合浇水施30%的腐熟粪肥或0.2% ~ 0.3%的尿素;开花前每亩追施尿素 10kg(距植株 15cm 处刨坑穴施),随后插高架引蔓;植株从开花到结第 1 个瓜的初期都不浇水,待瓜大于10cm,且瓜已坐住时,再开始浇水,视植株长势适当追肥,每亩施复合肥 15 ~ 20kg,尿素 10 ~ 15kg,氯化钾 8 ~ 10kg 然后浇水,隔 10 ~ 15d 施一次,共施 2 ~ 3 次。

3. 搭架

架形有"人"字架、平棚架或拱棚架。

4. 植株调整

主蔓 20 节前的侧蔓全部摘除，选留主蔓 23 ~ 35 节座瓜，即主蔓上第 3 ~ 5 朵雌花座果，瓜大产量高。小型冬瓜可留 3 ~ 4 个瓜；大型冬瓜可留 1 ~ 2 个瓜，瓜长至 3 ~ 4kg 时及时吊瓜。瓜地冬瓜可用砖、石、草把瓜垫起来。

（五）病虫害防治

1. 主要病虫害

主要病害有枯萎病、白粉病、疫病、炭疽病等，主要虫害有瓜蚜、黄守瓜、瓜实蝇、蓟马等。

2. 防治方法

（1）农业防治：选用抗病品种、实行与非瓜类作物轮作、加强栽培管理，培育壮苗。

（2）物理防治：主要有黄板诱杀和银灰膜避蚜，方法如其他瓜类所述。

（3）药剂防治：方法如其他瓜类所述。

3. 常见病虫害防治

方法如其他瓜类所述。

（六）采收

出现皮色黑绿、面有蜡粉的瓜即可采收。采收时应保留瓜蒂，以提高贮藏时间。

十一、西葫芦无公害生产技术规程

西葫芦原产中南美洲，具耐寒、适应性强等特性。在同安一般于 12 月下旬、1 月上旬大田直播。整个采收期可至 4 月上中旬结束。是同安区春季主要蔬菜之一。

（一）产地环境

西葫芦根系较发达，耐肥水，宜选择比较肥沃的菜园或水肥条件较好的地块种植。

（二）品种选择

选用具有早熟、植株矮秧开放、生长势强壮、抗逆性、抗病毒病能力强、产量高的优良品种，例如，京葫一号、二号、三号，也可选用最新育成的越冬品种，如低温下结瓜能力极强，可连续采摘，产量极高京域威尔等系列品种。

（三）生产技术管理

1. 育苗

可直接穴播，幼苗长到 3～4 片叶时定苗，每穴只留 1 株健壮苗。也可通过苗床培育后定植，该方法具有节约用种、方便管理、提高土地利用率、提早成熟并延长时间供应等优点。

（1）苗床准备：苗床宽 1.2m、苗床高 10cm。营养土配制可用肥沃耕层土与腐熟圈肥按 3：2 混合过筛。每立方米营养土加腐熟捣细的鸡粪 15kg、过磷酸钙 2kg、草木灰 10kg（或氮、磷、钾复合肥 3kg）、50% 多菌灵可湿性粉剂 80g，充分混合均匀。将配制好的营养土装入营养钵或纸袋中，装土后营养钵密排在苗床上。

（2）种子处理：每亩用种量 400～500g。播种前将西葫芦种子在阳光下晾晒几小时并精选。在容器中放入 55～60℃ 的温水，将种子投入水中后不断搅拌 15min，待水温降至 30℃ 时停止搅拌，再浸泡 3～4h。浸种后将种子从水中捞出，摊开，晾 10min 再用洁净湿布包好，置于 28～30℃ 下催芽，经 1～2d 可出芽。

（3）播种：70% 以上种子"破壳露白"时即可播种。播种时先在营养钵（或苗床）灌透水，水渗下后，每个营养钵中播 1 粒种子。播完后覆土 1.5～2.0cm。

（4）苗床管理：播种后，床面盖好地膜，并扣小拱棚。出土前苗床气温，白天 28～30℃，夜间 16～20℃，促进出苗。幼苗出土时，及时揭去床面地膜，防止徒长。出土后第 1 片真叶展开，苗床白天气温 20～25℃，夜间 10～15℃。第 1 片真叶形成后，白天保持 22～26℃，夜间 13～16℃。苗期干旱可浇小水，一般不追肥，但在叶片发黄时可进行叶面追肥。定植前 5d，逐渐加大通风量，白天 20℃左右，夜间 10℃左右，降温炼苗。

2. 定植

（1）整地、施肥、做垄：每亩施用腐熟的优质圈肥 5~6m³、鸡粪 2 000~2 500kg、钙镁磷肥 50kg。将肥料均匀撒于地面，深翻 30cm，后耙平地面。按种植行距起垄，畦面宽（带沟）1.1~1.2m，垄高 15~20cm。

（2）定植：采用大小行种植，大行 80cm，小行 50cm，株距 45~50cm，密度 2 000~2 300株/亩；或等行距种植，行距 60cm，株距 50cm，密度 2 200株/亩。可选择在下午 4 时后或阴天栽植，从苗床起苗，在垄中间按株距要求开沟或开穴，先放苗并埋入少量土固定根系，然后浇水，水渗下后再覆土并压实。栽植深度不要太深。定植后及时覆盖地膜，搭小拱棚以防寒害。

3. 定植后管理

（1）温度调控：缓苗阶段不通风，应密闭以提高温度，促使早生根，早缓苗。温度的调控措施主要是按时揭盖薄膜、及时进行通风等。深冬季节，白天要充分利用阳光增温，夜间增加覆盖保温。2 月中旬后一般就撤除小拱棚。

（2）植株调整：田间植株的生长常受环境条件影响往往高矮不一，要进行整蔓，扶弱抑强，使植株高矮一致，互不遮光。冬春季节气温低，传粉昆虫少，西葫芦无单性结实习性，常因授粉不良而造成落花或化瓜。因此，必须进行人工授粉或用防落素等激素处理才能保证坐瓜。方法是在上午 9—10 时，摘取当日开放的雄花，去掉花冠，在雌花柱头上轻轻涂抹。还可用 30~40mg/L 的防落素等溶液涂抹初开雌花花柄。

（3）肥水管理：定植后根据墒情浇 1 次缓苗水，促进缓苗。缓苗后到根瓜坐住前要控制浇水。当根瓜长达 10cm 左右时浇 1 次水，并随水每亩追施氮、磷、钾复合肥 25kg。以后约 10~12d 浇 1 次水，浇水量不宜过大，有条件的可采取膜下浇暗水。每浇 2 次水可追肥 1 次，施肥量为每亩施氮、磷、钾复合肥 10~15kg。植株生长后期叶面可喷洒光合微肥、叶面宝等。

(四) 病虫害防治

1. 防治原则

采用农业防治为主、化学防治为辅的综合防治方法，控制好田间湿度，合理轮作，改良土壤，及时清除园田杂草和植株残体。

2. 主要病虫害

西葫芦主要病虫害有灰霉病、病毒病、白粉虱和蚜虫。

3. 其他病虫害

白粉病多发生在中、后期。在发病初期喷施 250g/L 嘧菌酯悬浮剂 60~90mL/亩，或 35% 氟菌·戊唑醇悬浮剂 5~10mL/亩，或 10% 苯醚甲环唑水分散粒剂 50~83g/亩，或 40% 腈菌唑可湿性粉剂 7.5~10g/亩。7~10 天喷 1 次，连喷 2~3 次。病毒病要"治虫防病"，在防治蚜虫、白粉虱等虫害基础上，在发病前或初期喷 0.5% 香菇多糖水剂 200~300mL/亩。西葫芦的主要害虫有粉虱、蚜虫等。防治粉虱可在卵孵盛期喷施 20% 呋虫胺可溶粒剂 30~50g/亩，或 10% 溴氰虫酰胺可分散油悬浮剂 43~57mL/亩，或 25% 噻虫嗪水分散粒剂 10~12.5g/亩，或 22% 螺虫·噻虫啉悬浮剂 30~40mL/亩。防治蚜虫在低龄幼虫期喷施 0.3% 苦参碱水剂 168~192mL/亩，或 10% 溴氰虫酰胺可分散油悬浮剂 10~14mL/亩，或 200g/L 吡虫啉可溶液剂 5~10mL/亩，或 25g/L 溴氰菊酯乳油 40~50mL/亩。

(五) 采收

西葫芦以食用嫩瓜为主，开花后 10~12d，根瓜达到 250g 采收，采收过晚会影响第 2 瓜的生长，有时还会造成化瓜。长势旺的植株适当多留瓜、留大瓜，徒长的植株适当晚采瓜；长势弱的植株应少留瓜、早采瓜。采摘时要注意不要损伤主蔓，瓜柄尽量留在主蔓上。采收最好在早晨进行，此时温度低，空气湿度大，果实中含水量高，容易保持鲜嫩。采收后逐个用软纸包好装箱，短期存放 1~2d 也不影响质量。

十二、豇豆无公害生产技术规程

豇豆，俗称豆角，同安人叫菜豆，为豆科豇豆属一年生草本植物，2—11月均可生长，主要以春、夏、秋季露地栽培为主，是夏秋季主要的渡淡蔬菜品种之一。豇豆因其销路广、适应性强、对土壤要求不高等特点，经济效益十分显著，豇豆种植面积不断扩大，多数为露地栽培，少部分早春大棚种植。

（一）品种选择

栽培一般选用耐热、抗病品种，生长发育快且耐老的早中熟品种为宜，如智丰20号、台中7号、台湾高产8号、智丰25号、厦丰1号、千禧玉带、之豇28-2和扬豆40号等。

（二）育苗技术

1. 播种期

在耕层10cm厚度最低土温稳定在12℃以上，即可正常播种种植。同安区播种期一般在3—8月，春季提早栽培可在1月下旬播种、但应用地膜覆盖或小拱棚保温栽培，秋后栽培可播种到9月，但后期易受低温影响。

2. 种子处理

播种前将种子晾晒1～2d，严禁曝晒。播种时，用种子重量0.5%的50%多菌灵可湿性粉剂拌种，以防治枯萎病和炭疽病。

3. 整地

经深翻深犁后把种植地犁碎、耙平，然后起畦，畦面宽一般为140cm（包沟），畦高25～30cm，做到畦沟、十字沟、环田沟相通，以利排灌水。

4. 施基肥

基肥以优质腐熟农家肥为主，2/3撒施、1/3沟施。要求每亩施农家肥1 000～2 000kg、磷肥40kg、三元复合肥25kg作基肥。

5. 种植

双行植，早春每亩栽培3 000～3 500穴，夏秋每亩栽培3 500～

4 000穴，每穴播种 2~3 粒，播种深度约为2cm。每亩用种子量为1.5~2kg。

（三）田间管理

1. 水分控制

原则上土壤保持在湿润状态。苗期要适当控制水分，保持较低的土壤湿度，开花结荚期需水分较多，应保持较高的土壤湿度。值得注意的是春栽豇豆正值雨季，应立足于搞好排涝防渍，强调高畦。

2. 追肥

豇豆的追肥原则：一般苗期追施氮肥 2 次，每次尿素 5kg/亩。开花结荚期间要重施肥 3 次以上，一般于初花期施第一次，每亩优质商品有机肥100kg、三元复合肥20kg，结合培土施用；第一次采收后再施 1 次，每亩施三元复合肥20kg；以后每采收 2~3 次，每亩施三元复合肥 15kg。开花结荚的中后期，每周喷施一次 0.3% 磷酸二氢钾等叶面肥或 0.25% 的硼砂溶液，以防止落花落荚和早衰。收获前 7~10d 应控制氮肥的施用。

3. 定苗及中耕培土

苗高 10cm 时，进行定苗。去弱留强，每穴留壮苗两株。苗高 10~15cm 时，结合中耕除草、施肥，培土护苗。

4. 插架引蔓

苗高 20~30cm 时，用细竹竿插成人字架，于1m 高处交叉使竹竿尾部分叉角度大。搭好后及时绕蔓上架，选露水未干或雨天进行，防止折断，主蔓第一花序以上的侧蔓应摘掉，当植株生长过旺时，可适当摘除基部老叶、病叶，以利通风透光和减少病害发生。

5. 清洁田园

将病叶、残枝败叶和杂草清理干净，集中进行焚烧等无害化处理，保持田间清洁及通风透光。

（四）病虫害防治

主要病害有根腐病、立枯病、猝倒病、枯萎病、锈病、白粉病、炭疽病和病毒病。主要虫害是蚜虫、蓟马、豆荚螟、螨类、潜叶蝇、白粉虱。

1. 农业防治

（1）针对当地主要病虫控制对象，选用高抗多抗品种。

（2）深耕晒土或引水浸地，晒土或引水浸地5d以上。

（3）高畦种植避免积水，合理密植，使个体和群体协调发展，平衡施肥，氮、磷、钾配合使用，经常保持田间为湿润状态，促进植株健壮生长，增强自身的抵抗力，清洁田园，避免侵染性病害的发生。与非豆科作物轮作三年以上，有条件的地区应实行水旱轮作。

（4）科学施肥，积极推广测土平衡施肥，使用微生物有机肥和微生物复合肥。防治土壤盐渍化及增强植株的抗病力。

2. 物理防治

（1）黄板诱杀，在豆角地四周悬挂黄板诱杀蚜虫等害虫，黄板规格为25cm×40cm，每亩悬挂30块。

（2）杀虫灯诱杀害虫，利用频振杀虫灯、黑光灯、高压汞灯、双波灯诱杀害虫。

（3）银灰膜驱避蚜虫，在豆角地周围张挂银灰膜条避蚜。

3. 生物防治

（1）积极保持和利用天敌，防治病虫害。

（2）选用核型多角体病毒、苏云金杆菌、春雷霉素、中生菌素、苦参碱、印楝素等生物农药防治病虫害。

4. 主要病虫害的药剂防治

禁止使用国家明令禁止的高毒、剧毒、高残留的农药及其混配农药品种。使用药剂防治应符合农药安全使用标准（GB 4285）、农药合理使用准则（GB/T8321）的要求。注意轮换用药，合理混用，防止和推迟病虫害抗性的产生和发展。严格控制农药安全间隔期。

5. 常见病虫害防治

（1）锈病：该病主要在叶片上发生。病叶起初产生淡黄色小斑点，渐变褐，隆起呈小脓疱状，然后出现红褐色粉末，后期粉末变成黑色。

发病初期喷施 75% 百菌清可湿性粉剂 113～206g/亩，或 10% 苯醚甲环唑水分散粒剂 50～83g/亩，或 40% 腈菌唑可湿性粉剂 13～20g/亩，或 250g/L 戊唑醇水乳剂 20～33.3mL/亩等。

（2）疫病：茎蔓多在节部染病，尤以近地面处居多，病部初期呈水浸状暗色斑，后绕茎扩展呈暗褐色缢缩，病部以上茎叶萎焉枯死，湿度大时病部表面产生白霉。叶片染病初期呈水浸状暗绿色斑，扩大后呈近圆形或不整形淡褐色斑，病部表面也产生白霉。发病初期喷施 250g/L 嘧菌酯悬浮剂 60～90mL/亩，或 687.5g/L 氟菌·霜霉威悬浮剂 60～75mL/亩，或 50% 烯酰吗啉可湿性粉剂 60～100mL/亩，或 72% 霜脲·锰锌可湿性粉剂 133～180g/亩，或 722g/L 霜霉威盐酸盐水剂等。

（3）枯萎病：该病多在开花结荚期发生，发病初期下部叶片从叶缘开始变黄枯萎，主根和茎地下部呈红褐色，侧根脱落或腐烂，茎维管束变褐。湿度大时，常在病株茎基部产生粉红色霉状物。于发病初期喷施或浇灌 2% 春雷霉素可湿性粉剂 200 倍液，或 70% 噁霉灵可溶粉剂 1 500 倍液，或 50% 多菌灵可湿性粉剂 500 倍液。隔 7～10d 浇灌 1 次，连续浇灌 2～3 次。

（4）叶霉病：该病主要危害叶片和豆荚，老叶先发病，叶片两面着生紫褐色小点，后扩大为近圆形至多角形的褐色病斑。连作地及高温高湿发病严重。可于发病初期喷施 10% 苯醚甲环唑水分散粒剂 50～83g/亩，或 50% 硫磺·多菌灵可湿性粉剂 135～166g/亩，或 500g/L 异菌脲悬浮剂 50～100mL/亩，或 50% 咪鲜胺锰盐可湿性粉剂 38～75g/亩等。

（5）豆蚜：幼虫、成虫危害叶片、茎、花及豆荚，使叶片卷缩、发黄，嫩荚变黄。害虫发生初期喷施 1.5% 苦参碱可溶液剂 30～40g/亩，或 10% 溴氰虫酰胺可分散油悬浮剂 14～18mL/亩，或 5% 啶虫脒可湿性粉剂 20～30g/亩，或 50% 抗蚜威水分散粒剂 10～16g/亩等。

（6）豆荚螟：幼虫危害叶片，使叶片呈缺刻或穿孔，或造成卷叶，或蛀入荚内取食幼嫩的种子，荚内堆积粪粒。害虫发生初期喷施 200g/L 氯虫苯甲酰胺悬浮剂 6～12mL/亩，或 10% 溴氰虫酰胺可分散油悬浮剂 14～18mL/亩，或 50g/L 虱螨脲乳油 40～50mL/亩，或 14% 氯虫·高氯

氟微囊悬浮 – 悬浮剂 10～20mL/亩等。

（7）美洲斑潜蝇：幼虫潜叶危害，蛀食叶肉留下上下表皮，形成曲折隧道，影响生长。药剂防治可选用 10% 溴氰虫酰胺可分散油悬浮剂 14～18mL/亩；1.8% 阿维菌素乳油 40～80g/亩；30% 灭蝇胺可湿性粉剂 27～33g/亩；1.8% 阿维·啶虫脒微乳剂 30～60mL/亩。

（8）螨类：若螨和成螨群居叶背吸取汁液，使叶片呈灰白色或枯黄色细小斑，严重时叶片干枯脱落，影响生长。在卵孵化初期或若螨期喷施，0.5% 藜芦碱可溶液剂 120～140g/亩，或 1.8% 阿维菌素乳油 40～80g/亩，或 240g/L 虫螨腈悬浮剂 20～30mL/亩，或 5% 唑螨酯悬浮剂 20～40g/亩等。

（五）及时采收

豇豆播种后，春播蔓性品种约经 65d 或夏秋播 50d 以后即可视成品度进行初收，根据市场需求及时采收，采收时注意不要损伤花序和花芽。

十三、四季豆无公害生产技术规程

四季豆又称菜豆，喜温、不耐霜冻及炎热，对土壤肥力、光照等要求不高，适应性强，栽培比较容易。同安区一般春、秋两季栽培，目前全区年种植面积约 1.4 万亩，其中在汀溪镇西源、古坑、造水，莲花镇云洋、云埔、溪东、后埔等村的菜农，采用稻—豆—豆的耕作模式，即早稻收获后于 9 月中下旬种一季四季架豆，12 月上旬采收结束后又于 12 月中下旬种植第二季四季豆，效益显著。

（一）品种选择

春季露地栽培，宜选用生长势强，优质丰产的抗逆性强的品种；秋菜豆的生长初期，宜选用耐热抗病、丰产的品种。同安区主要品种有矮生种台湾 2 号、农利 8 号、荷兰 1 号、农利 4 号，蔓生种"白珍珠""青兰湖"、长青 2 号、农利 3 号等。

（二）栽培技术

1. 整地

土壤要先进行深翻耕后整畦，采用宽行高畦栽培，一般畦带沟1.2～1.4m起垄，沟深30～35cm。

2. 播种

（1）播种期：春季于1—3月播种，秋季于9—10月播种，12月下旬—1月下旬种植要采用塑料薄膜拱棚种植。

（2）播种方式、播种量与种植密度：播种前浇足底水，精选较大、饱满和无病虫害的种子，直接干播，或播前先浸种6～8h沥干后采用双行穴播，每穴3～4粒种子。蔓生种行株距为（60～70）cm×（20～25）cm，矮生种50cm×（20～22）cm。播种量2.5～3.5kg/亩。秋菜豆生长期较短，秋季日照充足，可适当增加株数，保证产量。

3. 田期管理

（1）保全苗：出苗后立即查苗补缺，补种或匀苗移栽，确保全苗。

（2）幼苗期灌水不宜太多，宜勤浇水；开花结荚期宜"干花湿荚、前控后促"，即花前保持干干湿湿，结荚期土壤保持湿润；整个采收期应长期保持润湿为宜。

（3）施肥：①基肥：每亩有机肥1 000～1 500kg全层施肥，另用钙镁磷肥25kg掺适量土杂肥播种前穴施。据区农技中心试验：结合整地每亩施用100～125kg壳灰，可中和土壤酸性，增加钙量及提升土壤有效养分，并显著提高产量。②追肥：在出苗后7～10d浇施稀薄肥水，以后（分枝期）随着植株的生长逐渐加大施肥量；要掌握花前少施，花后适施，结荚期重施，每亩施45%复合肥12.5kg+46%尿素5kg，在进入采收期后，每采收完一次要及时追肥一次，每亩撒施10～12.5kg45%复合肥。开花初期可喷0.25%硼砂溶液或开花中期喷0.2%磷酸二氢钾，能显著提高产量。

（4）中耕培土：齐苗后、封行前（苗高20～25cm）结合清沟各进行一次中耕除草、培土。

（5）搭架扶蔓：蔓生种在植株 20～25cm 高时，已开始抽蔓，应适时用细竹扦竿，绑成人字型架，并将豆蔓捡附于竹竿，让其自行左旋缠绕向上爬蔓生长。

（三）病虫害防治

1. 防治原则

贯彻"预防为主．综合防治"的原则，优先采用农业防治、生物防治、物理防治，科学合理地利用化学防治。

2. 农业防治

选用无病种子及抗病良种；合理布局，实行轮作倒茬；加强田间管理，合理施肥、管水，提高抗病虫能力；清洁田园，抑制病虫害的发生和繁殖。

3. 物理防治

采收期结合采收进行人工捕捉；每亩悬挂 30～40 块 25cm×40cm 的诱虫板，诱杀粉虱、蚜虫等；利用杀虫灯诱杀害虫。

4. 常见病虫害防治

（1）主要病害防治如下。

炭疽病：炭疽病为真菌性病害，周年可发生。其菌丝体和分生孢子随病残体在土壤中存活，或伴着种子、风雨传播。高温高湿、低洼积水、肥水不足、植株长势差容易发病。叶、茎、荚都会染病。叶片受害出现黑褐色多角形小斑点。茎上病斑为褐色、长圆形、稍凹陷。荚上的病斑暗褐色，近圆形，稍凹陷，边缘有粉红色晕圈。种子上的病斑为黑色小斑。发病初期药剂防治可选用 60%唑醚·代森联水分散粒剂 60～100g/亩，或 35%氟菌·戊唑醇悬浮剂 25～30mL/亩，或 50%咪鲜胺锰盐可湿性粉剂 38～75g/亩，或 50%戊唑·嘧菌酯悬浮剂 18～24g/亩等防治。

根腐病：病菌在土壤中可存活多年，借风雨、流水传播。土壤粘重、积水、连作、高温及太阳雨后易发病。四季豆染病初期下叶变黄、枯萎，但不脱落。病株主根上部和地下部分变为黑褐色，病部稍下陷，

93

有时开裂到皮层内；侧根逐步变黑、腐烂。主根变黑腐烂时，病株枯死。药剂防治可选用2%春雷霉素可湿性粉剂200倍液，或70%噁霉灵可溶粉剂1 500倍液等淋根。

白粉病：该病由子囊菌真菌引起。病原以闭囊壳在土表病残体上越冬，在田间可通过气流传播。潮湿、多雨或田间积水，植株生长茂密易发病。干旱少雨植株生长不良，抗病力弱，分生孢子仍可萌发侵入，尤其是干、湿交替利于该病扩展，发病重。主要为害叶片，也可为害茎、荚。病部产生近圆形粉状白霉，后融合成粉状斑，严重时布满全叶。发病初期喷施42%苯菌酮悬浮剂12～24mL/亩，或10%苯醚甲环唑水分散粒剂50～83g/亩，或400g/L氟硅唑乳油7.5～9.4mL/亩，或250g/L嘧菌酯悬浮剂40～60mL/亩等。

锈病：锈病为真菌性病害，病菌在病残体越冬，随气流传播，由气孔入侵。水滴是锈病萌发和侵入的必要条件。高温高湿、生长后期多雾多雨、日均温24℃左右及低洼积水、通风不良的地块发病重。该病主要危害叶片，初期产生黄白色斑点，随后病斑中央突起、呈暗红色小斑点，病斑表面破裂后散出褐色粉末。叶片被害后，病斑密集，迅速枯黄，引起大量落叶。发病初期喷施75%百菌清可湿性粉剂113～206g/亩，或10%苯醚甲环唑水分散粒剂（世高）50～83g/亩，或250g/L嘧菌酯悬浮剂40～60mL/亩，或40%腈菌唑可湿性粉剂（信生）13～20g/亩，或250g/L嘧菌酯悬浮剂40～60mL/亩。

灰霉病：该病主要在叶片上发生危害。发病初期叶背面出现淡黄色近圆形或不规划形的病斑，叶边缘病斑不明显。病斑上着生褐色绒毛状的霉点，即是病菌的分生孢子梗及分生孢子；后期病斑为褐色，严重时叶片枯萎脱落。低洼积水、潮湿天气、田间荫蔽则发病重。发病初期喷施22.5%啶氧菌酯悬浮剂26～36mL/亩，或400g/L嘧霉胺悬浮剂，或63～94mL/亩，或500g/L异菌脲悬浮剂，或20%二氯异氰尿酸钠可溶粉剂187.5～250g/亩等。

（2）虫害主要防治如下。

豆荚螟：豆荚螟经虫蛹在土壤中越冬，每年发生9～10代，世代重叠。高温和湿度大时易发生。豆荚螟以幼虫危害为主，蛀食花蕾和嫩荚，造成大量落花落荚。豆荚被蛀食后有虫孔、虫粪，易腐烂，且影响商品价值。防治豆荚螟最重要的是做到"治花不治荚"，要抓紧在花期（即幼龄虫期）施药，并掌握在早上 6～9 时开花时喷药。在低龄幼虫期施药 50g/L 虱螨脲乳油 40～50mL/亩，或 200g/L 氯虫苯甲酰胺悬浮剂 6～12mL/亩，或 1.8% 阿维菌素乳油 40～80g/亩，或 10% 溴氰虫酰胺可分散油悬浮剂 14～18mL/亩等。

蚜虫：蚜虫又称狗虱虫，种类很多，危害四季豆的主要有桃蚜和萝卜蚜，虫体小，在广东每年可发生 40 多代。蚜虫以成虫群集于四季豆的嫩叶、嫩茎上吸食汁液，造成叶子卷缩、茎芽畸形、植株变黄矮小，生长不良。蚜虫是病毒病的传播者，所造成的病毒危害远大于虫害本身。在蚜虫始盛期喷施，1.5% 苦参碱可溶液剂 30～40g/亩，10% 溴氰虫酰胺可分散油悬浮剂 14～18mL/亩，或 200g/L 吡虫啉可溶液剂 5～10mL/亩，或 50% 吡蚜酮水分散粒剂 12～20g/亩等。

螨类：叶螨主要群聚在植物叶片背面吸食汁液，使叶片受害。早期症状出现退绿斑点，呈现网状斑纹；后期斑点变大，叶片变黄脱落，引起植株早衰，产量大减。茶黄螨主要寄生于植物的幼嫩部分，如生长点、新叶、花蕾，刺吸植株表皮。受害株出现矮化、叶缘卷曲，叶片背面呈现锈色，锈色是茶黄螨危害的主要特征。受害严重的田块，叶片枯死脱落，植株早衰，落花落荚。及早防治是防治螨类的关键。

在卵孵化初期或若螨期喷施，0.5% 藜芦碱可溶液剂 120～140g/亩，或 1.8% 阿维菌素乳油 40～80g/亩，或 240g/L 虫螨腈悬浮剂 20～30mL/亩，或 5% 唑螨酯悬浮剂 20～40g/亩等。

（四）采收

当嫩荚由扁变圆或略圆，颜色由绿转变为淡绿或白绿，豆荚表面有光泽，种子处略为显露或尚未显露时分期分批采收，一般整个生育期可采收 7～10 次。

十四、紫长茄无公害生产技术规程

紫长茄指紫红长茄，属于长茄品种，同安区有春季露地栽培和秋季实施保护地栽培。同安紫长茄种植始于 20 世纪 80 年代后期，由农业部门引进台湾农友 704 紫长茄（接穗）与野生茄（砧木）嫁接，利用简易大棚在郭山村进行秋冬季反季节栽培。目前，紫长茄已为同安区第一大类蔬菜，郭山蔬菜专业合作社"郭山"商标获评福建省著名商标。全区年种植面积 2.2 万亩次，主要分布在洪塘镇郭山、龙泉、苏店村；凤南新塘、后坂村，新民镇西山、蔡宅村，莲花镇后埔、莲花、美埔村，五显镇布塘、宋宅、军村、埯炉村等地。

（一）主要术语和定义

紫长茄：指紫色长条形茄子，有短、长棍棒状之分。

"门茄"：指植株第一个分叉处所结的第一个茄果。

"对茄"：指植株第二层分叉处所结的第二层茄果，又称"对果"。

"四母茄"：指植株第三层分叉处所结的第三层果实，又称"四门斗"。

（二）栽培管理

1. 栽培季节

春季一般在 1 月中下旬播种育苗，2 月中下旬定植，5 月上旬开始采收。秋季多采用嫁接苗大棚栽培，8 月下旬至 10 月上旬大田定植，定植至始收 50～60d，采收期一般 6～7 个月。

2. 品种选择

选择抗病性好、抗逆性强、优质、高产、耐贮运、商品性好的品种。春季露地栽培选用太空 15 号、红福、红福 101、火金刚等"茄王"品种；秋季大棚栽培选用"农友长茄 704"；嫁接砧木选用"超托鲁巴姆"等。

3. 育苗与嫁接技术

（1）播种与育苗。

春季播种与育苗：春季露地栽培一般用小拱棚覆盖塑料薄膜育苗，苗床宽 1.5m，每亩大田需苗床 30m²。育苗前要对育苗地进行消毒处理，有条件的可采用穴盘育苗。一般 4~5 片真叶移栽。

秋季播种与育苗：①播种与嫁接时期：超托鲁巴姆于 7 月 1 日左右经浸种催芽后播种，8 月 10 日左右假植，8 月 31 日左右嫁接，9 月 15 日左右定植。农友长茄 704 于 7 月 26—30 日播种，8 月 31 日左右嫁接。②育苗技术："超托鲁巴姆"从浸种、播种到出苗需 20~25d。种子经催芽剂处理后较容易发芽。可在 24~30℃ 条件下催芽，有条件的可以进行变温处理（在 5~10℃ 条件下 24h，在常温下 24h，变温 2 次即可），种子露白后播种。因其种子很小，要求精细整畦播种，盖种以盖密种子为度，畦面覆盖 2~3 层黑色遮阳网或稻草保湿，出苗前保持在相对土壤湿度 80%~90%。③做砧木的野生茄"超托鲁巴姆"长至 1 叶 1 心时播种"农友 704"为宜。

（2）适时嫁接：采用劈接法进行嫁接。当砧木长到 5~6 片真叶时，用刀片在苗高 10cm 处横切砧木，去掉上部（下部保留 2~3 片叶），再于茎切面中间向下纵切 1.0~1.5cm，然后选切接穗苗，保留上部 1 叶 1 心，用刀片切掉下部，把切口处削成楔形，楔型应与砧木切口相吻合，随即将接穗插入砧木切口中，对齐后用嫁接夹固定并进入育苗设施温、湿管理。

工厂化育苗采用小苗嫁接（斜切接），用橡胶管固定。

（3）嫁接苗的管理

嫁接后用 50% 多菌灵可湿性粉剂 1 000 倍液喷雾，然后将苗移入塑料大棚或小拱棚内保温、保湿培育，轻度浇水，并尽量避免浇到嫁接部位，覆盖塑料膜呈密闭状，保持 90%~95% 的相对湿度。温度白天控制在 25~26℃，夜间 20~22℃。为防止棚内温度过高，需在大棚或小拱棚外的塑料薄膜上覆盖 1~2 层遮阳网。嫁接后的前 3~4d 遮光，随着伤口的愈合进程逐渐撤掉遮阳网，并稍揭两侧塑料膜通风，刚开始通风要小，逐渐加大。通风期间棚内地面应经常浇水，保持有较高的空气湿度，完全成活后转入常规管理。成活后及时抹掉砧木萌发的侧芽，一般嫁接 15d 左右即可定植到大田。定植时，嫁接部位要高于畦面 10cm 左右，防止二次侵染致病。

4. 定植前准备

（1）整地施肥。全生育期施肥，氮（N）∶磷（P_2O_5）∶钾（K_2O）比例为 1∶0.5∶1.3，定植前进行土壤耕翻、耙细、整平。基肥以有机肥为主，配合施用化肥，控制氮素化肥，每亩施腐熟的鸡鸭粪 800～1 000kg，饼肥 150～200kg，钙镁磷肥 50kg，硫酸钾 25kg。各种肥料混匀后作基肥施用，全层深施。

（2）合理密植。畦宽 1.7～2.0m 种 2 行，株距 80～85cm，每亩定植 900～1 000 株。畦宽 1m 种 1 行，株距 55～60cm，每亩定植 1 000～1 200 株。高畦宽沟地膜覆盖种植，畦高 25～30cm。有利于排灌水。

（3）水肥管理。浇透定根水，缓苗后及时浇水确保成活，开花前适当控水蹲苗，以免徒长，采果前保持干干湿湿，采果期间保持土壤湿润。

当门茄开花前在 2 株间挖穴埋肥，每亩施碳酸氢铵 100kg、氯化钾 30kg。采果后根据苗情适时合理施肥，结合灌水每亩可用 45% 复合肥 25～30kg 或碳酸氢铵 15kg 加硫酸钾 7.5kg（大棚内施碳酸氢铵一定要施于沟底水中，否则导致氨气挥发烧伤叶片），15d 左右施一次。生长后期可以结合病虫害防治进行叶面追肥，可用 0.2% 磷酸二氢钾溶液或其他叶面肥进行叶面喷施。

（4）植株调整。"门茄"以下侧枝全部抹掉，"门茄"以上留 3～5 个侧枝。掌握稀植多留，密植少留。"对茄""四门茄"的穗茄留 2～3 个果，"四门茄"以上的只留主茄，穗茄全部摘除，以提高商品质量。老叶、病虫叶及时摘除，改善通风透光条件。

（5）秋季简易大棚管理技术。①大棚覆膜：根据气象资料结合历年经验，可在 11 月下旬选用无滴膜覆盖顶膜，四面围裙膜可于 12 月中下旬寒流来前覆盖。②通风换气：根据天气变化通风换气。1～3 月是同安区温度最低的时候，大棚保持密闭，每隔 2～3d 选晴天中午通风换气一次，时间大约 1h。阴雨天棚内起雾应开窗或掀围裙膜通风换气，降低湿度。3 月下旬至 5 月上旬，晴天上午 9 时左右适揭围裙膜通风降温，下午 4 时封闭裙膜保温。如遇到连续阴天或晴雨相间应注意加强通风换气，降低棚内湿度，减少病害的发生。5 月中下旬以后揭掉大棚四周塑料薄膜围裙，仅留顶膜直至收获结束。③推广膜下滴灌节水技术：推广膜下安装滴灌设施，既能节水，又能降低棚内湿度，减少病害发生。推广使用水肥一体化技术，提高水分、肥料利用率。④保花、保果：当日平均温度低于 18℃时，茄子易落花落果，11 月下旬应用激素进行保花保果，一般用防落素（PCPA）25～40mg/L 水剂喷花（可采用 8g 防落素溶解于 500g 53°白酒里做母液保存备用，要喷时取 1mL 母液对水 500mL 喷花，相当于 32mL/L）。10～15d 喷 1 次，以提高座果率，促进果实膨大。

（三）病虫害防治

1. 主要病虫害

主要病害：猝倒病、立枯病、灰霉病、绵疫病、黄萎病、褐纹病、青枯病、菌核病等；

主要虫害：蓟马、粉虱、蚜虫、红蜘蛛、斑潜蝇、叶螨、斜纹夜蛾、棉铃虫等。

2. 防治原则

按照"预防为主，综合防治"的植保方针，坚持以"农业防治、物理防治、生物防治为主，化学防治为辅"的无害化防治原则。

3. 农业防治

农业防治的措施有：①选用抗病品种。②进行种子消毒。③培育适龄壮苗。④深沟高畦，严防积水。⑤清洁田园，切断病虫源。⑥实行科间轮作和水旱轮作。⑦平衡施肥，增施腐熟有机肥。⑧种苗嫁接，提高抗病能力。

4. 物理防治

物理防治的措施有：①进行覆盖防虫网及避雨栽培。②铺银灰地膜或悬挂银灰膜条驱避蓟马、蚜虫，采用蓝板诱杀蓟马，黄板诱杀蚜虫、粉虱、美洲斑蝇等。③设置频振式杀虫灯诱杀害虫。

5. 生物防治

生物防治措施有：①积极保护天敌，利用天敌防治病虫害；②防治时采用微生物制剂如苏云金杆菌、核型多角体病毒等；植物源农药如藜芦碱、苦参碱、印楝素等；生物化学农药如阿维菌素、乙基多杀霉素等。

6. 化学防治

使用药剂防治应符合农药安全使用标准（GB 4285）、农药合理使用准则（GB/T8321）的要求。保护地优先采用粉尘法、烟熏法。注意轮换用药，合理混用，防止和推迟病虫害抗性的产生和发展。严格控制农药安全间隔期。

7. 几种常见病虫害的发生与管理

苗期易发猝倒病和立枯病，连作易发黄萎病，保护地易发灰霉病和白粉虱，夏季高温高湿易发生绵疫病和青枯病。

（1）绵疫病：真菌病害，气温 $28 \sim 30℃$，空气相对湿度 85% 以上的粘土地最易发病，病菌主要借风雨传播。危害叶、茎和果实，近地面果实先发病。病斑初呈圆形水浸状圆斑，稍凹陷，后病斑扩大呈褐色，潮湿时茄果病部长出茂密棉絮状白霉，内部呈暗褐色腐烂，易脱落。防治措施：实行轮作；选用耐绵疫病的紫长茄杂交一代种种植；加强田间管理，预防高温高湿；发病初期喷施 722g/L 霜霉威盐酸盐水剂 60 ~ 100mL/亩，或 50% 烯酰吗啉可湿性粉剂 30 ~ 50g/亩，或 687.5g/L 氟菌·霜霉威悬浮剂 60 ~ 75mL/亩，72% 霜脲·锰锌可湿性粉剂 133 ~ 180g/亩等。

（2）灰霉病：真菌病害，温度 $18 \sim 22℃$，适温高湿有利于发病，连续阴雨或晴雨相间，发病率上 L。主要危害叶、花和果实，苗期也可发病。叶片发病初呈褪绿水渍状，后向内扩展成"V"字形病斑；果实发病初呈水渍状，后褐腐，病健明显。湿度大时病叶、病果、花器等均可长出灰色霉状物。防治措施：实行轮作；加强田间管理，排水防渍，降低湿度，改善通风透光条件，清除田间病叶、病株；发病初期喷施 20%

二氯异氰尿酸钠可溶粉剂 187.5~250g/亩，或 50% 硫磺·多菌灵可湿性粉剂 135~166g/亩，或 500g/L 异菌脲悬浮剂 50~100mL/亩，或 400g/L 嘧霉胺悬浮剂 63~94mL/亩等。

（3）黄萎病：真菌病害，气温和地温降至 15℃ 以下借风雨或育苗传播易发病。病叶或整株的一侧、叶缘、叶脉黄化、黄萎，后期叶片变褐脱落，严重时全株掉叶，病茎和病根维管束变黑褐色。防治措施：实行轮作；选用紫长茄耐病品种种植；病田进行土壤消毒，每亩用 2kg50% 多菌灵可湿性粉剂兑水泼浇；用 55℃ 温水浸种 15min，移入冷水中冷却后催芽播种；适时定植，加强田间管理，预防 15℃ 左右的低温；发病初期喷施 0.5% 氨基寡糖素水剂 187~250mL/亩，或 1 000 亿活芽孢/g 枯草芽孢杆菌 20~30g/亩，或 80% 乙蒜素乳油 25~30g/亩等；用 50% 多菌灵可湿性粉剂 500 倍液灌根，每株施药 250mL，7~10d 灌 1 次，连灌 2~3 次。

（4）茄子青枯病：细菌性病害，借雨水或苗床土传播，土温 25℃ 以上，空气湿度 80% 以上时，在酸性土壤易发病，病叶浅绿色萎蔫，后期变褐枯焦，病茎的基部木质部变褐，髓部腐烂成空腔，潮湿时有乳白色粘液。防治措施：与水稻轮作；对种子和床土进行消毒；调节土壤酸碱度，使其中性偏碱，亩施生石灰 100kg，深翻 15cm 混匀；发病初期 20 亿孢子/g 蜡质芽孢杆菌 100~300 倍液灌根，或 3% 中生菌素可湿性粉剂 600~800 倍液灌根，或 20% 噻森铜悬浮剂 300~500 倍液灌根。每株灌药 500g，7~10d 灌 1 次，连灌 2~3 次。

（5）蓟马：年发生 10 多代，一生要经历卵、若虫（蛹）、成虫 3 个时期。可孤雌生殖，卵散产于植物叶肉组织内，孵化出的若虫在 2 龄时会钻入土中，后羽化成虫。白天阳光充足时，成虫多数隐蔽于生长点或花蕾处取食，少数在叶背为害。若虫、成虫潜伏在茄子的萼片底下、植株上部嫩叶及茸毛丛中活动取食，锉吸心叶、嫩芽、幼果的汁液，使被害植株心叶不能正常展开，生长点萎缩。幼果受害后，表皮呈黄褐色斑纹或长满锈斑，果皮粗糙，茄果尾端弯曲。防治措施：清洁田园减少虫源；每亩挂 30~40 片蓝色黏虫板；在发生高峰前喷施 60g/L 乙基多杀菌素悬浮剂 10 ~ 20mL/亩，或 10% 溴氰虫酰胺可分散油悬浮剂 33.3 ~ 40mL/亩，或 20% 啶虫脒可溶液剂 7.5 ~ 10mL/亩等。如果虫量较多，隔 7 ~ 10d 再喷一次，连喷 2 ~ 3 次。

（6）叶螨：一年发生 15 ~ 20 代，以成虫潜伏在杂草、土缝处越冬，气温高于 10℃ 时即开始繁殖为害。常聚集在叶背用刺吸式口器刺吸汁液，受害叶片开始为白色小斑点，后退绿变为黄白色，严重时全株叶片干枯发红似火烧，叶片脱落。果实受害时，果皮变粗，影响品质。防治方法：及时清洁田园，在卵孵化盛期或幼螨期喷施 0.5% 藜芦碱可溶液剂 120 ~ 140g/亩，240g/L 虫螨腈悬浮剂 20 ~ 30mL/亩，或 100g/L 联苯菊酯乳油 5 ~ 10mL/亩，或 1.8 阿维菌素乳油 30 ~ 40g/亩等。7 ~ 10d 喷一次，连喷 2 ~ 3 次，重点喷叶背，应轮换用药。

（7）粉虱：粉虱又称小白蛾，是茄子的主要害虫之一。年发生 10 多代，繁殖适温为 18 ~ 21℃，在春天气温 L 高时，成虫迁飞到露地菜田为害，11 月份气温降低，又转移到温室中越冬成为害。粉虱的成虫和若虫群居叶片背面吸食汁液，致使叶片褪色变黄、萎蔫，严重时植株死亡。同时分泌蜜露在叶片上，能诱发煤污病，影响植物的光合作用和呼吸作用。成虫飞翔力很弱，对黄色有强烈的趋向性。防治方法：利用粉虱成虫对黄色有强烈趋向性的特点，亩挂黄色粘虫板 30 ~ 40 片诱杀成虫。在卵孵化盛期喷施 200g/L 吡虫啉可溶液剂 15 ~ 30mL/亩，12.5% 阿维·啶虫脒微乳剂 15 ~ 20g/亩，或 25% 噻虫嗪水分散粒剂 8 ~ 10g/亩，或 10% 溴氰虫酰胺可分散油悬浮剂 33.3 ~ 40mL/亩等，每隔 7 ~ 10d 喷 1 次，连喷 2 ~ 3 次。

（四）采收

茄子果实的采收标准是看萼片与果实相连接部位的白色（或淡紫红色）环状带的宽度而定。若环状带宽、表示果实生长快，尚不宜采收；若环状带窄或者不明显，果实生长转慢，萼片开裂，表示已充分成熟，要及时采收。一般花后 25 ~ 30d 即可采收，门茄宜早收，以免影响上面茄果生长。

十五、辣椒无公害生产技术规程

辣椒属茄科一年生或有限多年生植物，每百克辣椒维生素 C 含量高达 198mg，居蔬菜之首位。因其辣味具有杀菌、防腐、调味、营养、驱寒以及有刺激性等功能，是很多人的最爱。近年来，由厦门百利种苗有限公司与荷兰瑞克斯旺种苗公司合作引进的亮剑、闽驰、迅驰等 F1 杂交种系列品种，保护地栽培一般亩产 8 000 kg；露地栽培一般亩产 4 000 ~ 4 500kg，经济效益显著，进一步促进同安区辣椒产业的发展。

（一）品种选择

选择抗青枯、枯萎病、抗逆性好、结果能力强、优质、高产、耐贮运、商品性好、适合市场需求的品种。目前青椒选用荷兰瑞克斯旺高产辣椒 F1 杂交种系列的亮剑、闽驰、迅驰等品种，以及湘研 9 号、19 号、29 号、福诗特 26 等品种，红椒选用红丰、长香等品种。

（二）培育壮苗

1. 播种前的准备

（1）育苗设施。露地一般用塑料拱棚育苗，苗床宽度 1.5m，一般亩需苗床 30m²。育苗前要对育苗设施进行消毒处理。

（2）营养土。播种前 3 周选用无病虫源的田园土和腐熟农家肥，按（3 ~ 4）：1 比例混合，每 1 000kg 营养土中加入 1 000g 复合肥、10kg 草木灰或 500g 磷酸二氢钾、200 ~ 300mL40% 福尔马林（100 倍液喷洒），充分混合拌匀，密封 4 ~ 5d 翻堆透气，待药剂充分挥发后均匀铺于苗床内，厚度 10cm。

（3）种子消毒。针对当地的主要病害选用下述消毒方法。①温汤浸种：把种子放入 55℃ 热水，维持水温浸泡 30min。主要防治猝倒病、立枯病、早疫病、褐纹病。②干热消毒：将干燥的种子在 70℃ 条件下干燥处理 72h，或在竹制器具上暴晒 3 ~ 4d。可防治多种病害，并使病毒失活。③药剂处理：先将种子用清水浸泡 2 ~ 4h，置入 40% 的福尔马林 300 倍液中浸泡 15min，主要防治褐纹病。

（4）浸种催芽。消毒后的种子浸泡 8~10h 后捞出洗净，置于 25℃ 保温催芽。

2. 适时播种

春季一般在 1 月中下旬育苗，3 月上中旬定植，5 月下旬开始采收。秋季 8—9 月上旬播种，9 月中下旬定植，12 月中下旬开始采收。

3. 播种方法

一般先浇水后播种。辣椒从幼苗出土到第一片真叶展开易得猝倒病，因此播种后采用药土覆盖，50% 多菌灵粉剂 8~10g/m² 与 15kg 细土混匀后，1/3 作种子下垫土，2/3 作种子上盖土，覆盖厚度 1cm 左右。

4. 苗期管理

冬春育苗靠塑料小拱棚或塑料大棚进行保温，出苗前保持较高地温利于出苗，以 20℃ 为宜，不低于 15℃；夏季育苗用遮阳网或水帘来通风降温。从齐苗到真叶出叶，经常清洁棚膜，注意增加光照；播种水要浇够，以后不干不浇，幼苗出土后向苗床撒 2 次干营养土，每次厚度 0.2~0.3cm，既可防徒长，又可保墒。

5. 壮苗标准

播种后出苗快而整齐，子叶肥大，胚茎粗短，真叶肥厚、宽大，深绿色有光泽，茎粗壮、节间短，根系发达。

（三）栽培技术

1. 定植前准备

（1）整地施肥。定植前及时耕翻、耙细、整平土壤。基肥应以农家肥为主，配合施用化肥，实行平衡施肥，控制氮素化肥，全层深施。实际施肥氮：磷：钾比例为 1：0.5：1，一般亩施腐熟的、经过无害化处理的优质有机肥 1 000~1 500kg（猪粪或鸡粪），粉粹的饼肥 100~200kg，复合肥 30~40kg，硫酸钾 20kg，各种肥料混匀撒施地表，深耕深翻。禁止使用城市垃圾、污泥和未经无害化处理的有机肥。

（2）整畦覆膜。按露地常规方法整畦覆膜，畦高 25cm、宽 1.2~

104

1.5m，双行种植。

2. 定植

春季 3 月上旬、秋季 9 月上中旬采用双行定植，株距 30～40cm，定植密度为 2 500～3 500株/亩。

（四）田间管理

1. 水肥管理

定植水要浇够，缓苗后发现缺水可再浇一次，但水量不宜太大，水后及时中耕松土。当门椒开花前在二株间打洞埋肥，每亩碳酸氢铵50kg、氯化钾 25kg。采二批果后结合浇水开始追肥，每次亩施尿素10kg，硫酸钾 15kg，间隔 7～10d 灌水一次，灌水 1～2 次追肥 1 次，盛果期每灌水 1 次就追 1 次肥，同时叶面喷施磷酸二氢钾和其他微肥。禁止使用城市垃圾、污泥、污水、硝态氮肥和未经无害化处理的有机肥。

2. 植株调整

门椒以下侧枝全部抹掉，并在门椒开花时摘除门椒，以免影响苗生长，门椒以上留 4～5 杈，老叶、病虫叶适时摘除。

3. 清洁田园

及时将败叶杂草清理干净，集中进行无害化处理，保持田间清洁。

（五）病虫害管理

1. 主要病虫害

猝倒病、立枯病、疫病、炭疽病、病毒病、青枯病、褐纹病，红蜘蛛、蚜虫、甜菜夜蛾。

2. 防治原则

按照"预防为主，综合防治"的植保方针，坚持以农业防治、物理防治、生物防治为主，化学防治为辅的无害化治理原则。

3. 农业防治

选用高抗多抗的品种，清洁菜园，与非茄科作物轮作 3 年以上，合理灌溉，实行平衡施肥，增施腐熟有机肥，适量施用化肥。

4. 物理防治

开展种子处理和土壤消毒。田间悬挂黄色粘虫板或黄色板条

（25cm×40cm）诱杀蚜虫。

5. 生物防治

积极保护并利用天敌防治病虫害，利用有益微生物及其产品（农用链霉素、新植霉素等）防治病虫害。

6. 化学防治

禁止使用国家明令禁止的高毒、剧毒、高残留的农药及其混配农药品种。使用药剂防治应符合农药安全使用标准（GB 4285）、农药合理使用准则（GB/T8321）的要求。保护地优先采用粉尘法、烟熏法。注意轮换用药，合理混用，防止和推迟病虫害抗性的产生和发展。严格控制农药安全间隔期。

7. 常见病虫害发生与防治

（1）猝倒病：低温高湿时最易发病，病苗近地面茎基部呈水浸状，缢缩变细呈线条，子叶尚未凋萎，地上部因失去支撑能力而倒伏死亡。选用高效低毒、低残留农药。苗床猝倒病发病初期喷施，30%精甲·噁霉灵水剂30~45mL/亩，连续施药2~3次，施药间隔期为5~7d，喷施药液量以苗床充分湿润为宜。

（2）立枯病：苗期主要病害，枯死的苗立而不倒，因此俗称"站着死"，育苗中后期高温高湿最易发生。在辣椒播种后采用泼浇法，用50%异菌脲可湿性粉剂2~4g/m²，对苗床土壤进行处理，施药时保证药液均匀，以浇透为宜；苗床发病初期喷施，30%精甲·噁霉灵水剂30~45mL/亩，连续施药2~3次，施药间隔期为5~7d，喷施药液量以苗床充分湿润为宜。

（3）疫病：辣椒早疫病主要侵害叶片，叶上的病斑后期具同心轮纹，当空气湿度大时病斑上着生黑色的霉层。在苗期至成株期均可以危害。茎杆出现水浸、褐色病斑，病叶呈水浸状腐烂，叶片和果实迅速凋萎、脱落。病原菌靠水传播，发病速度快，所以雨水多的季节，湿度大的田块易发生，是辣椒生产上的毁灭性病害。防治方法：清洁田间，与水稻进行水旱轮作，或与叶菜类和葱、蒜类作物轮作辣椒地应选择不易积水、土壤疏松肥沃的地块，移栽前进行深翻晒土，采取高畦深沟地膜覆盖栽培，及时地进行追肥，促进植株生长，增强对辣椒疫病的抵抗力。杜绝大水漫灌，避免病原菌从发病区向未发病区传播。在发病前喷施保护性杀菌剂，10%氟噻唑吡乙酮可分散油悬浮剂15～25mL/亩，或80%代森锰锌可湿性粉剂150～210g/亩；在发病初期喷施687.5g/L氟菌·霜霉威悬浮剂60～75mL/亩，或722g/L霜霉威盐酸盐水剂72～107mL/亩，或或50%烯酰吗啉可湿性粉剂30～50g/亩，或250g/L嘧菌酯悬浮剂15～20mL/亩等，每隔7～10d喷1次，连喷2～3次。

（4）炭疽病：辣椒炭疽病是一种常见而且危害比较严重的真菌病害，它主要侵害果实和叶片，果实在转色期高温高湿下最易发生。炭疽病病斑褐色，为不规则形圆斑，有同心轮纹，中央灰白色轮生许多黑色小点。药剂防治：560g/L嘧菌·百菌清悬浮剂80～120mL/亩，或75%肟菌·戊唑醇水分散粒剂10～15g/亩，或10%苯醚甲环唑水分散粒剂50～83g/亩，或70%丙森锌可湿性粉剂150～200g/亩等。发现中心病株，立即喷施农药。选择其中的任意一种，每间隔7～10d施药防治一次，连续防治2～3次。

（5）病毒病：叶片部分失绿，形成花叶，严重时叶片皱缩、黄化、坏死、畸形；在高湿、干旱、日照过强时易发生；防治此病的重点是防治传毒媒介蚜虫为主，防治粉虱、蚜虫可选择，10%溴氰虫酰胺可分散油悬浮剂43～57mL/亩，或200g/L吡虫啉可溶液剂15～20mL/亩等；药剂防治：在病毒病发病前或发病始见期，可选用0.5%香菇多糖水剂200～250g/亩，或5%盐酸吗啉胍可溶粉剂400～500g/亩，或8%宁南霉素水剂75～100mL/亩等，每隔7～10d喷1次，连续2～3次。

（6）茶黄螨：幼螨吸食未展开的叶、芽和花蕾等柔嫩部位的汁液。受害后叶片僵直增厚、叶背黄褐色油渍状、叶缘反卷。受害严重的植株矮小，丛枝，落花落果，形成秃尖，果柄及果尖变黄褐色，失去光泽，果实生长停滞变硬。防治措施：加强田间调查，在辣椒初花期发现茶黄螨及时喷药防治。以后每隔10～14d喷1次，连续喷3次。喷药的重点是上部叶，尤其是嫩叶背面、嫩茎、花器和幼果上。可用药剂有：0.5%藜芦碱可溶液剂120～140g/亩，或43%联苯肼酯悬浮剂20～

30mL/亩，或 240g/L 虫螨腈悬浮剂 20～30mL/亩，1.8% 阿维菌素乳油 40～60g/亩等。

（7）蚜虫：群集在辣椒的叶背和嫩茎尖上吸取汁液为害，被害叶片卷缩变形，它还传播病毒病，造成的危害更大。防治措施：在低龄幼虫始盛期叶面喷施，1.5% 苦参碱可溶液剂 30～40g/亩，或 10% 溴氰虫酰胺可分散油悬浮剂 30～40mL/亩，或 14% 氯虫·高氯氟微囊悬浮剂 10～20mL/亩，或 5% 啶虫脒乳油 24～36mL/亩等。

（六）采收

当果实已充分长大，果肉厚，坚实，有光泽时可采收。植株下部的果实成熟后应及时采收，以免影响上部的果实的生长。采收时要细致，不要损伤枝叶。

十六、番茄无公害生产技术规程

番茄又叫西红柿，为茄科一年生植物，原产南美洲，现我国普遍栽培，是同安区主要栽培的蔬菜之一。其中以洪塘镇石浔村种植西红柿历史悠久，土壤肥沃、易于灌溉，富含微量元素，气候适宜、出产的西红柿色泽红亮，味酸甜，口感好，深受消费者欢迎，已成为同安区重要的"一村一品"特色农产品。

（一）品种选择

选用抗病、优质、丰产、耐贮运、商品性好的品种。春季栽培选择耐低温弱光、果实发育快的早、中熟品种，秋季栽培选择抗病毒病、耐热的中、晚熟品种。同安区主要品种有佳粉 18 号、17 号，美国红牛，浙杂 5 号，浙杂 205，以及圣女小番茄、千禧小番茄等。

（二）培育壮苗

1. 播种前的准备

（1）育苗设施：根据季节、气候条件的不同，可分别选用温室、塑料大棚、遮阳网等育苗设施，有条件的可采用穴盘育苗和工厂化穴盘育苗。育苗设施应进行消毒处理，创造适合秧苗生长发育的环境条件。

（2）营养土：因地制宜地选用无病虫源的田土、腐熟农家肥、泥炭土、谷糠灰、复合肥等，按一定比例配制营养土，要求孔隙度约 60%，pH 值 6~7，速效磷 100mg/kg 以上，速效钾 100mg/kg 以上，速效氮 150mg/kg，疏松、保肥、保水、营养完全。将配制好的营养土均匀铺于播种床上，厚度 10cm。

（3）播种床：播种用地应充分翻晒，下足腐熟基肥，每亩用 50kg 生石灰消毒。

2. 种子处理

（1）消毒处理：针对当地的主要病害选用以下消毒方法。

温汤浸种：把种子放入 55℃ 热水。维持水温均匀浸泡 15min。主要防治叶霉病、溃疡病、早疫病。

干热消毒：将干燥的种子在 70℃ 条件下干燥处理 72h、或在竹制器具上暴晒 3~4d。可防治多种病害，并使病毒失活。

磷酸三钠浸种先用清水浸种 3~4h，再放入 10% 磷酸三钠溶液中浸饱 20min，捞出洗净。主要防治病毒病。

（2）浸种催芽：消毒后的种子浸泡 6~8h 后捞出洗净，置于 25℃ 保温保湿催芽

3. 播种

（1）播种期：根据栽培季节、气候条件、育苗手段和壮苗指标选择适宜的播种期。春季栽培：12 月播种，越冬苗，2 月气温稳定后定植，夏初上市；秋季栽培：8 月中下旬播种，9 月上中旬定植，秋冬上市。

（2）播种量：每亩栽培面积用种量 20~30g。

（3）播种方法：育苗时直接用消毒后的种子播种。播种前用腐熟的人粪尿泼湿畦面，待土壤吸收后耙平，均匀撒播种子。播后覆营养土 0.8~1.0cm。每平方米苗床再用 8g50% 多菌灵可湿性粉剂拌上细土均匀薄撒于床面上，防治猝倒病。冬季畦面上覆盖地膜；夏季育苗畦面覆盖遮阳网或稻草，50% 幼苗出土时逐渐撤除覆盖物。

4. 苗期管理

（1）水分：育苗水要浇足，以后视育苗季节和苗情适当浇水，结合

防病喷 1 000 倍百菌清或 500 倍代森锰锌。

（2）假植：幼苗 2 叶一心时，分苗假植于营养钵中，摆入苗床；或直接移植于假植苗床，株行距不宜过密，以便带土移植。

（3）分苗后肥水管理：苗期以控水控肥为主防止徒长。在幼苗 3～4 叶时，可结合苗情追施壮苗肥。

5. 壮苗指标

春季栽培用苗，株高 15～20cm，茎粗 0.6cm 以上。秋冬栽培用苗，4 叶 1 心，株高 15cm 左右，茎粗 0.4cm 左右，叶色浓绿、无病虫害。

（三）定植

1. 定植前准备

选择生态条件良好，具有可持续生产能力，产地周围 3km 以内没有污染企业，距离交通主干道 100m 以上，地力肥沃、土壤疏松、排灌条件良好的耕地。

定植前应耕翻晒白，撒施生石灰 50kg/亩（壳灰加倍），然后再耕翻耙平备用。整成"馒头型"畦面，畦宽 120cm。将 3 000kg/亩以上充分腐熟的农家肥或 200～300kg 商品有机肥施于畦中间，成夹心肥。定植穴用腐熟人粪尿浇湿，土壤充分吸收后再下有机细肥，搅拌均匀后定植。

2. 定植方法及密度

采用双行定植。根据品种特性、整枝方式、生长期长短、气候条件及栽培习惯，每亩定植 2 000～2 500 株。

（四）田间管理

1. 肥水管理

（1）肥水管理指标：定植后及时浇水，3～5d 后浇缓苗水，然后进行蹲苗，待第一穗果坐稳后结束蹲苗开始浇水。并根据土壤肥力、生育季节长短和生长状况及时追肥，不施含氯肥料。

（2）植株调整：①支架、绑蔓：用细竹竿支架，并及时绑蔓。②整枝方法：番茄的整枝有二种，即单杆整枝和双杆整枝，根据栽培密度和目的选择适宜的整枝方法。③摘心、打叶：一般每株留 4～6 个果穗。

当最上部的目标果穗开花时，留二片叶摘心全封顶，保留其上的侧枝，及时摘除下部黄叶和病叶。④保果疏果。保果：在不适宜番茄坐果的季节，使用防落素、番茄灵等植物生长调节剂处理花穗。在灰霉病多发地区，应在溶液中加入腐霉利等药剂防病。在生产中不应使用2，4-D保花保果。疏果：为保障产品质量应适当疏果，大果型品种每穗选留3~4果；中果型品种每穗留4~6果。⑤清洁田园：将残枝败叶和杂草清理干净，集中进行无害化处理，保持田园清洁。

（五）病虫害防治

1. 主要病虫害

苗床主要病虫害：猝倒病、立枯病、早疫病、晚疫病；蚜虫、粉虱。

田间主要病虫害：灰霉病、晚疫病、叶霉病、早疫病、青枯病、枯萎病、病毒病；蚜虫、棉铃虫、茶黄螨、粉虱。

2. 防治方法

按照"预防为主，综合防治"的方针，坚持以"农业防治、物理防治、生物防治为主，化学防治为辅"的无害化控制原则。

（1）农业防治：针对当地主要病虫控制对象，选用高抗多抗的品种；实行严格轮作制度，与非茄科作物轮作3年以上，有条件的地区应实行水旱轮作；深沟高畦，覆盖地膜；培育适龄壮苗，提高抗逆性；测土平衡施肥，增施充分腐熟的有机肥，少施化肥，防止土壤富营养化；清洁田园。

（2）物理防治：温汤浸种；覆盖银灰色地膜驱避蚜虫；每亩悬挂30~40块诱虫板等。

（3）生物防治：①天敌：保护利用天敌，控制病虫害。选用核型多角体病毒、苏云金杆菌、春雷霉素、中生菌素、苦参碱、印楝素等生物农药防治病虫害。②生物药剂：采用生物源农药如多杀霉素、农用链霉素、新植霉素、藜芦碱、苦参碱、印楝素等防治病虫害。

（4）化学防治：禁止使用国家明令禁止的高毒、剧毒、高残留的农药及其混配农药品种。使用药剂防治应符合农药安全使用标准（GB 4285）、农药合理使用准则（GB/T8321）的要求。保护地优先采用粉尘法、烟熏法。注意轮换用药，合理混用，防止和推迟病虫害抗性的产生和发展。严格控制农药安全间隔期。

3. 常见病虫害发生与防治

（1）番茄晚疫病：番茄晚疫病又名番茄疫病，是番茄上发生最普遍、危害最重的病害。该病害是由真菌引起的，主要为害叶片和果实，也能为害茎和叶柄。苗期至成株期均可染病。苗期染病，病斑由叶片的主茎蔓延，嫩茎部缢缩腐烂，病部以上枝叶死亡，湿度大时病部表面产生白色霉层。

该病喜欢高温高湿的环境，最适发温度18~25℃，相对湿度在95%以上。最适感病生育期为成株期至座果期，发病的潜育期3~5d。多连阴雨的年份发病重，地势低洼，排水不良的田块发病重，种植过密，通风透光差，肥水管理不当的田块发病重

防治方法：与非茄科作物实行3年以上的轮作；清除病残体，发病季节及时摘除病叶病果深埋，收获后及时清除病残体；加强田间管理，提高植物抗病性，浇水易在晴天进行，防止大水漫灌。保护地栽培灌水后应适时放风排湿，合理密植，及时整枝打叉，摘除植株下部老叶，改善通风透光条件，在保证湿度的前提下增加放风量；在发病初期喷施72%霜脲·锰锌可湿性粉剂133~180g/亩，或687.5g/L氟菌·霜霉威悬浮剂60~75mL/亩，或50%烯酰吗啉可湿性粉剂30~50g/亩，或250g/L嘧菌酯悬浮剂15~20mL/亩等。每隔10~15d喷1次，连续2~3次。

（2）番茄病毒病：该病是病毒引起的病害，在田间主要表现的症状是：花叶、蕨叶、条纹、丛生、卷叶、黄顶。该病害在秋播番茄生长中发生较为严重。该病喜欢高温干旱环境，夜温和地温偏高，少雨，蚜虫多的时候发生较为严重。肥水不匀，偏施氮肥的田块发生较为严重。最适发病环境温度为20~35℃，相对湿度在80%以下，最适感病生育期为五叶期至座果中后期，发病潜育期10~15d。一般持续高温干旱天气，

有利于该病的发生与流行。

防治方法：选择抗病杂交品种；选用无病种子，播种前进行种子消毒；科学管理，培育壮苗，增施磷钾肥，促进植株生长健壮，以提高抗病能力；应"治虫防病"，防止粉虱、蚜虫等传播病毒。防治粉虱、蚜虫可选择，10% 溴氰虫酰胺可分散油悬浮剂 43～57mL/亩，或 200g/L 吡虫啉可溶液剂 15～20mL/亩等；在病毒病发病前或发病始见期，可选用 0.5% 香菇多糖水剂 200～250g/亩，或 5% 盐酸吗啉胍可溶粉剂 400～500g/亩，或 8% 宁南霉素水剂 75～100mL/亩等，每隔 7～10d 喷 1 次，连续 2～3 次。

（3）番茄青枯病：该病是由细菌引起的，是细菌性维管束组织病害。叶片表现为，初始顶部新叶萎蔫下垂，后下部叶片发展产生凋萎，接下来才是中部叶片产生凋萎，发病后叶片色泽较淡，呈青枯状。发病初始期植株叶片白天出现萎蔫，傍晚后恢复正常，后很快扩展至整株萎蔫，并不再恢复而死亡；茎表现为，初期为水渍状斑点扩大后呈褐色，病茎下部表皮粗糙，常产生不定根，剖开病茎，维管束变褐色，横切后用于挤压可见乳白色粘液渗出。

该病喜欢高温高湿，发病最适温度范围 20～38℃，最适感病生育期，是番茄结果中后期，发病潜育期 5～20d。地势低洼排水不良，土壤偏酸的田块发病较重秋季高温多雨的年份发病较重，引发病症表现的天气条件为大雨或连续阴雨后骤然放晴，气温迅速 L 高，田间湿度大，发病现象会成片出现。

防治方法：在目前对番茄青枯病尚无理想的防治药剂情况下，防治上应抓好下述环节：①因地制宜地选育和换种抗耐病高产良种。②重病地区和重病田实行轮作，最好与水稻进行水旱轮作③加强肥水管理。整治排灌系统，高畦深沟栽培，防止漫灌串灌。④初果期开始加强巡查，一旦发现病株随即拔除，收集烧毁，病穴及附近植株淋灌 3% 中生菌素可湿性粉剂 600～800 倍液，或 20% 噻森铜悬浮剂 300～500 倍液，或 0.1 亿 CFU/g 多粘类芽孢杆菌 1 050～1 400g/亩，或 46% 氢氧化铜水分散粒剂 1 000～1 500 倍液等，2 次以上，隔 7～10d1 次，前密后疏，淋透淋足（200～500mL/株或更多）。

（4）番茄灰霉病：主要危害花和果实，叶片和茎亦可受害。患部呈现水渍状或黄褐色湿腐状，表面长满灰色至灰褐色浓密霉层。病菌依靠气流传播，从寄主伤口或衰老器官侵入致病。病菌为弱寄生菌，可在有机物上营腐生生活，发育适温为20～23℃。适温（20℃左右）、相对湿度在90%以上时有利于发病。寄主生长衰弱的，易诱发本病。

防治方法：①注意选育抗耐病高产良种。②清洁田园，摘除病老叶，妥善处理，切勿随意丢弃。③发病初期抓紧连续喷药控病，用400g/L嘧霉胺悬浮剂63～94mL/亩，或22.5%啶氧菌酯悬浮剂26～36mL/亩，或500g/L异菌脲悬浮剂50～100mL/亩，或43%腐霉利悬浮剂100～130mL/亩等，隔7～10d1次。

（5）棉铃虫：是番茄的大害虫，一年发生多代，四季都有为害，以幼虫蛀食番茄植株的花、果，并且食害嫩茎、叶和芽。花蕾受害后，苞叶张开，变成黄绿色，2～3d后脱落，幼果常被吃空引起腐烂而脱落，成果期受害引起落果造成减产。

番茄棉铃虫防治方法，棉铃虫卵产在嫩芽上，结合整枝，及时打杈打顶可有效地减少卵量，同时要注意及时摘除虫果，压低虫口基数。药剂防治在幼虫孵化盛期，可选用10%溴氰虫酰胺可分散油悬浮剂14～18mL/亩，或50g/L虱螨脲乳油50～60mL/亩，或2%甲氨基阿维菌素苯甲酸盐乳油28.5～38mL/亩，或100g/L联苯菊酯乳油5～10mL/亩等，于晴天下午4时以后或阴天喷雾，隔5d再喷一次。

（6）蚜虫、白粉虱：该虫在植株上吸食汁液，使叶片卷曲变黄，影响生长，最主要的危害是传播病毒病，在若虫发生初期喷施，200g/L吡虫啉可溶液剂15～20mL/亩，或10%溴氰虫酰胺可分散油悬浮剂14～18mL/亩，或100g/L联苯菊酯乳油5～10mL/亩，或22.4%螺虫乙酯悬浮剂20～30mL/亩等。

（六）采收

及时分批采收，减轻植株负担，以确保商品果品质，促进后期果实膨大。

十七、甜玉米无公害生产技术规程

厦门地区每年可种植 2 季。春季 1 月初至 4 月上旬播种；秋季 8 月上旬至 10 月中旬播种。甜玉米连作不宜超过两季，可与水稻、花生、马铃薯及蔬菜等进行轮作。适宜厦门地区种植的甜玉米杂交良种有华珍、黄金 1 号、超甜 2000、先甜 5 号等。

（一）播种育苗

播种方式有直播和育苗移栽两种，推荐采用温室或小拱棚苗床育苗移栽。育苗前应充分深翻晒土，反复 2～3 次。将地犁耙后起畦，畦宽（带沟）1.2m，每 $10m^2$ 苗床施用草木灰 2.5kg，过磷酸钙 0.5kg，然后把畦面土整细整平。

播种前先把种子放在 45℃ 的温水中浸泡 3h，捞出沥干后即可播种。催芽后的种子均匀地撒在苗床上，每 $1m^2$ 约播 1 000 粒。之后用锄头底面轻轻将种子压入土面，与土面持平，上面用细沙或谷壳、木屑或者细土覆盖，厚度不超过 1cm。然后浇透水，保持苗床湿润直至出苗。

播种后 5～10d 出苗，出苗后要注意保持湿润；出苗后 5～7d、苗龄一叶一心至两叶一心要及时定植。

播种时每亩需预留 25g 种子迟 5d 播种，以便缺苗时补苗。

（二）定植

1. 两犁两耙，起畦种植

第一次犁耙平后，施用基肥；第二次犁耙后，根据双行或单行种植方式起畦；尽量减少重畦种植，同时要根据地块地形开好十字沟、环田沟和田外排水沟，以方便排灌。早春栽培推荐采用地膜覆盖。

2. 下足基肥

每亩施用三元复合肥 25kg，腐熟鸡鸭粪 1 000kg，草木灰 250kg。结合整地施下，全程深施。

3. 种植规格

双行种植：畦宽 110～130cm，畦高 20～30cm，株距 30～35cm，每

亩种 3 200 ~ 3 500 株。

单行种植：畦宽 80cm，畦高 20 ~ 25cm，每亩种 3 000 ~ 3 300 株。

春季种植宜疏一些，秋季种植宜密一些。

（三）田间管理

1. 查苗补缺

定植后 7d 内，及时查苗补苗。

2. 施肥管理

施足基肥，轻施苗肥，巧施拔节肥，重施大喇叭口肥；氮：磷：钾施用比例为 1：0.5：1，每亩总氮（N）量控制在 12 ~ 15kg。定苗后及时追偏心肥，小苗弱苗多施，大苗壮苗少施或不施；大喇叭口期主攻大穗；吐丝期适当补施粒肥。

苗肥：3 ~ 4 叶期，在定植成活后及时追施，每亩施 5kg 碳酸氢铵对水 500kg 浇灌。

拔节肥：5 ~ 7 叶期，在两株中间打穴施肥，间歇打穴，每亩施三元复合肥 8 ~ 10kg、尿素 5 ~ 7kg。

大喇叭口肥：11 ~ 13 叶期（大喇叭口期），每亩施尿素 5 ~ 7kg、氯化钾 5 ~ 7kg、三元复合肥 10 ~ 15kg。施肥时采用行间打穴或畦边开沟深施，并进行培土。后期可视植株长势，用 0.1% ~ 0.2% 硫酸锌、磷酸二氢钾混合溶液进行叶面追肥。

3. 水分管理

甜玉米喜湿润怕涝渍，田间不允许长时间积水。移植后浇足定根水，即浇一次漫灌水，让其自然排干。苗期不宜太湿，当土壤水分保持在田间持水量的 50% ~ 60% 时（俗称"沟底黑"，田间土壤手捏能成团，再用手指轻捏压既能松开），可以不灌水。拔节期土壤水分保持在田间持水量的 70% 左右。开花授粉期需水量最大，应保持土壤湿润。灌浆期保持土壤湿润，收获前几天适当控水，以提高品质。

4. 摘除分蘖，掰除小穗

摘除矮小的分蘖，保留最上面的一个果穗，其余的小穗掰除。掰除时注意避免损伤主茎及叶片。

（四）病虫害防治

病害：纹枯病，大、小叶斑病，霜霉病，青枯病，根茎腐病。虫害：玉米螟，斜纹夜蛾，甜菜夜蛾，棉铃虫，蚜虫，苗期地下害虫。

1. 农业防治

注意合理轮作，及时清理田园，减少病菌来源。选择抗病品种，合理密植，加强田间管理，科学施肥，培育健壮植株。在雄穗抽出心叶1/3至2/3时，隔行或隔株去雄，去雄穗数应占全田总数1/3，可减轻玉米螟的危害。去雄时间以每天上午9：00—10：00为宜。

2. 物理防治

在大喇叭口期，每亩田间放置性诱剂诱虫灯4~6个，内放置不同昆虫科目的性诱剂，诱捕玉米螟、斜纹夜蛾、甜菜夜蛾、棉铃虫等成虫。地老虎大发生年份，利用黑光灯和糖醋液诱杀成虫。

3. 生物防治

保护田间生态环境，充分发挥天敌控制作用。大喇叭口期间，每亩用100亿以上孢子BT可湿性粉剂50g，对水稀释成2 000倍液浇灌心叶，或用BT菌粉100~200g，按1：30的比例混细砂土施入心叶。也可用每g70亿个左右活孢子的白僵菌粉400g，按1：10的比例混细沙土施入心叶，能有效防治螟虫等虫害。

4. 化学防治

药物主要采用喷施法。若只有植株某些部位受害时，可采用局部喷施，如只喷心叶（喇叭口）、雄穗和花丝等。

（1）纹枯病：在病害发生初期喷施，250g/L丙环唑乳油30~40mL/亩，或75%肟菌·戊唑醇水分散粒剂15~20g/亩，或60%氟胺·嘧菌酯水分散粒剂23~30g/亩，或240g/L噻呋酰胺悬浮剂13~23mL/亩等。

（2）大、小叶斑病：在病害发生初期喷施70%丙森锌可湿性粉剂100~150g/亩，或250g/L吡唑·醚菌酯乳油30~50mL/亩，或75%肟菌·戊唑醇水分散粒剂15~20g/亩，或32%戊唑·嘧菌酯悬浮剂32~

42mL/亩等。

（3）螟虫：在害虫卵孵高峰至低龄发生盛期喷施，16 000 IU/mg 苏云金杆菌可湿性粉剂 250～300g/亩，200g/L 氯虫苯甲酰胺悬浮剂 3～5mL/亩，25g/L 溴氰菊酯乳油 20～30mL/亩，或 14% 氯虫·高氯氟微囊悬浮 – 悬浮剂 10～20mL/亩等。这些药剂也可兼治斜纹夜蛾、甜菜夜蛾、棉铃虫等。

（4）地下害虫：苗期用 90% 敌百虫 30 倍液 0.15kg 拌入炒香的饵料（花生麸、玉糠或玉米碎粒）2.5kg，加 1kg 切碎的青菜叶，在傍晚撒施玉米苗基部附近，可诱杀小地老虎幼虫及蟋蟀、蝼蛄的成虫、若虫。也可在玉米播种时沟施，0.5% 毒死蜱颗粒剂 20～25kg/亩；或在玉米 2～3叶期，每亩用 200g/L 氯虫苯甲酰胺悬浮剂 7～10mL/亩对水 30kg 茎基部均匀喷雾，防治小地老虎等。

（5）蚜虫：在低龄若虫盛发期喷施，25g/L 溴氰菊酯乳油 10～20mL/亩，1.5% 苦参碱可溶液剂 30～40g/亩，或 200g/L 吡虫啉可溶液剂 7～10mL/亩，或 10% 溴氰虫酰胺可分散油悬浮剂 30～40mL/亩等。

（五）适时收获

春季栽培以花丝抽出后 18～20d、秋季栽培的花丝抽出后 20～24d为适宜采收期。特征为：穗苞花丝变棕色；玉米籽粒充实饱满，手指甲轻划籽粒就破，并有乳浆溢出。

春季栽培，宜选择在晴天上午 9 时前或下午 4 时后采收；秋季栽培，上午可延迟 1h、下午可提前 1h 采收。采摘时应用透气性良好的箩筐等盛装，不要大量堆积存放。

十八、"堤内茭白"无公害生产技术规程

茭白又名茭笋，属禾本科多年生水生宿根草本植物。同安区汀溪镇堤内村种植茭白已有 100 多年的历史，"堤内茭白"是清朝后期堤内村茭农自漳州引入、并经长期选育而形成的秋茭型品种，采收期从 8 月中旬至 10 月上旬；2000 年左右又从漳州引进两熟四季茭，第一熟在 4—6

月，第二熟在 9 月上旬到 10 月上旬。"堤内茭白"同安区"一村一品"特色农产品，种植面积较大的主要分布在堤内、顶村及半岭、前格、西园等村。

（一）　生长发育阶段划分

萌芽阶段：入春后 2 月至 3 月开始发芽，5℃以上即可发芽，10 ~ 20℃为最适宜萌芽期。

分蘖阶段：自 3 月下旬至 10 月上旬，每一株可分蘖 15 ~ 20 个新株，适温为 20 ~ 30℃。

孕茭阶段：一熟种为 4 月下旬至 9 月上旬孕茭，适温为 15 ~ 25℃，低于 10℃或高于 30℃，都不会孕茭。两熟种 3 月上旬至 6 月下旬孕茭一次，8 月下旬至 9 月下旬再孕茭一次。

生长停滞和休眠阶段：孕茭后温度低于 15℃以下时分蘖和地上部生长停止，5℃以下地上部枯死，未枯死的地下部可在土中越冬。

（二）　品种选择

一熟种/年：一般为当地长期选育而形成的秋茭型品种。

二熟种/年：主要有漳州引进的四季茭。

（三）　选种育苗

1. 选种

茭白在生长过程中，常会产生雄茭和灰茭，所以要年年选择和更新复壮。在采收时选结茭早而肥大，分蘖力强，生长一致、结茭多的茭株，插竹竿作为标记，以作繁殖母株。同时，发现假茎不膨大的雄茭及菱形象锣锤的灰茭，将叶打结作为记号。末符台入选的茭株，采茭后即行挖除茭墩，以免混淆，并利于种株萌发新株。

2. 寄秧与移栽

选好的优良种株待采收后，于 12 月下旬将种茭丛连根挖起，按株行距 10cm×15cm，1 穴 1 株栽植进行假植并做好田间管理；当假植苗成活后，每亩茭秧田可施入尿素 3 ~ 5kg，促进幼苗生长。入春后茭苗萌发，苗高 30 ~ 40cm 左右，选择大小一致、叶鞘扁平的植株进行定植。

生长势过旺、趋向"雄化"的幼苗，由匍匐茎上萌芽的"游茭"不能作种茭用，应当去除。

（四）大田管理

1. 茭田选择

茭田应选择土层深厚（深脚田、烂泥田都好）、土壤肥沃、土地平整、有水源的保水保肥力强的田块，以有凉水经过的水田的地块最好（茭白是喜温怕热作物）。

2. 翻耕茭田

要种茭白的田块，冬天一般耕翻5～6寸深以上，把高低整平，利于浇、排水。

3. 下足基肥

茭白植株高大，根系发达，生长期长，需肥量大，必须下足基肥。每亩应施入腐熟人粪尿2 000kg，或猪牛栏粪1 500kg加过磷酸钙和碳酸氢铵各25kg。如前作是水稻田，还要增加基肥的用量，并耙平，然后灌水2～3cm，做到田平、泥烂、肥足。

4. 适时定植

于2月至3月上旬"回暖南风天"为宜，株行距定植规格75～80cm×85～90cm，每亩植900～1 000穴。栽植时，以根部入土7～8cm为宜，过深不利分蘖，过浅易浮根倒苗。

5. 水位管理

茭白水位管理以"浅—深—浅"为原则。定植后的生长前期（分蘖之前），保持3～5cm的浅水位，有利于提高地温，促进发根和分蘖；分蘖后期，一般从夏至前后将水位加深到12～15cm，以抑制无效分蘖的发生，由于7—8月温度高，深水位还具有降温的效果，但要定期进行换水，防止土壤缺氧造成烂根；进入孕茭期，水位应加深到15～18cm，但不能超过"茭白眼"的位置（最高水位不宜超过假茎的2/3），防止薹管伸长；孕茭后期，应降低水位至3～5cm，以利采收。

6. 追肥

（1）提苗肥：茭苗定植7～10d成活后，每亩施人畜粪尿500kg或尿素 5~10kg 催苗，如茭白田基肥足够，可减少施肥量。

（2）分蘖肥：在分蘖初期（与第 1 次施肥期隔 10~20d），每亩施人畜粪尿 1 000kg 或 45% 复合肥 15~20kg，促进有效分蘖和植株的生长；如没有施提苗肥，应适当提前追施分蘖肥。

（3）催茭肥：当新茭有 10%~20% 的分蘖苗假茎已变扁（开始孕茭），此时应重施催茭肥，促进肉质茎膨大，提高产量，一般每亩施 45% 复合肥 20~25kg。催茭肥要适时施入，过早施，植株尚未孕茭，易引起徒长，从而推迟孕茭；过迟施，赶不上孕茭期对肥料的需要，则影响产量。

（4）采茭后每采 2 次茭施一次肥，每亩施 45% 复合肥、46% 尿素各 10kg。

在每次追肥时，要等肥料渗透入土壤中后再灌水，如遇暴雨天气，应注意及时排水，防止因水位过高而造成薹管伸长。

7. 中耕耘田

茭白定植成活后应及时耘田除草，为了保护好分蘖苗，耘田时要由近及远，以防伤害分蘖苗。耘田以无杂草、泥不过实、田土平面为佳。每次施肥后耘田，一般耘田 3~4 次。7 月、8 月茭白分蘖后期，株丛拥挤，应及时摘除植株基部的无效分蘖、老叶、黄叶，以促进通风透光，促进孕茭，隔 7~10d 摘黄叶 1 次，共 2~3 次。将剥下的黄叶及无效分蘖等及时踏入田泥中并覆土盖实，可作肥料。

（五）病虫害管理

1. 主要病虫害

主要病害有：茭白锈病、茭白胡麻斑病、茭白纹枯病、茭白瘟病；主要虫害有：二化螟、长绿飞虱。

2. 农业防治

及时清除田间残株残叶，减少病虫害基数和来源。选地轮作、合理密植，加强肥水管理。增施有机肥和磷、钾肥，避免偏施氮肥。高温季节适当灌深水降低水温和土温，减少病害。大螟、二化螟化蛹后灌深水

10~15cm，3~5d后可将蛹淹死。

3. 化学防治

预防为主、综合治理。注意：孕茭期慎用杀菌剂。

4. 常见病虫害防治

（1）茭白锈病：锈病为茭白的重要病害，主要为害叶片和叶鞘。发病初期在叶片和叶鞘上散生橘红色隆起小疱斑，表皮破裂后散发出锈色粉状物。病菌喜高温潮湿的环境，最适发病温度为25~30℃，相对湿度80%~85%。本地区一般在5月上旬开始发病，主发病期5—9月。茭白生长期高温高湿，田间偏施氮肥发病较重。

防治办法：①采茭后彻底清理病残体及田间杂草，减少田间菌源。②合理进行水肥管理，增施磷钾肥，避免偏施氮肥。高温季节适当深灌水，降低水温和土温，控制发病。③发病前或发病初期喷施75%百菌清可湿性粉剂100~120g/亩，或250g/L戊唑醇水乳剂20~33.3mL/亩，或10%苯醚甲环唑水分散粒剂50~83g/亩，或40%腈菌唑可湿性粉剂13~20g/亩等。隔7~10d1次。

（2）茭白胡麻斑病：叶片染病初为褐色小点，后扩展为褐椭圆形或纺锤形病斑，大小如芝麻粒，故称为胡麻斑病。该病害严重时，病斑密布，相互连接成不规则形大斑，终致病叶枯死。病菌喜高温潮湿的环境，适宜发病温度范围为15~37℃，最适温度为25~30℃，相对湿度85%左右。本地区一般在5月中旬开始发病，主要发病期6—9月。通常在茭白生长期高温多雨，或闷热潮湿，病害发生较重，此外，长时期连作，田间缺钾缺锌，植株生长不良。有利发病。

防治方法：①结合冬前割茬，彻底清理病残老叶，集中粉碎沤肥，减少田间菌源。②加强水肥管理，冬施腊肥，春施发苗肥。病害常发区注意增施磷钾肥和锌肥，适时适度排水晒田，促进根系生长，增强植株抗病能力。③发病初期进行药剂防治。发病初期喷施25%咪鲜胺乳油50~100mL/亩，或25%丙环唑乳油15~20mL/亩，或70%丙森锌可湿性粉剂100~150g/亩，或500g/L异菌脲悬浮剂50~100mL/亩。喷药防病时，加磷酸二氢钾500倍液效果更佳。隔7~10d1次，喷2~3次。

（3）茭白纹枯病：为害叶片和叶鞘，以分蘖期至结茭期易发病。发病初期先在近水面的叶鞘上出现水渍状暗绿色圆形至椭圆形病斑，后扩大成云纹状病斑，外观似地图或虎斑状。病菌喜高温高湿的环境。田间气温22℃时开始发病，以25～32℃又遇阴雨天发病最快。本地区主要危害期在6—8月，10月下旬后一般停止发病，田间遗落的菌核数量多，高温多湿或长期深灌及偏施氮肥的茭田发病重。

防治方法：①加强肥水管理，施足底肥，适当增施磷钾肥，避免偏施氮肥及长期深灌，并根据促茭株分蘖、控无效分蘖和促孕茭的需要，贯彻前浅，中晒，后湿润的水浆管理原则。②结合中耕等农事操作，及时摘除下部黄叶病叶，增加田间通透性。③发病初期及时喷施250g/L丙环唑乳油30～40mL/亩，或25%咪鲜胺乳油50～100mL/亩，或10%苯醚甲环唑水分散粒剂，或75%肟菌·戊唑醇水分散粒剂10～15g/亩等。隔7～10d1次，连喷2～3次。

（4）二化螟：别名钻心虫，属鳞翅目螟蛾科。二化螟对茭白的危害轻者造成的枯心苗，重者造成虫伤株。茭肉被其危害后，品质下降，有的不能食用，丧失了商品性。年发生4代，卵多产于叶背，初孵幼虫有群集性，群集叶鞘内蛀食造成枯鞘，3龄开始分散转移，蛀入茎中造成枯心或蛀茭。

防治方法：在冬季或早春齐泥割掉茭白残体，清洁田园，减少越冬虫源。在卵孵高峰至幼虫2龄前喷施200g/L氯虫苯甲酰胺悬浮剂5～10mL/亩，或60g/L乙基多杀菌素悬浮剂20～40mL/亩，10%溴氰虫酰胺可分散油悬浮剂20～26mL/亩，或3%阿维菌素微乳剂10～20mL/亩等。

（5）长绿飞虱：属同翅目飞虱科，只危害茭白。成虫刺吸汁液，造成叶片卷曲，严重时致整株枯死，或植株变矮，明显影响茭白产量。盛夏不热、晚秋温度偏高的年份发生重。

防治方法：宜在低龄若虫高峰期用药，防治间隔期7～10d，连续喷雾防治2次，喷雾防治时应注意统防统治，可由外围向内绕圈喷药，如平行式来回喷药会赶走飞虱，降低防治效果。药剂可选用10%烯啶虫胺水剂 20～30mL/亩，1.5% 苦参碱可溶液剂 10～13g/亩，或 200g/L 吡虫啉可溶液剂 7～10mL/亩，或 40% 氯虫·噻虫嗪水分散粒剂 8～10g/亩等。

（六）采收

以心叶短缩，三片外叶长齐，茭白显著肥大，叶鞘裂开，茭白露白 1cm 时采收为宜。采收过早，肉质茎尚未充分膨大，产量低；采收过迟，露出的茭白易受阳光照射，茭肉变青，质量下降，且易形成灰茭。采摘时自结茭下部节间处折断，注意不伤及邻近未成熟的幼茭和根株，以免影响当年和翌季生产。若全墩孕茭，留 2～3 株不采，防止全墩枯死。

十九、韭菜无公害生产技术规程

韭菜属百合科多年生草本植物，原产于我国，在我国已有 3000 年以上的栽培历史，是栽培地域最广的蔬菜之一。韭菜在同安区各地均有种植，其中洪塘镇新学村所处的康浔埭里的埭田土壤有机质含量高，质地砂土壤土，土壤疏松利于韭菜生长及排水透气，种植出的韭菜鲜嫩翠绿、韭味香浓，深受消费者的欢迎，"新学韭菜"成了当地种植业生产的知名品牌，并已成为当地"一村一品"项目产品。

（一）主要术语

青韭：在光照条件下生长导致外观为绿色的韭菜。

跳根：韭菜新长出须根随分蘖有层次地上移，生根的位置也不断地上升，使新根逐渐接近地面的现象。

分株：韭菜定植 3～4 年后，由于地下根茎老朽，地面根茎多次分蘖、跳根，韭菜群体环境恶化产量明显下降，此时应把分蘖掰开呈单株，剪去衰老部位重新定植。分株重植虽然省去育苗的过程，但其活力没有当年播种形成的苗壮，因此生产上还是以种子育苗移栽的好。

（二）品种选择

在生产中，按韭菜叶片的宽度大小可分为宽叶韭和窄叶韭两个类型。主要品种有雪莲白根、791、扁担韭和大白根等。

（三）培育壮苗

1. 播种适期

"清明"至"小满"之间。

2. 种子处理及催芽

每亩用种量 4.5～5kg，可移栽种植 5 336～6 670 m^2。可用干籽直播，也可用 40℃温水浸种 12h，除去秕籽和杂质，将种子上的粘液洗净后催芽。催芽方法是将浸好的种子用湿布包好放在 16～20℃的条件下催芽，每天用清水冲洗 1～2 次，60% 种子露白尖时即可播种。

3. 整地施肥

苗床应选择旱能浇，涝能排的砂质或砂壤土质土壤，土壤 pH 值在 7.5 以下，深耕 30cm 以上，结合每亩施腐熟人畜粪 600kg、农家有机肥 1 500kg、磷肥 20～25kg 作底肥耕后细耙，整平做成畦面（带沟）1.4m 宽左右。

4. 播种

畦面浇水待水渗透后，将催芽种子混 2～3 倍沙子撒在畦面内，上覆过筛细土 1.6～2cm。喷浇水透后覆盖地膜或稻草，80% 幼苗顶土时撤除床面覆盖物。

5. 播后水肥管理

出苗前需 2～3d 浇一水，保持土表湿润。从齐苗到苗高 16cm，7d 左右浇一小水，其中二叶一心时每亩追施三元复合肥 10kg，后适当控水促营养向基部转移。高湿雨季排水防涝。立秋后，结合浇水追肥 2 次，每次每亩追施 46% 尿素 8～10kg。定植前一般不收割，以促进壮苗养根，7—8 月可搭棚遮荫保苗。

6. 除草

出齐苗后及时人工拔草 2～3 次，或播种后出苗前喷施除草剂防除杂草。

（四）定植

1. 定植适期

"白露"至"秋分"节气。

2. 整地作畦

韭菜是多年生宿根蔬菜，应选择肥沃、土层深厚的砂质土壤，深耕30cm以上，畦面宽（带沟）1.3～1.5m，每亩施农家肥1 500kg，磷肥40kg，草木灰50kg作底肥。

3. 定植方法

将韭苗取出，剪去须根前端，一般根须留2～3cm，以促进新根发育。再将叶子尾端剪去一段，以减少叶面蒸发，维持根系吸收与叶面蒸发的平衡。在畦面内四行种植按行距25～30cm，穴距10cm，每亩植穴数2.2万～2.5万穴左右，每穴栽苗4～5株，适于生产青韭；栽培深度以不埋住分蘖节为宜。

4. 定植后管理

（1）水分管理：定植后应连浇两遍水，及时中耕除草2～3次，适时进行蹲苗，此后土壤应保持见干见湿状态，当日最高气温下降到12℃以下时，减少浇水，保持土壤表面不干即可。

（2）施肥管理：当新根新叶出现时，即可追肥浇水，每亩随水追施尿素10～15kg；以后每隔半个月每亩随水追施尿素15～20kg；11月低温来临前，结合中耕培土，每亩施800kg腐熟人粪尿，以利保温护根。一般3月中下旬开割第一刀，每次收割后2～3d每亩施15kg复合肥促分蘖；7d后每亩施尿素10kg、钾肥5kg。7—9月为高温干旱季节，应停止地上部收割，这一阶段为养根保苗时期，并结合抗旱，每周施一次稀粪水。

（五）收割

定植当年着重以"养根壮秧"为主，一般不收割，如出现长出韭菜花应及时摘除。第二年以后的收割以春韭为主，春韭品质好，效益高，一般3—6月可收割3～5次。夏季炎热，韭菜生长慢，品质差，一般以养根为主，只收薹韭和韭花。秋季韭菜品质较好，但为了养根越冬，一般只收割1～2次。

韭菜适于晴天清晨收割，收割时刀口距地面2～4cm，以割口呈黄色为宜，割口应整齐一致。春季一般从返青到收割第一刀约40d，第二刀间隔25～30d，到第三刀间隔20～25d。

每次收割后，把韭茬挠一遍，周边土锄松，待2～3d后韭菜伤口愈合、新叶快出时进行浇水、追肥，每亩施腐熟粪肥400kg，同时加施尿素10kg、复合肥10kg。从第二年开始，每年需进行一次培土，以解决韭菜跳根问题。

（六）病虫害防治

1. 主要病虫害

主要病虫害以韭蛆、潜叶蝇、蓟马、灰霉病、疫病、霜霉病等为主。

2. 物理防治

糖酒液诱杀：按糖、醋、酒、水和90%敌百虫晶体3：3：1：10：0.6比例配成溶液，每亩放置1～3盆，随时添加，保持不干，诱杀种蝇类害虫。

3. 主要病害的防治

（1）灰霉病：发病初期喷施400g/L嘧霉胺悬浮剂63～94mL/亩，或500g/L异菌脲悬浮剂50～100mL/亩，或22.5%啶氧菌酯悬浮剂，或20%二氯异氰尿酸钠可溶粉剂187.5～250g/亩等。

（2）疫病：发病初期喷施687.5g/L氟菌·霜霉威悬浮剂60～75mL/亩，或50%烯酰吗啉可湿性粉剂60～100mL/亩，或72%霜脲·锰锌可湿性粉剂133～180g/亩，或722g/L霜霉威盐酸盐水剂等。隔10d喷一次，连喷2次。

（3）锈病：发病初期喷施75%百菌清可湿性粉剂113～206g/亩，或250g/L戊唑醇水乳剂20～33.3mL/亩，或40%腈菌唑可湿性粉剂13～20g/亩，或10%苯醚甲环唑水分散粒剂50～83g/亩等。隔10d喷一次，连喷 2 次。

4. 害虫的防治

（1）韭蛆：①地面施药：上茬韭菜收割后第二天拌土撒施 10% 吡虫啉可湿性粉剂 200~300g/亩。顺韭菜垄均匀撒施于土表，随后顺垄浇水即可（浇足量水）确保药剂足以渗入韭菜鳞茎部（约 5cm 以下）。②亩用 70% 辛硫磷乳油 350~570mL，对水 100~150kg，卸去喷片的手动喷雾器将药液顺垄喷入韭菜根部。4.5% 高效氯氰菊酯乳油 35~50mL/亩等喷雾防治。

（2）潜叶蝇：在产卵盛期至幼虫孵化初期，喷或 10% 溴氰虫酰胺可分散油悬浮剂 33.3~40mL/亩，或 1.8% 阿维菌素乳油 30~40g/亩，或 30% 灭蝇胺可湿性粉剂 27~33g/亩，或 1.8% 阿维·啶虫脒微乳剂 30~60mL/亩等。

（3）蓟马：在幼虫发生初期，喷 60g/L 乙基多杀菌素悬浮剂（艾绿士）10~20mL/亩，或 10% 溴氰虫酰胺可分散油悬浮剂（倍内威）33.3~40mL/亩，或 20% 啶虫脒可溶液剂 7.5~10mL/亩，或 10% 多杀·吡虫啉悬浮剂 20~30mL/亩等。

二十、蕹菜无公害生产技术规程

蕹菜俗称空心菜，为旋花科一年生或多年生草本植物，原产我国南方及印度等地，在同安国栽培历史悠久。蕹菜性喜高温潮湿气候，能耐高温，具有分枝力强、采摘时间长、病虫害少、栽培管理简易等特点，在同安区农村栽培普遍，是夏秋时节的主要绿叶菜之一。

（一）品种选择

蕹菜依其结实与否分为子蕹和藤蕹两种类型，子蕹用种子繁殖，也可用无性繁殖，而藤蕹只能用无性繁殖（即茎蔓繁殖）。同安区主要以子蕹为主，品种有泰国蕹菜、竹叶蕹菜、台湾白骨柳叶蕹菜、大叶蕹菜等。

（二）栽培技术

1. 适时播种

露地栽培一般 3 月下旬至 8 月上旬播种。保护地栽培可在当年 12 月至翌年 2 月播种。

2. 浸种催芽

蕹菜种子的种皮厚而硬，若直接播种会因温度低而发芽慢，如遇长时间的低温阴雨天气，则会引起种子腐烂，因此宜进行催芽。50～60℃温水浸泡 30min，然后用清水浸种 20～24h，捞起洗净后放在 25℃左右的温度下催芽，催芽期间要保持湿润，每天用清水冲洗种子 1 次，待种子破皮露白点后即可播种。，当种子有 50%～60% 露白时即可进行播种。

3. 栽培方式

以直播为主，也可采用育苗移栽方式，亩用种量 8～12kg。

（1）直播：施足底肥，整平土地，落地直播可采用条播或点播，行距 23～30cm，穴距 15～20cm，每穴点播 3～4 粒种子，播种后随即浇水，7d 左右即可出苗；也可密播，待苗高 17～20cm 时间拔采收。播种后覆盖塑料薄膜增温、保湿，待幼苗出土后再把薄膜撤除。另外，亦可在生长期间摘取 15cm 左右的顶梢扦插繁殖，只要扦插田土壤湿度适宜，插梢就会很快长出不定根，并抽出新梢。

（2）育苗移栽：利用小拱棚育苗，苗床畦面宽 1.5m，施足底肥，整平畦面，均匀撒播，当苗高 15～20cm 时，选择 6～8 节的苗进行移栽，每穴 2 株，栽植时将幼苗斜插入土 2～3 个节，保持土壤湿润，以促进根系生长。

4. 施肥技术

（1）基肥：选择土地平整、排灌方便的田块耙平，作畦。苗床：每亩施优质腐熟粪肥 1 500～2 000kg，加复合肥 10～15kg。大田：每亩施优质腐熟粪肥 2 500kg，过磷酸钙 30kg，草木灰 100kg，复合肥 15～20kg，撒施后浅耕 15～20cm。

（2）追肥：①苗床：待幼苗有 2 片真叶时，追一次 10% 的稀水粪。

②大田：缓苗后至封行前，结合中耕，每5~7d追一次肥，以稀水粪为主，每亩次1 500~2 000kg，根据苗情适量加施速效氮肥，如0.2%~0.3%尿素，保持先淡后浓。在生长期可叶面喷施有机液肥，每10d一次，提高产量。每次采收后，泼浇腐熟稀人粪尿一次，每亩1 500kg，促早生快发。

5. 水分管理

前期温度低时，要控制浇水，苗种下后，表土不发白不浇水，浇水时则要选择晴天浇透；4—6月雨水多，除施肥水外，一般不浇水；7月以后高温干旱天气，则要增加浇水量。除雨日外，每日早、晚要浇水，每7~10d灌1次透水，即傍晚灌水至畦高的2/3至4/5处，第2d早晨将余水排出，畦沟保存少量积水，以改善土壤和空气湿度，提高水蕹菜产量及品质。

6. 中耕除草

生长期间要及时中耕除草，封垄后可不必除草中耕。

（三）病虫害管理

1. 主要病虫害

蕹菜虫害较少，偶然发生的虫害有斜纹夜蛾、甜菜夜蛾、蚜虫等。病害以白锈病为主，偶尔有发生霜霉病、炭疽病、轮斑病等。

2. 物理防治

结合田间管理，发现卵块或幼虫群，将其捏杀并摘除。采用频振式杀虫灯诱蛾，黄板诱蚜。

3. 生物防治

保护利用天敌，控制病虫害。选用核型多角体病毒、苏云金杆菌、春雷霉素、中生菌素、苦参碱、印楝素等生物农药防治病虫害。

4. 化学防治

防治甜菜夜蛾、斜纹夜蛾在1~2龄幼虫群居时进行化学防治，用200g/L氯虫苯甲酰胺悬浮剂5~10mL/亩，或150g/L茚虫威悬浮剂10~18mL/亩，或60g/L乙基多杀菌素悬浮剂20~40mL/亩，或10%溴氰虫酰胺可分散油悬浮剂 10～14mL/亩。

5. 常见病害防治

（1）白锈病：温度 20～35℃最容易发病。发病时，叶正面出现淡黄绿至黄色斑点，后变褐色，病斑较大，叶背面为隆起状疮斑，接近圆或椭圆形或不规则形。叶片受害严重时病斑密集，病叶畸形，叶片脱落，茎肿胀变形，增粗 1～2 倍。

防治方法：①选用无病种子，注意轮作，注意田间排污及通风，合理安排疏密程度，发病初期摘除病叶。②用种子重量 0.3% 的 35% 甲霜灵拌种剂。③发病初期喷洒 72% 霜脲·锰锌可湿性粉剂 133～180g/亩，或 40% 三乙膦酸铝可湿性粉剂 235～470g/亩，或 687.5g/L 氟菌·霜霉威悬浮剂 60～75mL/亩等。

（2）炭疽病：高温多雨，氮肥施用过多，长势过旺，茎叶交叠不见光，容易发病。幼苗受害易死亡。叶片染病，病斑近圆形，暗褐色，斑面微具轮纹，有密生小黑点，病斑扩大并融合，叶片变黄干枯；茎上病斑近椭圆形，稍向内凹陷。

防治方法：发病初期喷施 50% 咪鲜胺锰盐可湿性粉剂 38～75g/亩，或 75% 肟菌·戊唑醇水分散粒剂 10～15g/亩，或 70% 丙森锌可湿性粉剂 100～150g/亩，或 50% 戊唑·嘧菌酯悬浮剂 18～24g/亩等。

（3）轮斑病：多雨时节、生长郁闭田块易发病。主要危害叶，开始叶片上生褐色小斑点，扩大后呈圆形、椭圆形或不规则形，红褐色或浅褐色，病斑较大，具明显同心轮纹，后期轮纹斑上出现小黑点。

防治方法：①冬季清除地上枯叶及病残体，并结合深翻，加速残体腐烂。可实行 1～2 年轮作。②发病初期喷洒 35% 氟菌·戊唑醇悬浮剂 20～25mL/亩，或 500g/L 异菌脲悬浮剂 50～100mL/亩，或 22.5% 啶氧菌酯悬浮剂 25～30mL/亩，或 20% 二氯异氰尿酸钠可溶粉剂 187.5～250g/亩等。

（四）采收

蕹菜如果是一次性采收，可于株高 20～35cm 时一次性收获上市。

如果是多次采收，可在株高 12～15cm 时间苗，间出的苗可上市；当株高 18～21cm 时，结合定苗间拔上市，留下的苗子可多次采收上市。当秧苗长到 33cm 高时，第 1 次采摘茎部留 2 个茎节，第 2 次采摘将茎部留下的第 2 节采下，第 3 次采摘将茎基部留下的第 1 茎采下，以达到茎基部重新萌芽。这样，以后采摘的茎蔓可保持粗壮。采摘时，用手掐摘较合适，若用刀等铁器易出现刀口部锈死。

二十一、"褒美"槟榔芋无公害生产技术规程

槟榔芋为天南星科芋属湿生草本植物，性喜温湿，较耐高湿怕霜冻。汀溪镇褒美村槟榔芋栽培历史悠久，清朝光绪年间就有"褒美芋头"的记载。在长期生产过程中，当地农民积累了一套芋头套种甘薯、姜或姜黄独特的栽培经验，进一步提升了经济效益，带动了全镇仍至全区种植面积不断增加。同安区年种植面积 1 000 多亩，主要分布在汀溪镇褒美、五峰、造水以及莲花镇的美埔村等地，"褒美槟榔芋"已成为厦门市主要的"一村一品"项目产品。

（一）品种选择

芋种选自无病虫害的母株、着生于母芋中部，子芋大小一致，头肥大、柄中等长、芋型指数较小，顶芽无虫害损伤，芋肉带紫红色槟榔条纹，单个子芋重 50～100g。每亩用种量 60～75kg。

（二）栽培管理

1. 选地作畦

芋田选择土层深厚、松软、耕作层深 25cm 以上，土壤 pH 值 5.5～6.5，有机质含量 1.5% 以上，排灌方便的砂质壤土。园地需冬翻晒白，可在农事操作时进行整畦。整畦前若土壤酸性过强的田块，可每亩撒施石灰 40～50kg 进行调节。一般按畦宽 75～80cm，沟宽 35～40cm，整成高畦窄面。

2. 适时种植

根据同安区气候特点，可于 11—12 月进行寄种育芋苗，至翌年 2—

3 月移栽定植，争取较长的营养生长期；直播适期为 1—2 月，不能迟于 3 月下旬，生长期过短会降低产量和品质。

3. 种植方法

采用单行种植，种植前应再选种，选仅有一个芽头并粗壮、完整、无虫咬病斑与菌丝且子芋带紫红色槟榔花纹的做种。株行距 1.2m × 0.5m，每亩种植约 1 100 株。挖孔穴标准为：长 × 宽 × 深 = 20cm × 25cm × 12cm，芋种竖放，芽头向上，芋种贴近穴底，表土填实，最后用草木灰、火烧土或肥沃的松土盖种，以免幼嫩芋芽遭受害虫危害而致缺株或补种后产生株间参差不齐。

4. 施肥培土

种植前每亩施腐熟的猪牛栏粪或鸡鸭粪 2 000 ~ 3 000kg、硫酸钾 20kg、过磷酸钙 60kg 做基肥，整畦拉沟覆土。全生育期 N、P、K 比例为 2：1：2，肥料的施用由稀到浓，苗期薄肥勤施。因槟榔芋属忌氯作物，施用含氯肥料易致品质降低，引起食用没有浓香和酥松的感觉，甚至煮不烂。钾肥应施用硫酸钾，如施用草木灰更好。钾肥应早施，同时也要适量施用氮肥，保证成熟叶片健壮生长。后期要严格控制肥水供给，慎用氮肥，促进芋柄、芋叶养分的转化和运输累积，增加产量及提高品质。

（1）苗期：3 月上旬气温逐步升高，叶片充分展开，芋株高 30 ~ 35cm 时，薄肥勤施，在植株的两旁挖穴施入猪、牛栏粪，菇菌类种植土或生物有机肥等腐熟有机肥料，每株 1.0kg，每亩施有机肥 1 100kg。猪、牛栏肥不能接触到叶柄、叶片，也不能离植株太近，以防伤苗。4 月中下旬浇施人粪尿每亩施 1 100kg 加 15% 三元复合肥 6.0kg 的液态水肥，并每次施肥后应进行小培土覆盖。

（2）结芋期：5 月中旬结合中培土在植株周边施肥，结芋期钾肥施用量占全生育期钾肥用量的 50%。亩施硫酸钾 25kg、45% 的三元复合肥 25kg、碳酸氢氨 30kg 或人粪尿 1 100kg。隔 15d 后芋株已完成分株，具有 5 ~ 8 张大叶，长势最旺期，亩施 45% 三元复合肥 30kg、草木灰 100kg 和饼肥 270kg，并进行最后一次培土。先将芋株用草绳束状捆绑，以免培土碰伤芋叶，培土致整个畦面高于原来种植时的畦面 35～40cm。

5. 水分管理

"褒美"槟榔芋生育期对水的要求较严格。早期怕水、中期需水、后期少水。后期科学排水是提高芋头品质的关键，但也需防止因失水而致芋叶萎蔫，应根据不同时期进行水分管理。

（1）分株前期：同安区 2～3 月雨水偏多，地势低及粘质土易积水的田块四周应开深沟排水，畦整成中间略高，两边稍低，以防芋田和芋畦积水，土壤持水量在 60%～70%。

（2）分株盛期：分株盛期保持土壤见黑不见白的湿润状态。同安区 2—3 月属雨季不缺水，对于粘质土、低洼地要降低土壤湿度。随后因芋叶片数增加、叶面积增大，要逐步加大供水量。

（3）结芋期：此期地下部、地上部生长量大，且气温高、土壤水分蒸发量和植株水分蒸腾量都大，是芋田耗水量最多的时期。芋田应保持 1/3 至半沟水，潮湿上垅。日灌夜排最好，以满足芋株对水的需求，但也要防止因湿度过大导致病害暴发。

（4）成熟期：水分直接影响糖类转化，收获前 20d 应排干沟内积水，降低田间和土壤湿度，促进叶柄、叶片养分转化并向贮藏器官转移，使糖类顺利转化为淀粉提高品质。霜降后，芋叶变黄，根系生长逐渐衰弱，槟榔芋即转入成熟期。

（三）病虫害管理

1. 主要病虫害

槟榔芋全生育期发生病虫害相对较少，主要的害虫是斜纹夜蛾、蛴螬、蚜虫；主要病害有芋疫病、芋软腐病。按照"预防为主、综合防治"的植保方针，坚持以农业防治、物理防治、生物防治为主，化学防治为辅的低害化防治原则。

2. 农业防治

合理布局，实行轮作，清洁田园，加强中耕除草，降低病虫数量，在母芋膨大初期结合培土，亩用 10～15kg 山茶籽饼粉撒施于植株茎基部防治蛴螬等地下害虫。铲除发病病株，选晴天及时拔除病株并带出田外烧毁，于病株穴中撒施少量生石灰。合理施肥，科学灌水。

3. 化学防治

禁止使用国家明令禁止的高毒、剧毒、高残留的农药及其混配农药品种。使用药剂防治应符合农药安全使用标准（GB 4285）、农药合理使用准则（GB/T8321）的要求。注意轮换用药，合理混用，防止和推迟病虫害抗性的产生和发展。严格控制农药安全间隔期。

（1）斜纹夜蛾：在低龄幼虫期喷施 10 亿 PIB/g 斜纹夜蛾核型多角体病毒可湿性粉剂 50 ~ 60g/亩，或 200g/L 氯虫苯甲酰胺悬浮剂 5 ~ 10mL/亩，或 150g/L 茚虫威悬浮剂 10 ~ 18mL/亩，或 50g/L 虱螨脲乳油 40 ~ 50mL/亩等。

（2）蚜虫：在害虫发生初期喷施，0.3% 苦参碱水剂 168 ~ 192mL/亩，或 10% 溴氰虫酰胺可分散油悬浮剂 10 ~ 14mL/亩，或 200g/L 吡虫啉可溶液剂 5 ~ 10mL/亩，或 25g/L 溴氰菊酯乳油 40 ~ 50mL/亩等。

（3）芋疫：发病初期喷施 50% 烯酰吗啉可湿性粉剂 30 ~ 50g/亩，或 40% 三乙膦酸铝可湿性粉剂 235 ~ 470g/亩，或 687.5g/L 氟菌·霜霉威悬浮剂 60 ~ 75mL/亩，或 72% 霜脲·锰锌可湿性粉剂 133 ~ 180g/亩等。

（四）采收

适时采收品质好、产量高。待全株茎叶变黄枯萎时，及时采收。一般双手手心相对、十指紧握芋头、左右旋转 2 ~ 3 次后拔起芋头（母芋），芋子可留在土壤中越冬作翌年种芋。

（五）留种

母芋收获后，应培土覆盖田芋空穴，选择无病田块健壮植株的子芋留在田间越冬作为明年的种芋。加强种芋的越冬管理，注意防寒防冻，保持畦面湿润，保证种芋正常生长。

二十二、生姜无公害生产技术规程

莲花后埔、汀溪新路种植的台湾生姜 2 号，因姜顶带红，姜肉嫩、白，姜长、清、肥大，嫩美鲜食渣少、辣味适中、口感佳等特点，深受消费者欢迎。产品还远销浙江、广东、上海、江西等省市，种植规模不断扩大，成为了同安区重要的"一村一品"特色产品。

（一）品种选择

根据栽培目的和市场要求选择优质、丰产、抗逆性强、耐贮运的优良品种，如台姜二号等。选姜块肥大饱满、皮色有光泽、肉色鲜黄、不干裂、不干缩、不腐烂、未受冻、质地硬、无病虫为害和无机械损伤的健康姜块做种。

（二）播种前准备

1. 姜种处理

（1）晒姜：播种前 10～20d，用清水洗净姜种上的泥土后，平摊在背风向阳的平地上或草席上，晾晒 1～2d。不可暴晒，中午遇阳光强烈时可用遮阳网或草席遮阴，以免失水过多，造成出芽细弱。傍晚收回室内。将晒好的姜种堆于室内并盖上草帘，堆放 3～4d。剔除瘦弱干瘪、质软变褐的劣质姜种。

（2）掰姜种（切姜种）和浸种：将姜掰（或用刀切）成 70～100g重的姜块，同时再进行一次块选和芽选，留壮去劣。每块姜种上保留一个壮芽（少数姜块也可保留两个壮芽），其余幼芽全部掰除。采用70%甲基硫菌灵 1 000 倍液浸种 20min，或用 1% 石灰水浸种 30min 后，取出晾干。

（3）催芽：于播种前 20d 进行。在相对湿度 80%～85%、设定温度为 23～28℃条件下变温催芽。即前期 23℃左右，中期 26～28℃左右，后期 24℃左右。催芽期为 20d 左右。当幼芽长度达 1～1.5cm 左右时即可播种。形态上要求幼芽黄色鲜亮，顶部钝圆，芽基部仅见根的突起的短芽。

2. 姜田整理

耕地前，将基肥均匀撒于地表，然后翻耕 25cm 以上，细耙 2～3遍，整细耙平，起垄作畦，采用高畦栽培，整成宽带沟 1.2m，高 30cm，沟宽 20～22cm 左右的种植畦。

3. 施足基肥

根据测土配方施肥技术成果，结合生产实际施肥情况，N：P_2O_5：K_2O 比例为 1：0.3：1.55。目标产量为鲜姜 2 000kg/亩，需 N 12kg、P_2O_5 1.2kg、K_2O 18.6kg。施肥掌握"重施有机肥，早施追肥，增施钾肥，适量施用中、微量元素"的原则。每亩施优质有机肥 1 500～2 000kg，豆饼 80～100kg，氮肥（N）12～14kg，磷肥（P_2O_5）1.2～1.5kg，钾肥（K_2O）18～20kg，硫酸锌 1～2kg，硼砂 0.5～1kg，与有机肥混匀施。中、低肥力土壤施肥量取高限，高肥力土壤施肥量取低限。

基肥：施用有机肥总用量的 100%、氮肥（N）的 60%、磷肥（P_2O_5）的 100%、钾肥（K_2O）的 60% 以及全部微肥。

（三）播种

1. 播种期

收获嫩姜：设施栽培于 12 中旬播种，露地栽培于 1 月上中旬播种。收获老姜：于 2 月上中旬播种。

2. 播种密度

收获嫩姜：露地栽培每亩种植 6 000～7 500株（行距 60cm，株距 15～18cm），用种量 500～750kg；设施栽培：为提早收获，采用大种量高密度栽培，每亩用种量 1 500～2 000kg。收获老姜：每亩种植 5 000～5 500株（行距 60cm，株距 20～22cm），用种量 400～500kg。

3. 播种方法

按行距开种植沟（双行种植），在畦心（中间）处开施肥沟，施基肥后，将肥土混匀后耙平。将种植沟浇足底水，水渗下后，将姜种竖播植在沟内（芽朝上），放好姜块后，用手轻轻按入土中。播种后随即用潮湿的细土覆盖 3～4cm，耙平畦面。

（四）田间管理

1. 中耕除草与培土

在幼苗期，结合浇水、除草，浅中耕 1～2 次。植株进入旺盛生长期，结合追肥、浇水进行培土。松土保墒，每次中耕结合小培土，旺盛生长期一次中培土；封行前一次大培土。全生育期共培土4次。

2. 肥水管理

（1）科学管水：①出苗80%时浇一次水。雨季要注意排水，防止田间积水。浇水和雨后遇晴天及时松土。②幼苗期土壤含水量应保持在田间持水量的75%左右为宜，及时排灌，浇水和雨后遇晴天时及时松土。③旺盛生长期土壤含水量应保持在田间持水量的80%为宜，视墒情每隔4~6d在早上或傍晚时浇一次水。春季遇雨应做好排水防涝。收获老姜的生长中后期保持湿润灌溉为宜。

（2）合理施肥：于姜苗高30cm左右，具有1~2个小分枝时，进行第一次追肥，追施氮肥（N）总量的15%；三权期前后进行第二次追肥，追施氮肥（N）总量的15%、钾肥（K_2O）总量的20%；根茎膨大期进行第三次追肥。追施氮肥（N）总量的10%、钾肥（K_2O）总量的20%。第一次、第二次追肥一般用开沟或穴施，施后覆土，施肥深度以5~10cm为宜。第三次追肥在姜苗一侧15cm处开沟，施后覆土，施肥深度以10~15cm。收获老姜的在根茎膨大期中后期结合灌水再追施一次肥。

（五）病虫害管理

1. 主要病虫害

主要病害有姜瘟病、姜斑点病、炭疽病等病害。

主要虫害有甜菜夜蛾、小地老虎、斜纹夜蛾、姜螟（钻心虫）、蛴螬等，大多发生于苗期。

2. 防治方法

（1）防治原则：按照"预防为主，综合防治"的原则，优先采用农业防治、生物防治、物理防治，必要时进行化学防治，不准使用国家明令禁止的高毒、高残留农药。

（2）农业防治：实行两年以上轮作，注重水旱轮作；避免连作或前茬为茄科植物；选择地势高燥、排水良好的壤质土；精选无病害姜种；

测土配方，平衡施肥；采收后及时清除田间及周围病株残体，并集中烧毁，保证田间清洁。

（3）生物防治：①保护利用自然天敌：应用化学防治时，尽量使用对害虫选择性强的药剂，避免或减轻对天敌的伤害。②释放天敌：在姜螟或姜弄蝶产卵始盛期和盛期释放赤眼蜂，或卵孵盛期前后喷洒 Bt 制剂（孢子含量大于 100 亿/mL）2～3 次，每次间隔 5～7d。③选用生物源药剂：可用 1.8% 阿维菌素乳油 2 000～3 000 倍液喷雾，或灌根防治姜蛆。利用硫酸链霉素、新植霉素或卡那霉素 500mg/L 浸种防治姜瘟病。

（4）物理防治：采取杀虫灯、黑光灯、1＋1＋3＋0.1（重量比例）的糖＋醋＋水＋90% 敌百虫晶体溶液等方法诱杀害虫；使用防虫网；人工扑杀害虫。在姜田播种后，每亩放置性诱剂诱虫灯 4～6 个，内放置不同昆虫科目的性诱剂，诱捕鳞翅目成虫。

（5）化学防治：使用农药时，应执行 GB4285 和 GB/T8321 的规定，不准使用无"三证"农药和高毒、高残留农药或具有"三致"（致癌、致畸、致突变）作用的农药。主要采用喷雾法。若只有植株局部位受害时，可采用局部（发病中心）集中喷施。化学防治要注意各种农药的间隔期，在收获前 15d 停止用药。

3. 常见病虫害的防治技术

（1）姜瘟病（姜腐烂病）：采用 1% 波尔多液浸种 20min，或用草木灰浸出液浸种 20min，或用 1% 石灰水浸种 30min 后，取出晾干备播。发现病株及时拔除，并在病株周围用 46% 氢氧化铜水分散粒剂 1 000～1 500 倍液，或 3% 中生菌素可湿性粉剂 600～800 倍液灌穴消毒，每穴灌 0.5～1L。发病初期，喷施 8 亿个/g 蜡质芽孢杆菌可湿性粉剂 600g/亩，或 10 亿 CFU/g 多粘类芽孢杆菌可湿性粉剂 600g/亩；或 46% 氢氧化铜水分散粒剂 50g/亩。10～15d 喷一次，连喷 2～3 次；或用 46% 氢氧化铜水分散粒剂 1 000～1 500 倍液，或 3% 中生菌素可湿性粉剂 600～800 倍液灌根，7d 喷一次，连用 2～3 次。发现病株后，在灌水时不要漫灌，以阻断病原扩散。

（2）姜斑点病：发病初期喷施 70% 甲基硫菌灵可湿性粉剂 1 000 倍

液，或64%恶霜·锰锌可湿性粉剂1 000倍液，7～10d喷一次，连续喷2～3次。

（3）姜炭疽病：炭疽病多发期到来前，用60%唑醚·代森联水分散粒剂60～100g/亩，或50%咪鲜胺锰盐可湿性粉剂38～75g/亩，或50%戊唑·嘧菌酯悬浮剂18～24g/亩，或75%肟菌·戊唑醇水分散粒剂10～15g/亩。7～10d喷一次，连续喷2～3次。

（4）螟蛾科、夜蛾科害虫：叶面喷施150g/L茚虫威悬浮剂5～10mL/亩，或200g/L氯虫苯甲酰胺悬浮剂5～10mL/亩，或60g/L乙基多杀菌素悬浮剂20～40mL/亩，或10%溴氰虫酰胺可分散油悬浮剂10～18mL/亩。7～10d喷一次，喷2～3次。

（5）小地老虎：在1～3龄幼虫期，亩用1%阿维菌素颗粒剂1 500～2 000g，或2%吡虫啉颗粒剂1 000～1 500g/亩伴细砂撒施；也可用200g/L氯虫苯甲酰胺悬浮剂5～10mL/亩，或5%高效氯氟氰菊酯微乳剂7.5～10mL/亩喷雾防治等。兼治姜蛆、蛴螬、蝼蛄等地下害虫。

（6）姜弄蝶：低龄幼虫期用喷施200g/L氯虫苯甲酰胺悬浮剂5～10mL/亩，或60g/L乙基多杀菌素悬浮剂20～40mL/亩，或10%溴氰虫酰胺可分散油悬浮剂10～18mL/亩，或150g/L茚虫威悬浮剂5～10mL/亩等。

（六）采收

1. 采收时间

有收嫩姜和收老姜两种。收嫩姜：在旺盛生长期采收，用于鲜食或加工。设施栽培在5月中、下旬采收、露地栽培6月上旬至7月上旬收获。收老姜：于11月下旬至12中下旬，地上茎叶开始枯黄时采收。

2. 采收方法

收获前2～3d，先浇小水使土壤充分湿润、疏松，将姜株拔出或刨出，轻轻抖掉泥土，然后从地上茎基部以上2cm处削去茎秆。摘除根须后，将姜种与嫩姜或老姜分开，分级包装。可用竹、藤、硬塑、泡沫材料等不同分装规格、数量，并具透气性良好的包装容器，以提高档次。

不要大量堆积存放。

二十三、胡萝卜无公害生产技术规程

胡萝卜属伞形花科二年生草本生植物，具有产量高、适应性广、病虫害少、耐贮藏和营养价值高等特点，是厦门最大宗出口蔬菜。厦门市胡萝卜生产基地 2 万多亩，其中绝大部分分布在翔安区，但近年同安区种植面积逐步扩大，成为部分农民专业合作组织、企业和农民增加效益和收入的主要来源之一。

（一）品种选择

胡萝卜为秋冬季栽培，宜选用抗病、优质丰产、抗逆性强、适应性广、肉质根为长圆柱形、芯、肉、表皮深红色、表皮光泽、商品性好、品质佳（含糖分较高）、成品率高、耐运输和贮藏的品种。早熟品种可选择日本红星、超早三红和日本黑田五寸等；中晚熟品种有日本坂田七寸（"SK4 – 316"）、中厦七寸、中厦 5585、助农大根、助农七寸和胜利红等。

（二）整地作畦

选择土层深厚肥沃、排灌方便、土质疏松、富含有机质的沙壤土或壤土，结合整地，每亩掺无污染的海土 1 ~ 1.5m³、海沙 4 ~ 5m³ 进行土壤改良后，再施 200 ~ 300kg 商品有机肥或充分腐熟的农家肥 1 000 ~ 1 500kg、复合肥（$N – P_2O_5 – K_2O$ 15 – 15 – 15）50kg、过磷酸钙 50kg、硫酸钾 25kg；施肥后深耕 25 ~ 35cm、晒白，耙平后作畦，采用高畦窄沟栽培方式，畦高 25 ~ 35cm，畦宽 1.0 ~ 1.2m。

（三）适时播种

适播期在 9 月至 11 月。采用点播方式，每畦播 4 ~ 5 行，株距 6 ~ 8cm，每亩用种量为 0.15 ~ 0.25kg。播种后用细化的牛粪干、蘑菇土或土杂肥盖种，后浇水。

（四）田间管理

1. 除草

芽前封闭除草，可采用化学除草剂，苗期应进行中耕除草，在中耕除草的同时结合培土，把畦沟的土壤培于畦面。

2. 浇水

播种后保持湿润促出苗，齐苗后控水适蹲苗，块根膨大期均衡供水保持土壤湿润（持水量65%～80%）促高产，后期排水防裂根。

推广微喷灌技术：可采用水泥（石）柱架空式微喷灌、PVC管微喷灌、喷水带微喷灌等固定或半固定式节水灌溉技术，不但节水、省工，而且栽培出来的胡萝卜生长均匀、产量高、商品性好。

3. 施肥

应根据土壤肥力、品种及目标产量（按5 000kg/亩计算）确定追肥时间和施肥量。$N : P_2O_5 : K_2O$ 推荐比例为 $1 : 0.3 : 1.7$。胡萝卜一般追肥二次，播种后 $30～40d$ 进行第一次追肥，施复合肥（$N-P_2O_5-K_2O$ 15－15－15）$50～60kg$ 或施尿素 $18～20kg$、硫酸钾 $15～20kg$；在肉质根膨大期进行第二次追肥，施氮磷钾复合肥（$N-P_2O_5-K_2O$ 15－15－15）$30～50kg$、硫酸钾 $10～20kg$ 或施尿素 $10～16kg$、硫酸钾 $20～35kg$。施肥时，于行间开沟施入，然后覆土，随即浇水，每次施肥应结合培土，封行时，应进行一次高培土，防胡萝卜基部"露青"影响品质。

（五）病虫害防治

1. 主要病虫害

软腐病、白粉病、黑斑病、黑腐病、根结线虫病。地老虎、蛴螬、蚜虫、蓟马、粉虱。

2. 农业防治

合理布局，实行轮作倒茬，清洁田园，减少病虫源。

3. 常见病虫害的发生与防治

禁止使用国家明令禁止的高毒、剧毒、高残留的农药及其混配农药品种。使用药剂防治应符合农药安全使用标准（GB 4285）、农药合理使用准则（GB/T8321）的要求。注意轮换用药，合理混用，防止和推迟病虫害抗性的产生和发展。严格控制农药安全间隔期。

（1）黑斑病：黑斑病是胡萝卜的主要病害，多发生于生长后期。一般雨季，植株长势弱的田块发病重。病原真菌在种子或随病残体散落地表和土壤中越冬，植株发病后病部产生分生孢子，借风雨和灌溉水传播，经气孔或穿透表皮侵入。

该病害主要为害叶片、叶柄和茎秆。叶片多从叶尖或叶缘发病，产生褐色小病斑，有黄色晕圈，扩大后呈不规则形黑褐色、内部淡褐色病斑，后期叶缘上卷，从下部枯黄。潮湿时病斑上密生黑霉，茎、花柄发病，产生长圆形黑褐色稍凹陷病斑，易折断。

（2）白粉病：发生于9—10月降雨少的干燥年份，当气温达到20℃左右（10—11月）时发生并蔓延。早播或多肥造成茎叶繁茂时，病害随之提前发生，为害严重。白粉病主要危害叶片和茎，下部叶片的叶背和叶柄生成白色或灰白色粉状斑点，不久，叶表面和叶柄表面布满灰白色霉层，并波及上叶。严重时，下部叶片变黄而枯萎，叶片和叶柄上出现小黑点。

白粉病、黑腐病、黑斑病真菌性病害防治：可播前用种子重量0.3%的50%福美双或70%代森锰锌拌种；在发病初期喷施10%苯醚甲环唑水分散粒剂35~50g/亩，或35%氟菌·戊唑醇悬浮剂20~25mL/亩，或250g/L嘧菌酯悬浮剂60~90mL/亩，或500g/L异菌脲悬浮剂50~100mL/亩。

（3）细菌性软腐病。

田间和贮藏期均可发生，雨水多或高温湿闷、地下害虫为害重的田块发病重。病原细菌在病根组织内或随病残体在土壤中，或在未腐熟的土杂肥内存活越冬，寄主广泛，可借地下害虫、灌水及雨水溅射传播。该病害主要危害肉质根，生育期发病，植株地上部变黄萎蔫，病根初呈湿腐状病斑，扩大后形状不变，肉质根软化、腐烂，有臭味。

防治方法：可用3%中生菌素可湿性粉剂600~800倍液，或20%噻森铜悬浮剂300~500倍液灌根。发病初喷46%氢氧化铜水分散粒剂

40～60g/亩，或2%春雷霉素水剂140～175mL/亩，或48%琥铜·乙膦铝可湿性粉剂125～180g/亩。隔7～10d1次，连续防治2～3次。

（4）地下害虫：地老虎以幼虫在夜间咬食幼苗，导致胡萝卜缺苗断垄，根部分叉。根部有蛴螬危害导致胡萝卜叶子萎缩。

防治方法：翻耙前应做好地下害虫的预防工作，2%吡虫啉颗粒剂1 000～1 500g/亩，或0.5%阿维菌素颗粒剂3 000～6 000g/亩撒施。幼虫用200g/L氯虫苯甲酰胺悬浮剂3～5mL/亩，或5%高效氯氟氰菊酯微乳剂7.5～10mL/亩等喷雾防治。

（六）采收

根据品种特性，待肉质根充分膨大、符合农药安全使用间隔期、符合上市或加工要求即可采收。

二十四、结球生菜无公害生产技术规程

结球生菜营养丰富、口感独特、可鲜食，深受人们的喜爱。同安区三秀山蔬菜专业合作社曾与厦门佳萌进出口公司、厦门天虹超市、厦门航空港食品有限公司等签订了年销售合同，带动了结球生菜种植面积的逐步扩大，成为同安区发展订单农业的优势特色农产品。

（一）栽培管理

1. 播种期

同安区在9月至翌年的2月均可种植，但以9—12月播种较适宜。过早种植由于高温作用早抽苔，过迟种植则在生长后期易遇到春雨季节，生长发育差，病害易发生。

2. 培育壮苗

（1）种子质量：应选用经国家和省种子审定委员会审定通过的优质、高产、抗逆性强、生育后期保绿期长的优良品种，种子纯度≥95%，净度≥98%，发芽率≥80%，水分≤7%。

（2）品种选择：选用优质高产、抗病虫、抗逆性强、适应性广、商品性好的品种。目前主要品种有射手102、102号、维纳斯等。

3. 播种育苗

（1）播种方式：可采用苗床育苗或穴盘育。旬平均气温高于10℃时在露地育苗，低于10℃时在保护地育苗。9月露地育苗注意用遮阳网覆盖，遮阳防雨，降温保湿。每天早、晚各喷水1次，保持土壤湿润。

（2）种子处理：种子发芽适温15～30℃。为了促进发芽，应进行催芽处理。方法为：先用清水浸泡4～6h，搓洗捞出后用湿纱布包好，放阴凉处，每天用清水冲洗一遍，保湿催芽，当70%种子露白时及时播种。若播种时气温高于32℃以上，种子须进行低温催芽：将种子用水浸湿后放纱布包中，置放在5～8℃的冰箱冷藏室中存放24h，再将种子置阴凉处保湿催芽，种子露白时即可播种。

（3）苗床育苗：育苗前应充分深翻松土进行日晒，苗床土力求细碎、平整，每10m² 施腐熟的农家肥10～20kg，过磷酸钙0.5kg，撒匀，翻耕，开畦，畦宽1.2m，沟宽0.4m，整平畦面。播种前浇足底水，在畦面上撒一薄层过筛细土（沙），随后播种。一般每亩大田需苗床8～10m²，播后盖细土0.5cm，喷洒水浇透，然后盖上遮阳网，之后保持苗床湿润直至出苗。一般每亩用种量20～30g。

（4）穴盘育苗：常用的基质为草炭、蛭石，按2：1的比例拌匀，农村自制基质为：腐熟的鸡粪、牛粪、细土按1：1：1的比例拌匀。新穴盘直接使用，旧穴盘须洗净，并用高锰酸钾1 000倍液消毒后使用。采用128孔或105孔穴盘，每穴播种1～2粒。播种方法：将填好基质的育苗盘每穴轻按约0.5cm深的小洞，放入种子，盖上育苗基质或园艺蛭石（粒径0.3cm以下）至穴平，然后搬到育苗棚内，并做好防风雨措施，早、晚各喷一次水，直至出苗。

（5）苗期管理：播种后3～5d幼苗出土后，及时撤去畦面上的遮阳网。注意控水防徒长，遮阴防暴晒。两叶一心时进行间苗或分苗，间苗1～2次，苗距3cm，去掉病苗、弱苗、杂苗和杂草，间苗后覆土。床土浇水宜浇小水或喷水，要保持床面见干见湿，避免水分过多，造成菜苗徒长。定植前5d浇透水，苗高5～7cm，3～5叶时即可大田定植。

4. 移栽

（1）整地，施基肥：两犁两耙，开畦种植。在第一次犁耙时，每亩施腐熟鸡鸭粪 1 500～2 000kg，全层施用。常年生产中后期易发生心腐病（原因多由缺钙引起），每亩可施海蛎壳灰 80～120kg 可减少该病发生。在第二次犁耙时，根据双行或单行种植方式起畦，开畦时施 45% 三元复合肥 25kg。同时根据地块地形开好十字沟、环田沟和田外排水沟，以利排灌方便。厦门地区可采用地膜覆盖种植，以有效地提高地温，保肥保水，抑止杂草生长，此方法可使采收季节提前 7～10d。

（2）种植规格：采用双行种植：畦宽 90～100cm（带沟），沟深 20～30cm，株距 30～35cm，每亩可栽植 4 000～4 500株。

5. 田间管理

结球生菜全生育期生长发育历经阶段：缓苗长棵期、莲座期、结球期、成熟期。施肥原则为：在施足基肥的基础上，适量提升氮肥施用量，并以轻施缓苗肥，重施成球肥为基本施肥原则。氮、磷、钾施用比例为 1：0.3：1，每亩总氮量控制在 12～18kg。水分管理上，结球生菜喜湿润怕涝渍，苗期土壤水分应保持在田间持水量的 50%～60%（俗称"沟底黑"）。中后期灌水应十分谨慎，不能过湿。

（1）缓苗长棵期：定植后要浇足定根水，栽植后 3～4d 内应保持土壤湿润保苗成活。定植苗成活后（5d 左右）查穴补苗。缓苗后，及时浇缓苗水和轻追化肥，每亩用尿素 5kg，促进发棵生长。施肥后应结合中耕轻培土保墒情。

（2）莲座期：莲座前期，一般可蹲苗 5～7d 左右，促进根系根系下扎壮根，并保持耕层土壤疏松干燥、下层土壤湿润，促进平稳生长。植株进入莲座中后期，生长迅速，要注意浇水追肥，保持土壤湿润。在两株中间挖小穴施肥，穴深 10～12cm，每亩施 45% 三元复合肥 10～12kg，施后穴口覆土，为接下的生殖生长期累积足够的养分供应。

（3）结球期：重施结球肥，心叶内卷时每亩再施 45% 三元复合肥 15kg，结合中耕培土，畦边开沟或行间挖穴深施。以后一般不再施肥，但可根据后期植株长势，叶面喷施 0.3% 磷酸二氢钾或 2% 尿素液肥 1～

2次。

（4）收获期：叶球充分长大、结球紧实时即可采收。收获前应控制水分，收获时剥除外部老叶，外运产品留3~4片外叶保护叶球。

（二）病虫害防治

1. 常见病虫害

常见的虫害有粉虱、蚜虫、地种蝇、斜纹夜蛾、甜菜夜蛾、美洲斑潜蝇等。常见的病害有软腐病、霜霉病、灰霉病等。

2. 病虫害防治原则

坚持"预防为主，综合防治"的植保方针，重视生物防治和性诱剂诱虫灯的应用推广，以期达到"安全、有效、经济"之防治目的。

（1）农业防治：注意合理水旱轮作，及时清理田园杂物，减少病虫源。选择抗病品种，合理密植，加强田间管理，科学施肥，培育健壮植株。

（2）物理防治：根据害虫种类选择相应的昆虫信息素，每亩放置性诱剂诱虫瓶4~6盏，诱捕害虫；每亩悬挂30~40片诱虫板诱杀粉虱、蚜虫等。

（3）化学防治：积极推广植物源农药和生物农药，农药使用按GB 4285和GB/T 8321规定执行，禁止使用国家规定的禁限用农药。收获期前20d禁止施用化学农药。

3. 常见病虫害管理方法

（1）软腐病：生菜软腐病是一种细菌性病害，该病借雨水、灌溉水及害虫传播蔓延，低温季节、连阴雨天易发病，收获延迟时病害迅速增加，连年种植易发病。植株发病首先从叶片的边沿开始，病叶呈水浸状，并逐步由淡褐色变为暗绿色，部分叶肉组织枯死，叶片皱缩。结球期，外叶中脉或叶缘出现淡褐色水浸状病斑，然后叶脉迅速褐变、软腐，叶球表面形成一种薄纸状褐变枯死叶。

防治方法：①农业措施。实行高垄栽培，加强田间排水，降低田间湿度，同时要适时收获。进行轮作倒茬。及时防治害虫，消灭传播媒

147

介。②药剂防治：发病初期用2%春雷霉素水剂140～175mL/亩，或46%氢氧化铜水分散粒剂40～60g/亩，或48%琥铜·乙膦铝可湿性粉剂130～180g/亩，或20%噻菌铜悬浮剂83.3～166.6g/亩喷雾防治。

（2）霜霉病：此病从幼苗到收获各阶段均可发生，以成株受害较重。病菌喜低温高湿环境，发病温度范围为1～25℃；发病环境温度为15～20℃，相对湿度95%左右；最适感病生育期为成株期。主要为害叶片，由基部向上部叶发展。发病初期在叶面形成浅黄色近圆形至多角形病斑，空气潮湿时叶背产生霜霉状霉层，有时可蔓延到叶面。后期病斑连片枯死，呈黄褐色，严重时全部外叶枯黄死亡。

药剂防治：发病初期喷施250g/L嘧菌酯悬浮剂60～90mL/亩，或687.5g/L氟菌·霜霉威悬浮剂60～75mL/亩，或50%烯酰吗啉可湿性粉剂60～100mL/亩，或72%霜脲·锰锌可湿性粉剂133～180g/亩，或722g/L霜霉威盐酸盐水剂等。

（3）灰霉病：生菜灰霉病菌在土壤中越冬借气流传播，寄生衰弱或受低温侵袭，相对湿度高于94%，发病适温为20～25℃。在苗期染病，受害茎、叶呈水浸状腐烂；成株染病，始于近地表的叶片，初呈水浸状，后迅速扩大，茎基腐烂，疮面上生灰褐色霉层，天气干燥，病株逐渐干枯死亡，霉层由白变绿，湿度大时从基部向上溃烂，叶柄呈深褐色。

防治方法：①及时处理前茬作物病残体，集中烧毁或深埋，并对地表土进行消毒处理，并及时深翻，减少菌源。②药剂防治：发病初期喷施22.5%啶氧菌酯悬浮剂30～40mL/亩，或400g/L嘧霉胺悬浮剂63～94mL/亩，或500g/L异菌脲悬浮剂50～100mL/亩，或20%二氯异氰尿酸钠可溶粉剂187.5～250g/亩，或250g/L嘧菌酯悬浮剂60～90mL/亩等。

（4）粉虱、蚜虫：粉虱、蚜虫为常见虫害，各个生长期均可发生。主要以若虫为害，集中在叶背面或嫩叶吸取汁液，造成叶片褪色、变黄、萎蔫，严重时植株枯死。为害时还分泌密露，污染叶片，引起霉菌感染，影响植株光合作用，严重影响产量和品质。

防治方法：①及时处理作物病残体，集中烧毁或深埋，减少虫源。②药剂防治：在虫害发生初期喷施，10%溴氰虫酰胺可分散油悬浮剂30～40mL/亩，或200g/L吡虫啉可溶液剂5～10mL/亩，或22.4%螺虫乙酯悬浮剂20～30mL/亩，或25%噻虫嗪水分散粒剂2～3g/亩等。

（5）斜纹夜蛾、甜菜夜蛾：属鳞翅目，夜蛾科，寄主范围广泛，周年均可发生，间歇性大发生害虫。两种夜蛾都是喜高温高湿的环境，持续高温、闷热、时有阵雨的天气最适两虫发育，虫口密度上L较快。初孵幼虫群聚咬食叶肉，2龄后渐分散，仅食叶肉，3龄后进入暴食期，食叶成孔洞、缺刻，可蛀入叶球、心叶，并排泄粪便，造成污染和腐烂，不能形成叶球，使之失去商品价值。

防治方法：①诱杀成虫：频振式杀虫灯诱杀成虫、性信息素诱杀。②农业防治：防虫网覆盖，人工摘卵和捕捉幼虫。③生物防治：16 000 IU/mg苏云金杆菌可湿性粉剂50～100g/亩喷雾防治。④昆虫生长调节剂防治：20%灭幼脲悬浮剂25～38mL/亩，5%氟铃脲乳油40～75g/亩。⑤化学防治：150g/L茚虫威悬浮剂10～18mL/亩，或1.8%阿维菌素乳油30～40g/亩，或200g/L氯虫苯甲酰胺悬浮剂5～10mL/亩等喷雾防治。

（6）美洲斑潜蝇：美洲斑潜蝇成虫和幼虫均能造成迫害，但以幼虫为主。成虫吸食叶片汁液，并在叶面下刺孔将卵产于孔内。卵孵化成幼虫需3～5d。幼虫蛀食叶肉造成叶片蛇形不规矩的白色虫道，损坏叶绿素，影响光合作用，产生严重时整株叶片无一完好，可使叶片丧失功效，进而造成植株早衰，严重影响产量。

防治方法：①利用成虫具有趋黄性，用黄板诱杀；也可在成虫始盛期至盛末期，采用灭蝇纸诱杀成虫，每亩设置20～30张诱虫板诱杀成虫，约30d更换一次。②药剂防治：防治成虫宜在凌晨或傍晚成虫大批呈现时喷性药。防治幼虫宜在幼虫低龄期，最好选用兼具内吸和触杀作用的杀虫剂。用1.8%阿维菌素乳油30～40g/亩，或2.5%高效氯氟氰菊酯水乳剂40～60mL/亩，或30%灭蝇胺可湿性粉剂27～33g/亩，或10%溴氰虫酰胺可分散油悬浮剂10～14mL/亩。喷药要均匀，同时要特别留心轮换交替用，避免其产生抗药性。

（三）收获

1. 适时采收

叶球充实饱满，用手压时松软适合，不要有坚硬手感为宜，用刀纵切开可见内部叶片有一定间隙，未抽苔。

2. 采收时间和技术

按照质量标准要求多次采收，每次只采符合标准的生菜。采收时间宜选择在晴天上午 9 时前或下午 4 时后进行。在采摘时用刀从根基部一刀截断，保留 2～3 片外叶，应用箩筐等透气性良好的盛装器具，不大量堆积存放，以免影响品质。

第二节 水果无公害生产技术规程

一、龙眼无公害生产技术规程

同安曾是全国六大龙眼产地之一，在 90 年代后期种植面积达 15 万亩（含翔安区），成为同安区农业龙头产业。目前，同安龙眼主要分布在五显镇、莲花、汀溪、洪塘、凤南农场以及新民镇西塘等地，品种结构得到不断优化，产业水平不断提升。

（一）园地选择与规划

1. 园地选择

选择海拔≤300m、坡度≤25℃、绝对最低气温≥-3℃、土层深厚、土壤肥沃、疏松、有机质含量≥1%、pH 值 5.5～6.5、水源充足、排水良好、交通方便、无严重风害和霜冻的园地。

2. 果园规划

根据果园面积大小，建设必要的主干路、支路和田间小路。山坡地须垦出等高水平梯田，缓坡地须建成较大丘的等高水平梯田。果园建设要做到：前有埂，后有沟，埂、沟、梯田面要水平，梯田面略向沟倾斜

5°左右，沟深宽 0.4m×0.4m；高坡地较易干旱，沟必须起作蓄水、蓄肥、保土的作用；低洼地（地下水位高的）龙眼树易受浸渍，沟起到排水作用。

（二）品种选择

选择适应本地气候土壤条件，优质、高产、稳产、抗逆性强、适应性广、商品性好的品种，如银早98、八一早、凤梨穗、东壁、石硖、松风本、立冬本、冬宝9号。

（三）定植

1. 种植密度

株行距（5～6）m×（6～7）m 为宜，平地和土壤肥力好的园地宜疏植，坡度较大土壤肥力差的可适当密植。

2. 定植穴准备

挖穴面长、宽各100cm，深80cm。每穴中、下层回填绿肥（稻秆）20～30kg，或土杂肥100～200kg、撒石灰粉2kg、钙镁磷肥1～1.5kg、饼肥3kg；上层可将表土与火烧土各半相拌，为种植用土，回填至高于地面20cm以上。定植前2～3个月挖好定植穴，沉实后定植。做到大穴、大肥、种植采用大苗，"三大"措施。

3. 定植时间

春植在2—4月，一般以春植为主；秋植在8—10月，秋梢萌发前或秋梢生长充实后进行。

4. 定植方法

种植时嫁接苗要剪平根系伤口；高压假植苗要去除假植培养袋，并保持培养土完整。定植培土时，种苗根颈部与地面平齐。种后培好树盘，浇足定根水，树盘盖草，注意及时浇水保湿，直至成活。

（四）土壤管理

1. 扩穴改土

龙眼种植后2～3年根系已布满定植穴，应进行扩土。扩穴改穴改土周年均可进行，在树冠相对两侧外围挖穴，穴长（100～150）cm×宽

（40～50）cm × 深（50～60）cm。每株回填绿肥 30～50kg，石灰粉 2kg，钙镁磷 2kg，土杂肥 50～100kg，分层压埋。第二年在植株的另两侧进行扩穴。

2. 中耕松土

在抽花前（2—3月）、采果前（7—8月）及冬季进行中耕，每年 2～3次，并结合施肥在树盘下除草松土。

3. 培土

秋冬两季进行，利用塘泥、火烧土、冲积土等培施。

4. 间种

在幼龄龙眼园，间种花生、毛豆、豌豆、西瓜等作物，并适时收割将藤蔓、枝条做果园覆盖或填埋改土。

5. 生草栽培

行株间提倡生草栽培，可选择印度豇豆、印尼绿豆、日本菁等绿肥作物，并适时刈割用于覆盖或压青。

6. 肥水管理

（1）施肥原则：根据龙眼对养分需求特点和土壤肥力状况科学配方施肥，选用肥料种类以有机肥为主，适量使用无机肥。人畜粪便等农家有机肥必须经过充分腐熟发酵处理后方可施用，禁止使用城市垃圾、污泥和未经无害化处理的有机肥，施用肥料应避免对环境和产品造成污染。

（2）施肥方法如下。

幼龄树：新植龙眼成活、新梢充实后即可追肥，提倡"一梢二肥"，在新梢萌动和新梢展转绿时各施一次。第一年每株每次施尿素 25～30g、氯化钾 15～20g、过磷酸钙 50～70g，或 50%腐熟人畜粪尿 3～5kg、加复合肥 30～50g。以后每年增加 50%至一倍的施肥量。新植龙眼成活、新梢充实后即可追肥，提倡"一梢二肥"，在新梢萌动和新梢展转绿时各施一次。第一年每株每次施尿素 25～30g、氯化钾 15～20g、过磷酸钙 50～70g，或 50%腐熟人畜粪尿 3～5kg、加复合肥 30～50g。以后每年增加 50%至一倍的施肥量。

成年树：一年施肥 4～5 次。年产 50kg 果实的龙眼树，年株施 N 1.0～1.25kg，其中有机氮应≥40%，N：P_2O_5：K_2O：CaO：MgO ＝ 1.0：（0.5～0.6）：（1.0～1.1）：0.8：0.4。①促梢壮花肥：于 2 月上旬施用，施肥量占全年的 20%～25%，以腐熟农家土杂肥或商品有机肥为主，氮磷钾肥配合施用，对旺壮树应适当减少氮肥施用量。②花前肥：在 4 月上旬（清明至谷雨），疏除花穗后开花前施用。施肥量占全年的 20%，以促进正常开花结果，提高坐果率，且疏穗后促进第一次夏梢的萌发和生长均有良好的作用。以速效氮肥为主，配合钾肥施用。③幼果肥：于 6 月下旬施用，施肥量占全年的 20%，氮磷钾肥配合施用，适当增施磷钾肥。④壮果肥：于采果前 20～30d 施用，施肥量占全年的 35%～40%，以氮肥为主，磷钾肥配合。⑤采后肥：采果后，对当年结果过多，树势较弱的植株再施一次肥，以氮肥为主，磷钾肥配合。以上施肥中 2 月和 8 月是重点。

（3）排灌水：多雨季节或果园积水时要及时排水，果实生长期和秋梢抽发期若遇干旱应及时灌水。

（五）树体管理

1. 整形修剪

幼年树整形：主干高 50cm，主枝留 3～4 条，每个主枝再配置付主枝 2～3 条，分布均匀，角度合适，把树冠修整成自然圆头形。

成年树修剪：以采后修剪为主，剪除干枯枝、病虫枝、过密枝、细弱枝、下垂枝、重叠枝、过密的直立骨干枝等。

2. 控制冬梢

对末次梢老熟有可能抽冬梢的旺壮树，于 11 月中下旬对果园进行全面深翻断根，深度 25cm，或在树冠滴水线外围挖环沟断根，深 30～40cm，待一个月后覆土。

3. 花果管理

疏花：在清明至谷雨进行。疏花量应根据树龄、树势而定，幼龄树、弱树多疏，成年树、壮树少疏。可采用以树定产，以产定穗的方式决定留花量,一般株产 50kg 的植株留 100 穗左右。清明前后疏者,在新旧梢交界处以下 1~2 节剪断;谷雨疏者,在新旧梢交界处剪断。同时结合剪除病虫枝、细弱枝、过密枝。

4. 花期放蜂

每 7~8 亩配置 8~10 箱蜂群。

5. 疏果

6 月上、中旬,果实黄豆大、第二次生理落果基本停止时进行。剪除病穗、空穗、过多的果穗,同时剪除生长细弱的春梢。疏果时,先疏果穗基部与中轴附近过密及横生小穗,最后疏去小果、病虫果、密生果、畸形果,果粒疏密适当。一般小果穗留 20~30 粒,中果穗留 40~50 粒,大果穗留 60~70 粒。

6. 根外追肥

喷洒次数根据植株生长状况而定,选用的肥料种类和浓度分别为硼砂 0.1%~0.2%,磷酸二氢钾 0.2%~0.3%、尿素 0.3%~0.5%。采果前 20d 停止使用根外追肥。

(六) 病虫害管理

1. 农业防治

种植高产优质抗性强的品种,培育种植无病良种壮苗;实行小区单一品种栽培,控制小区栽种的品种梢期和成熟期一致;园区合理间种和生草;进行平衡施肥和科学灌水,提高作物抗病虫能力;及时修剪病虫枝并集中烧毁,将田间落叶落果清除填埋,减少田间病虫侵染源。

2. 生物防治

人工释放平腹小蜂防治荔枝蝽;营造适合天敌生存的果园生态环境;使用对天敌无毒或低毒的防治药剂,选择对天敌影响小的施药方法和时间;推荐使用阿维菌素、苏云金杆菌、氟啶脲、灭幼脲、链霉素等生物源农药。

3. 物理防治

利用诱虫灯等诱杀害虫;人工捕杀荔枝蝽、金龟子等害虫。

4. 化学防治

防治时期：根据病虫测报及时进行综合防治。3月中下旬主要防治荔枝蝽、角颊木虱和金龟子，6—8月主要防治爻纹细蛾，8月下旬—9月上旬主要防治爻纹细蛾和角颊木虱。果实成熟期如遇多雨要注意防治疫霉病。

5. 常见病虫害及其防治方法

（1）龙眼鬼帚病：栽种抗病品种和无病健壮种苗；及时剪除病枝病穗，并集中烧毁；加强管理，提高植株抗性；防治蝽蟓和木虱等媒介昆虫控制病害蔓延。

（2）龙眼疫霉病：560g/L 嘧菌·百菌清悬浮剂 500～1 000 倍液；72% 霜脲·锰锌可湿性粉剂 500～700 倍液；80% 代森锰锌可湿性粉剂 400～600 倍液。25% 甲霜灵可湿性粉剂 500～600 倍；50% 多菌灵可湿性粉剂 800～1 000 倍，于采收的安全间隔前期喷雾防治。清除落果集中烧毁；注意防治蝽蟓、蒂蛀虫等虫害避免虫伤。

（3）荔枝蝽蟓：25g/L 溴氰菊酯乳油 3 000～3 500 倍液；2.5% 高效氯氟氰菊酯乳油 2 000～4 000 倍液；10% 顺式氯氰菊酯乳油 1 000～2 000 倍；90% 敌百虫晶体 600～800 倍。主要于越冬后开始交尾而未产卵和卵孵化高峰期防治。成虫产卵前进行人工捕杀；成虫产卵期释放平腹小蜂。

（4）爻纹细蛾：220g/L 氯氰·毒死蜱乳油 420～850 倍液；2.5% 高效氯氟氰菊酯乳油 1 000～2 000 倍液；25g/L 溴氰菊酯乳油 3 000～3 500 倍液，10% 顺式氯氰菊酯乳油 1 000～2 000 倍；90% 敌百虫晶体 600～800 倍。重点于秋梢期和果实生长期喷雾防治。结合修剪清除虫害枝梢，清除虫害落果，减少虫源数量。

（5）龙眼角颊木虱：20% 吡虫啉浓乳剂 3 000～5 000 倍；80% 敌敌畏乳油 800～1 000 倍，重点于嫩梢抽生期喷雾防治。加强栽培管理，促使梢期一致便于防治；控制冬梢抽生。

（6）金龟子：80% 敌百虫可溶粉剂 700 倍液于成虫盛发期傍晚喷雾。杀虫灯诱杀或人工摇动枝叶捕杀。

（7）卷叶蛾类：10%顺式氯氰菊酯乳油1 000～2 000倍；苏云金杆菌500倍；50%辛硫磷乳油1 000～1 500倍，于嫩梢、花穗抽生和结果期酌情喷雾防治。及时剪除严重受害枝梢。

（七）采收

根据果实成熟度、用途、市场需求和气候条件决定采收时间，采果时从葫芦节下带1～2片叶处剪断。

二、杨桃无公害生产技术规程

杨桃又名阳桃、洋桃、五敛子，属酢浆草科常绿小乔木，产于热带亚热带，营养价值高。1980年以前本地产的杨桃又酸又小，多横切制成美丽的星状蜜饯，鲜食极少，种植面积少。1998年台湾彰化县谢硕章家族的"黄金杨桃"入户同安，并成当地一"宝"和厦门特色农业品牌，带动了同安杨桃的种植发展。目前，台湾软枝杨桃在同安区的五显镇、汀溪镇、莲花镇等地已均有种植，全区面积达500多亩。

（一）园地选择与规划

1. 园地选择

选择土层深厚、湿润、有机质丰富、保水保肥力强、水源充足、排水良好，开阔向阳（半阴、忌强日照）、避风寒的丘陵坡地、旱田、冲积地等建园。坡地大于15°或水位过高而无法降至1m以下的园地不宜选用。

2. 园地规划

（1）防护林小区周围营造防护带，并形成林网，所用树种不应与杨桃具有相同的主要病虫害。林带树种宜选择适应当地环境条件、速生、抗风力强、风害后复生能力强的树种。

（2）根据园地地形和地貌，把园地分成若干小区，每小区面积一般为20～50亩。并应设立完善的排灌和道路系统。

（二）育苗

1. 品种选择

选择适应当地气候、土壤条件以及优质、高产、稳产、抗性强、商品性好、适应市场需求的品种。选择品种除台湾软枝杨桃外，还有马来西亚品种系列的红肉种、水晶蜜糖杨桃、香蜜杨桃，以及泰国杨桃等。

2. 育苗方法

以嫁接繁殖为主，选取充分成熟的杨桃果实剖出种子，洗净阴干后即可播种。苗床土要求疏松、肥沃，播种后盖稻草等，保持土壤湿润。苗高 10cm 时便可移栽，成活后勤施薄肥，并抹除主干 30cm 以下的萌芽。主干直径 0.7～0.8cm 时，可行嫁接。常利用切接法嫁接，多在 3～4 月进行。

（三）定植

定植密度一般株行距为 4m×（4～5）m，每亩种植 30～40 株，以初春（2—3 月）种植最好。杨桃栽植容易，但需防积水影响成活；种植时，在穴中施足基肥，种苗种植位置应高出表土 15cm，以备穴土下沉；种后可立支柱，以防根部动摇。

（四）土壤管理

1. 覆盖和间作

植后头 2～3 年树盘常年盖草，覆盖物应距树头 10～15cm。行间间种绿肥、蔬菜、牧草等短期作物，或让其自然生草。间作物距离杨桃树冠滴水线 80cm 以上不宜间作甘蔗、木薯或玉米等高秆作物。

2. 中耕除草

利用人工、机械或除草剂防除杂草。如采用草生栽培，可适当配合人工割草，以保持水土。成年树可结合施肥，每年中耕除草 1～2 次。幼龄树结合施用有机肥进行扩穴改土。

3. 水分管理

在杨桃抽梢期、花穗抽生期、盛花期、果实生长发育期，如遇干旱应及时灌水，通常每月浇水 1～2 次以保持土壤湿润。雨季应注意排水，及时排除园内积水，把地下水位降至 1m 以下，以免发生涝害。

4. 施肥管理

（1）施肥原则：重视有机肥的施用，有机肥、微生物肥与化学肥配合施用。农家肥应经 50℃ 以上高温发酵 7d 以上充分腐熟后才能施用。提倡采用平衡施肥和营养诊断施肥，根据园地肥力情况和杨桃不同发育阶段，依促梢、促花、小果转蒂和果实发育等几个关键时期进行施肥。土壤微量元素缺乏的地区，还应针对缺素的情况增加追肥的种类和数量。不应使用含重金属和有害物质的城市垃圾、污泥、工业废渣或未经过无害化处理的有机肥。

（2）施肥方法：

幼龄树：一般薄施勤施，定植成活后开始施人畜粪尿或尿素液肥加入少量钾肥，每月一次，12 月下旬结合扩穴施有机肥 10kg，过磷酸钙 0.5kg，以增强树势，提高植株抗寒力。

结果树：每年施肥 5 次：①促梢壮梢催花肥：在 3 月份最后一批果采收前进行，以有机肥结合速效氮肥，有机肥 25kg/株 + 0.5kg 复合肥 + 0.5kg 尿素/株，施后 10d 灌水一次。②壮花保果肥：5—6 月份果拇指大并始下垂时，用过磷酸钙、花生饼、人粪尿按 1∶2∶100 的比例沤制，每株用 15 ~ 20kg 对水 1 倍环施或穴施，或每株用复合肥 0.5kg。③壮果促花肥：7 月下旬至 8 月上旬果实定形而第二造果开花时，用复合肥 0.5kg + 钾肥 0.5kg/株。此时天气高温、日照强，施肥应在傍晚进行。④促熟肥：为了使果实早熟和提高品质，在每造果将要成熟前 20d 施 1 次速效复合肥，并适当减少灌水。⑤过冬肥：11 ~ 12 月施重肥，结合扩穴，以有机肥为主。施有机肥 30kg + 过磷酸钙 1kg + 钾肥 0.5kg/株。

（五）树体管理

1. 整形修剪

定植后主干在 40 ~ 50cm 处剪断，留 3 ~ 5 个主枝，每个主枝生长到 40 ~ 50cm 时摘心，留侧芽 3 ~ 4 个，注意短剪徒长枝。初投产树或投产树以冬季修剪为主，主要疏剪过多的大枝，并适当疏剪过密枝、交叉枝、重叠枝，纤弱枝、病虫枝、枯枝。在采果后应适当截短衰老枝，以培养健壮新梢。此外，可在生长期（5—7月）适当剪除过旺枝、过密枝，以及疏除质差的花和幼果。

2. 疏果及套袋

（1）疏果树体如坐果太多，应行疏果，可在坐果后20～30d和套袋时，分两次适量疏果，可将小果、畸形果或病虫果除去。

（2）幼果发育至横径2～3cm时即行套袋。可采用专用纸袋，大小为20cm×30cm。套袋前全园喷一次杀虫、杀菌剂，于上午露水干后套袋，连果枝一起绑扎。每批套袋可挂牌标明日期，或用不同材料标志加以区分，便于采收。

（六）病虫害管理

1. 主要病虫害

病害有赤斑病、炭疽病、白纹羽病、细菌性褐斑病、枯萎病、赤衣病和煤烟病等。虫害有鸟羽蛾、卷叶蛾、蓟马、实蝇类、介壳虫类、红蜘蛛和星天牛等。

2. 防治原则

贯彻"预防为主，综合防治"的植保方针，坚持以："农业防治、物理防治、生物防治为主，化学防治为辅"的病虫害防治原则。

（1）农业防治：因地制宜选用适应性强的抗病虫害优良品种。加强肥水管理，使植株生长健壮，提高抗病虫害能力。在建园和栽培管理过程中，综合利用防护林带、行间间作或生草等技术，减少病源虫源，并创造有利于杨桃生长和天敌生存而不利于病虫滋生的生态环境，保持生物多样性和生态平衡。适期放梢，避开病虫害发生高峰期，并有利于统一喷药防治。通过杨桃抽梢期、花果期和采果后的修剪，去除交叉枝、过密枝、病虫枝、叶、花、果并集中进行无害化处理，加强冬季清园，减少病害侵染源和虫源。

（2）物理防治：使用诱虫灯，诱杀夜间活动的害虫。亦可利用黄色板、蓝色板和白色板诱杀害虫。

（3）生物防治：优先选用微生物源、植物源生物农药。选用对捕食螨、食蚜蝇和食螨瓢虫等天敌杀伤力小的杀虫剂。人工释放捕食性或寄生性天敌。

（4）合理施药：推荐使用微生物源杀虫杀菌剂、植物源杀虫杀菌剂、矿物源杀虫杀菌剂、昆虫生长调节剂以及低毒低残留有机农药。参照有关的农药使用准则和规定，严格掌握施用剂量、连用数次、施药方法和安全间隔期。掌握病虫害的发生规律和不同农药的持效期，选择合适的农药种类、最佳防治时期、高效施药技术，以达到最佳效果。

3. 常见病虫害的发生与防治技术

常见病害有果实炭疽病和叶片赤斑病；常见虫害有致花果大量脱落的杨桃鸟羽蛾和卷叶蛾。

（1）杨桃炭疽病：病菌以菌丝体在枯枝落叶或腐烂果实的病死组织上存活两年以上。当条件适宜时形成大量分生孢子，由雨水、风或昆虫传播。潜育期 2~3d，全年均可发病。主要为害果实，叶片也可发病，多在果实成熟时才开始显现症状。果面初生暗褐色圆形小斑，扩大后内部组织腐烂，散发出酒味，病部产生许多米红色粘质小粒状物，严重时全果腐烂。

防治方法：冬季清园后喷 1% 波尔多液 1 次，生长季节喷 0.5% 波尔多液 2~3 次，可有效预防病害发生。在病害发生初期喷施，560g/L 嘧菌·百菌清悬浮剂 700~1 000 倍液，或 38% 唑醚·啶酰菌水分散粒剂 1 500~2 500 倍液，或 450g/L 咪鲜胺水乳剂 1 000~2 000 倍液等。

（2）杨桃赤斑病：病菌在病叶上越冬，形成大量孢子后借气流、雨水传至新叶，发生初次侵染，病斑上新产生的大量病菌形成再侵染。主要为害叶片，叶片初现黄褐色小斑点，后逐渐扩大，形成近圆形至不规则形的红褐色病斑，病斑外围有黄色晕圈。严重时病斑密布，叶片易变黄，提早脱落。

防治方法：冬春结合修剪清园。于新梢展叶期喷施 75% 肟菌·戊唑醇水分散粒剂 4 000~6 000 倍液，500g/L 异菌脲悬浮剂 1 000~1 500 倍液，10%苯醚甲环唑水分散粒剂1 000～2 000倍液，或50%啶酰菌胺水分散粒剂1 000～1 500倍液等。

（3）杨桃鸟羽蛾：虫体细小，开花前成虫产卵于杨桃叶背。开花时幼虫大量发生，初为淡绿色，集中于花内，啮食花器和幼果，此时身体变为红色（俗称红线虫），老熟时从花梗处钻出，吐丝坠地化蛹。成虫多于清晨和傍晚活动并产卵，繁殖极为迅速。天气酷热时为害更甚，严重时花果受害率达50%～60%，导致大量减产。

防治方法：开花前一周10%溴氰虫酰胺可分散油悬浮剂2 000～3 000倍液，或60g/L乙基多杀菌素悬浮剂1 500～2 500倍液，或150g/L茚虫威悬浮剂4 000～5 000倍液等。

（4）杨桃花姬卷叶蛾：成虫多喜在清晨和傍晚出来活动、交尾及产卵，将卵散产于杨桃果实表面，雌虫平均可产220粒卵。幼虫孵化后即钻入果肉内蛀食为害，在蛀孔外可见褐色颗粒状虫粪，老熟幼虫钻出果实外，在干枯的枝叶、果实及沙土中结网化肾。杨桃自谢花幼果时受其产卵为害，造成果实畸形，失去食用价值。7—11月为发生盛期，完成一世代约需30～40d。

防治方法：当杨桃花谢后，幼果期套袋前先施用杀虫剂，使用防治药剂参照杨桃鸟羽蛾。当小果长达5cm时，即可用经药剂处理的果袋套袋。此后不再施药，直到采收为止。此法可减少农药用量及降低防治成本，且无农药残留。

（七）采收

根据用途、市场需要分期分批采收。如远地销售或加工蜜饯时，进行青果采收，即在果实尚未成熟，果色淡绿略透黄时采收；而就地销售或加工果汁时，应在果实充分成熟，果色转为红黄蜡色风味最佳时采收。

应进行无伤采果，整个采收过程中避免机械损伤、暴晒。采收宜选晴天或阴天，雨天或中午烈日不宜采收。采收后，24h内进行果品分级、包装、贮运保鲜。采收完毕后及时清洁果园，集中进行无害化处理。

三、香蕉无公害生产技术规程

香蕉属芭蕉科芭蕉植物，是热带亚热带重要的水果之一。同安区在莲花、汀溪、五显、洪塘、大同等乡镇均有零星种植，2015年全区种植面积443亩，种植高峰期在90年代初期，原同安县种植面积达3 700多亩。香蕉果实味美香甜、富含营养，深受人们的喜爱；香蕉为大型草本果树、速生快长、投产年限短、产量高、经济效益好，是果农开展水果品种结构调整的主要选择。

（一）蕉园选择

种植香蕉时要选择无污染源的广阔平坦或丘陵山地、交通方便、排灌良好、通风透光、土层深厚肥沃，中性或稍微酸性的壤质土为宜。并用机械深翻40cm以上，达到深、松、软、平的要求。

（二）品种选择

选用优良品种，优良品种天保蕉、巴西蕉、威廉斯8818、墨西哥3号、台蕉二号、漳蕉9号，以及龙牙蕉类的美蕉等。

（三）栽植管理

1. 选用壮苗

生产上，蕉苗采用吸芽苗或组培苗。吸芽苗选择球茎粗大，假茎高1.0～1.5m，植株健壮无病虫害，根系发达的剑芽苗；组培苗选用品种纯正，无病毒，变异率低于3%，苗高20cm左右，8～15片叶，茎粗壮，叶色青绿，无病虫害者。

2. 整地施基肥

提前30d左右进行整地备耕，将全园土壤深翻晒白，清除杂草及作物残余等，每亩撒施生石灰80～100kg进行消毒。旧蕉园要将去年的畦沟整成今年的种植畦，而将去年的种植畦整成畦沟。要规划并开挖排灌沟。

种植前挖规格为0.8m×0.6m×0.6m定植穴，每穴可施入腐熟土杂肥20kg或腐熟猪牛粪肥或沼肥5～10kg、钙镁磷肥1kg、过磷酸钙0.5kg

及草木灰 1~3kg 等，与土壤拌匀，沉实后覆土定植。

3. 适时栽种

可春植、夏植或秋植。同安区通常用当年 3—4 月出土的吸芽，于 5—6 月挖出定植。此时气温高、雨水足，定植易成活，生长快，可在第二年夏季开花结果，产量高、品质好。

4. 合理密植

可采用正方形、长方形三角形等方式定植，株行距为（2.0~3.0）m ×（1.7~2.7）m，每亩定植 120~150 株。

5. 栽植方法

选用生长粗壮、伤口小、无病虫害的壮苗，按种苗大小分别栽植，以免植后生长参差不齐。栽植深度以超过球茎 6~8cm 为宜。植时种苗四周用脚踏实，使蕉苗不易移动，植后浇水，蕉头附近盖草，以减少水分蒸发。秋季定植的大苗，可除去部分叶片，减少蒸腾，提高定植成活率。

（四）土壤管理

1. 土壤耕作

蕉园在冬季到早春新根发生之前，进行一次深耕，以增加土壤的通透性。中耕除草每年进行 4~5 次，春季可适当浅耕，除净杂草；夏季 6—8 月，高温多雨，根系密布畦面，松土易伤根，可用除草剂如草甘膦除草，每亩用药 1kg 对水 50kg。

2. 施肥

（1）肥料种类：香蕉是速生快长、产量高的大型草本果树，需肥量大，尤其是氮肥和钾肥需要量较多。香蕉的氮、磷、钾施肥比例以 1：（0.5~1）：（2~4），每株年施肥量：氮 100~200g，磷 50~100g，钾 200~400g。香蕉生长前期以氮肥为主，能促进植株生长、开花结实。肥料种类以有机肥为主，适当配合化肥。应重视钾肥使用，若施草木灰蕉株生长健壮，抗病、抗寒能力增强，果实色泽、风味好，产量高，耐贮运。

（2）施肥时期：新植蕉园在定植前，施足基肥，以厩肥、土杂肥、塘泥、火烧土等为主。定植后，2～3周开始追肥，采用勤施薄施的方法，每月施一次，每亩施腐熟人粪尿200kg左右，渗水3～4倍；冬前再施一次重肥，以堆肥、草木灰、塘泥、火烧土为主。旧蕉园的施肥，主要掌握花芽分化前（2—3月）重施一次肥料，以饼肥（花生饼、大豆饼等）为主，配合速效性肥料。壮果肥（5—8月），果实增大期，可增施磷、钾肥，对提高香蕉产量和品质起很大作用。漳州天宝果农每年对香蕉单株施塘泥200～250kg、草木灰2.5kg、花生饼0.5kg、人粪尿30kg、硫酸铵0.5kg，株产可达20kg。

（3）施肥方法：冬春施肥，可在蕉头附近约45cm处开环状沟，深20～30cm。肥料以堆肥等农家肥填人沟中，诱导根系向下发展。河泥应先铺在园内任其风吹日晒，然后打碎铺平。液肥在香蕉头附近开浅沟施人，待土壤吸收后覆土。夏季温度高，根系分布全园，不宜开沟，液肥可结合抗旱采用泼施。化肥则在灌溉后或雨后土壤湿润时施用。一般采用"肥随芽走"的方法，在离吸芽15～25cm处开浅沟施肥，如要引芽出土，可在准备留芽的位置施肥，施以灰粪、垃圾，效果明显。丘陵坡地蕉园施肥，应在根际的上方开浅沟施入，以免肥料流失。施肥位置要轮换。

3. 培土

香蕉种植多年后，吸芽的位置逐年上移，根系裸露，植株易倒伏，会缩短蕉株寿命。培土可促进香蕉根系生长，增强抗风、抗寒能力，延长蕉园寿命。每年培土2～3次，可用河泥、塘泥等。

4. 排水和灌水

香蕉具有叶大、根浅，需水量大的特点。适当的水分才能满足香蕉生长发育，尤其在旺盛生长期，需水特别多，水分不足，叶片小产量低，但水分过多，影响根系生长。同安区雨量充沛，但分布不均匀，春夏多雨，秋冬干旱，做好蕉园排灌工作是十分重要的。丘陵地蕉园在雨季来临前，应修好环山拦水沟和园内排水沟，以减少水土流失。旱季应铺草防旱。平地蕉园，也要修好排水沟，以利排水和灌水。蕉园灌水要避免淹没畦面，造成土壤板结及肥料流失。

没有灌溉条件的丘陵地蕉园，应结合修整排水沟，在沟内分段挖小蓄水沟贮水，使水渗透土层中，加强秋季抗旱能力。

（五）树体管理

1. 留芽

香蕉植株一生中只开花结果一次，而后由地下茎萌发吸芽代替母株开花结果。留芽是香蕉栽培中一项重要的管理工作，既关系到新植香蕉能否在理想季节开花结果，又不影响当年母株的开花结果。根据香蕉成熟期和栽培方式的不同，有以下留芽方法。

（1）一年一熟留芽：普通蕉园多为一年一熟。理想的收获期是7—10月，故应选4月出土的深浅适中、生长健壮的吸芽，龙牙蕉类选高60cm的吸芽，天宝蕉选45cm的吸芽，台湾蕉选50cm的吸芽。这种选留芽方法能控制在5—6月开花，8—10月成熟果实大、品质好。

（2）二年三熟留芽：指两年收三次果实，这种留芽方法的蕉园肥水条件要求高、管理精细，具体做法是：母株控制在4—5月间开花，7—8月采收的，可在早春2—3月留一吸芽。2—3月所留的吸芽，可望在当年秋末冬初开花，第二年春采收；9月间留的吸芽，将在第二年秋季采收，这样就可二年收3次蕉。

2. 除芽

每年除选留吸芽作为结果的预备株外，对多余的吸芽应及时除去。一般在7月以前每隔15d除一次芽。8—9月以后抽芽渐少，可每月除一次，除留定的吸芽外，见芽即除。除芽用特制蕉铲，在吸芽与母株地下茎连接处切除，不留残余的地下茎。也有用化学药剂除芽，如石油除莠剂、二甲基4-氯苯酚代乙酸等，均有一定的除芽效果。

3. 校蕾、断蕾

香蕉花蕾有时抽生在叶柄上面，随着花蕾的伸长和重量的增加，易将叶柄折断，花蕾亦随之压断。应将花蕾移向叶柄两旁，使之顺其自然下垂生长。

当花穗中的雌花开完而出现中性花后，必须及时用刀将花穗末端的花蕾切断，以减少养分消耗，促进果实发育。断蕾最好在晴天或午后，不宜选择雨天和早晨雾水未干时进行。

4. 套袋

抽蕾后 2 周内套袋，目前一般采用透气、透光良好而不透水的无纺布袋或打孔的浅蓝色 PE 薄膜袋（厚 0.02～0.03mm，长 1.2m×宽 1.6m，两头通）等。套袋前对果穗喷施一次杀菌剂和杀虫剂，喷完药后及时套袋。套袋后用绳子把上部袋口扎在果轴上。

5. 防风、防晒、防寒

（1）防风：香蕉树体高大，假茎脆弱，易遭风害，尤其结果植株受风害更为严重。因此在台风季节来临前（7月—9月），应立支柱，撑住果穗，以防果穗折断和倒伏。

（2）防晒：香蕉在盛夏季节，烈日易烧伤果轴，妨碍养分和水分输送，影响果实发育，因此在夏前应把果穗上的变态小叶压下包住果轴，并用干枯的叶片遮盖在果穗外围，避免烈日直射。

（3）防寒：霜冻、寒流来临之际及时灌水，保持畦面湿润；采取畦面培土，立冬后增施钾肥和草木灰、火烧土等热性肥料，并覆盖稻草、枯蕉叶或塑料薄膜；对 1m 以下蕉株采取顶部覆盖，保护心叶及嫩叶不受冻害；对幼果进行套袋保暖。下霜当晚 11 时后蕉园熏烟，霜冻早晨太阳出来之前及时喷水洗霜。

6. 枯叶、旧茎干处理

清理蕉园、剥除枯叶及腐烂的叶鞘，以清除香蕉象鼻虫为害。切除时，应切成斜面，以防积水腐烂。

香蕉地下茎为多年生，几年以后，地下茎越来越多，位置年年上 L，结合冬季清园时，及时除去旧茎头，否则继续萌蘖，消耗养分，影响植株生长。

香蕉采收后，假茎任其自然在蕉园腐烂，易引起病虫为害，尤其是成为象鼻虫越冬场所。应在冬季清理蕉园时，及时砍除或集中烧毁。

（六）病虫害防治

1. 主要病虫害

香蕉病害主要有香蕉叶斑病（包含褐缘灰斑病、灰纹病和煤纹病，其中褐缘灰斑病又分黄条叶斑病和黑条叶斑病）、炭疽病、黑星病、束顶病、花叶心腐病、根线虫病等。香蕉虫害主要有香蕉弄蝶、长颈象甲、根颈象甲、交脉蚜、花蓟马和叶螨等。

2. 防治方法

（1）农业防治：因地制宜选用抗病虫能力强的优良品种。加强土肥水管理，促进植株苗壮成长，提高其抗病虫害能力。实行水旱轮作（如与水稻或莲藕等轮作），或与香蕉亲缘关系较远的作物如甘蔗、花生等轮作制度，以减少病源虫源。控制杂草生长，并保持蕉园田间卫生。及时清除园内花叶心腐病或束顶病的病株，在清除之前宜先对病株喷一次杀蚜剂。

（2）物理机械防治：①使用诱虫灯诱杀夜间活动的昆虫。②利用黄色板、蓝色板和白色板等诱杀害虫。③采用果实套袋技术。④人工捕抓等。

（3）生物防治：①优先使用微生物源、植物源生物农药。②选用对捕食螨、食螨蝇和食螨瓢虫等天敌杀伤力小的杀虫剂。③人工释放捕食螨等天敌。

3. 香蕉常见病虫害防治

（1）香蕉束顶病：香蕉束顶病俗称蕉公，是严重的世界性的病毒病。香蕉束顶病的典型病症是新叶越抽越小，并且成束，故称束顶病，发病后期植株矮缩。病叶较直立狭小，硬脆易断，叶边缘明显失绿，后变枯焦。叶柄或中肋基部出现深绿色的条纹，俗称"青筋"，这是区别其他原因造成丛叶的主要特征。病株一般生长缓慢，矮化，不抽蕾结果；抽蕾时才发病的植株抽出的蕉蕾其果实畸形细小，果无甜味，无经济价值。病株根尖变紫色，无光泽，大部分根系腐烂或变紫色，不发新根病株最后枯死。

该病毒主要靠香蕉交脉蚜虫传播，在香蕉各个生育期均可发病，一般3—5月为盛发期，危害程度取决于蕉园中的病株数量及蕉蚜的密度和发生情况，一般香蕉发病较多，大蕉、粉蕉、龙牙蕉发病较少。

防治方法：①选择通风的园地，采用合理的种植方法和密度，加强肥水管理。②采用无病组培苗作为种苗。③喷药杀灭蚜虫，尤其在3—5月份和9—11月份要加强对蚜虫的防治。④及时清除病株，切断传播源。有蚜虫的病株应先喷药杀死蚜虫，然后挖除病株，并将病穴土扒开晒干，填入新土，加入10g2%吡虫啉颗粒剂，混匀后再补种新苗。⑤发病高的蕉地最好与水稻等水田作物轮作，可大量降低次年的束顶病发病率。当前无理想的防治药剂。

（2）香蕉叶斑病：香蕉叶斑病是四种叶斑真菌总称，发病期5—10月，病菌由土壤传染或风雨传播，蔓延猖獗。蕉叶染病呈褐色长条斑，椭圆斑，绿枯斑，逐叶上爬枯萎衰败。染病香蕉慢抽蕾，果穗瘦，品质劣、抗寒力弱，严重减产减收。

防治方法：叶斑病发病规律是5—6月高湿高温，叶片幼嫩病菌潜入，9—10月北风吹来病斑一齐表现出来。蕉农误认在8—9月才发病，此时，喷药治叶斑已经来不及了。防治叶斑病必须以防为主，在5月份正是茎叶旺盛无病斑时期就要喷药防治。喷药方法，用75%肟菌·戊唑醇水分散粒剂2 500～4 500倍液，或250g/L吡唑醚菌酯乳油1 000～2 000倍液，或35%氟菌·戊唑醇悬浮剂2 000～3 200倍液，或22.5%啶氧菌酯悬浮剂1 500～1 750倍液等，先喷洒蕉头周围表土，再自下而上喷洒假茎及心叶以下蕉叶正、背面，特别是暴雨过后即时喷药防治。香蕉心叶，果穗对农药十分敏感。如春雷霉素、异稻瘟净、稻瘟灵等会对香蕉产生药害，影响抽蕾，不能用于防治叶斑病。

（3）炭疽病：真菌病害，是果实上的主要病害。此病在果园开始发生，主要危害采后的熟果，有的品种青果也可发生贮运期间危害最烈。开始果实产生黑褐色的椭圆形病斑，随后出现"梅花点"状的黑斑，迅速扩大腐烂，最终形成许多橙色的粒质粒（病原菌），有明显潜伏侵染特性。在发病前或发病初期，喷施250g/L吡唑醚菌酯乳油1 000～2 000

倍液，或75%肟菌·戊唑醇水分散粒剂2 500～4 500倍液，或50%咪鲜胺锰盐可湿性粉剂1 000～2 000倍液等，茎叶均匀喷雾覆盖全株，用药间隔15～20d，施用3次。

（4）香蕉象甲类：有长颈象甲和根颈象甲两种，危害蕉类植物。宿根期长、管理不善的蕉园虫口多，每年发生4代，世代重叠，终年危害。幼虫蛀食球茎及假茎．茎内蛀道纵横交错，影响植株生长．叶片枯卷，易招风折，甚至整株枯死。成虫群居假茎外层枯鞘，能飞翔，畏阳光，具假死性，在潮湿条件下耐饥力强。

防治办法：①以2%吡虫啉颗粒剂10～15g/株，或3%辛硫磷颗粒剂40～60g/株，土面沟施或补种植穴施药。②用25g/L溴氰菊酯乳油2 500～3 000倍液，在1.5m高处假茎，偏中髓6cm每株注入150mL毒杀茎内幼虫。③实行清园，割除腐鞘，收获后砍除虫害残株。④虫害严重地区，缩短宿根期，水旱轮作。

（5）香蕉弄蝶：别名蕉苞虫，危害蕉属植物，每年4～5代，以幼虫吐丝卷叶成苞，藏身其中，边吃边卷，一虫可食去1/3以上的叶片。每年5—8月虫口数量最多，常见蕉叶被食仅存中肋。防治：①摘除虫苞。②用25g/L溴氰菊酯乳油2 500～3 000倍液，或1.8%阿维菌素乳油3 000～4 000倍液喷雾防治。

（七）采收与催熟

1. 采收

采收期：香蕉果实成熟时，棱角逐渐变钝，横断面转为圆形，果皮变软、变薄。5—6月断蕾的果穗，一般经70～80d，达7～8成成熟；10—11月断蕾的果穗，须经170～180d才达8～9成成熟，为采收适期。

采收方法：选择晴天进行，采收时将果串托住，用刀将果审连轴割下，置于叶片上。搬运时小心轻放，以防叠伤果皮，减少烂果损失。

包装：供内销的香蕉用竹篓装运。外销香蕉，用纸箱装运，每箱装15kg。装箱前，先将果串分级，待果串切口干后，然后装入箱内，箱内填入纸屑．捆扎牢固即可外运。

贮运：贮运时期不同，香蕉采收的成熟度也不同。夏季气温高，果实在贮运过程中，极易腐烂，香蕉应在 7～8 成成熟时采收。秋冬季节贮运，香蕉掌握 8～9 成成熟采收为妥。贮运时，要求低温、通气，以延迟后熟。温度最好控制在 12～14℃，空气相对湿度 80%～85%，经半个月左右不腐烂。

2. 催熟

香蕉采收后．一般要经过人工催熟，属后熟型水果。催熟后的果实，淀粉减少、糖分增加，果肉变软，且香甜可口。

四、番石榴无公害生产技术规程

（一）园地选择与规划

园地选择：选择避风、向阳、无冷空气沉积、极端最低温度 4℃ 以上，土壤肥沃、土质疏松、土层深厚、pH 值 5.5～7、土壤清洁、无检疫性病虫对象、交通方便、水源充足的壤土或沙壤土地域建设果园。

园地规划：根据园地大小建设必要的道路、排灌、附属建筑物等设施。

（二）定植

1. 品种选择

根据市场需求选择种植"世纪""珍珠""水晶"等品种。

2. 定植时间

根据需要春植或秋植，一般春植在 3—5 月、秋植在 8—10 月。

3. 定植密度

株行距 2m×3m，种植穴深 60cm、穴径 50cm，每亩种植 110 株。

4. 苗木要求

品种纯正，整齐一致，根系发达，生长健壮，无检疫性病虫害，株高 35～50cm，有 2～3 个分枝，一年生的嫁接苗。

5. 定植技术

种植前深翻晒白，然后挖种植穴，施足基肥，每穴施腐熟有机肥

15～20kg、过磷酸钙或钙镁磷肥或复合肥1～1.5kg，与表土拌匀填回穴后高出地面20cm以上，避免植后植株下沉，导致种植过深。

种植深度以泥土盖过树根2cm左右为宜，定植时苗木要立正压实，定植后浇足定根水并用秸秆覆盖树盘。

6. 越冬设施栽培

冬季日平均温度降至15℃以下（约在每年11月下旬），采用塑料薄膜大棚防寒保温；翌年春季日平均温度L至15℃以上时（约在每年的3月中旬），开始揭膜。塑料薄膜覆盖防寒期间如遇高温须开启棚室两端的门以通风降温。塑料薄膜覆盖防寒期间田间管理类同露地栽培。

露地栽培防寒措施：熏烟，有条件的提倡连续喷灌、覆盖。

（三）土壤管理

1. 中耕与扩穴改土

果园每年中耕除草3～4次，中耕深度8～15cm，保持土壤疏松无杂草。并有计划地沿树冠外围滴水线向外深挖扩穴，回填时混以绿肥、秸秆腐熟的有机肥等，表土放在底层，心土放在表层，树盘内用秸秆或干草覆盖。

2. 生草栽培

番石榴树矮化密植，采用果园生草覆盖栽培技术，在番石榴园内株行间人工种植圆叶决明子、平托花生等豆科绿肥或牧草，当果园植被长到30～40cm时人工或机械割除，覆盖于树盘下或挖穴深埋。通过适时生草栽培技术，创造良好的果园生态环境。

（四）水肥管理

1. 施肥原则

番石榴生长快，全年都可开花结果，为取得较好的效益，根据市场需求，须进行产期调节栽培，因此，把握"修剪后开始萌芽以及果实开始膨大时进行施肥"的原则，加强肥水管理，促进早生快长。幼龄果树应掌握薄肥勤施，每月施肥一次。结果树每年重施3～4次，以农家有机肥或商品有机肥为主结合化肥施用，并配合灌溉以充分发挥肥效。施肥时注意三要素搭配，一般按"N：P：K＝1：0.5：2"的比例，每亩年施纯氮 30～40kg。

2. 施肥方法

土壤施肥：可采用环状沟施、条沟施和地面撒施。环状沟施，在树冠滴水线处挖沟，深度 10～15cm。条沟施，挖沟深度 20～25cm，采用东西、南北对称轮换位置施肥。

叶面追肥：在不同生长发育期，选择不同种类的肥料进行叶面追肥，以补充树体营养的需要。

幼树施肥：薄肥勤施，以氮肥为主，磷、钾肥配合。一般定植成活后开始追肥，每月一次，每亩施腐熟人畜粪尿 500～1 500kg，加 5～22.5kg 的尿素或复合肥，施肥量由稀到浓，逐次增加。

结果树施肥：结果期的番石榴一般于 3、6、9 月深施重施基肥，以腐熟农家肥或商品有机肥为主，辅以化肥，每株每次施肥 5～10kg，施肥量占全年施肥量的 2/3。追肥视树势强弱及挂果量分 4～5 次施入，以化肥为主，搭配适量腐熟人畜粪尿，每株每次施化肥 0.25～0.5kg，腐熟人畜粪尿 2.5～7.5kg。也可结合叶面喷施多元素微肥 800～1 000 倍液。

3. 水分管理

遇干旱天气应及时灌水、浇水，特别是开花结果期要及时补充水分，雨天应及时排水防渍。

（五）树体管理

1. 整形修剪

树冠以自然开心型为主。修剪要点

（1）幼龄树：定植后苗高 40～60cm 时定杆，选留 3～4 条分布均匀、分枝角度适宜的斜生枝条培养为主枝，待其长到 40～50cm 后短截，促发分枝，各选留 2～3 条分枝作为副主枝，待副主枝长到 30～40cm 后短截，培养成为结果母枝。通过短截、拉枝和摘心使其形成中通外茂的自然开心型的丰产树冠。

（2）结果初期：番石榴的花主要着生在新梢的 2 ~ 4 节位上，因此，植株长势旺、须加以控制，在座果节位之后摘心；植株长势较弱，须增强树势、扩大树冠的，则在座果节位之后留 2 ~ 4 节才摘心。对未结果的枝条留 30cm 摘心。采果后，剪去结果枝或留基部 1 ~ 2 节短截；枯枝、弱枝、病虫枝等要及时剪除。

（3）结果盛期：整形修剪矮化树冠是调节番石榴生长发育的重要措施，盛产期营养枝上如有新梢发生，应在留果节上的 3 ~ 4 节处及时摘心；生长过旺的徒长枝要及时剪除，过密树冠实行"开天窗"，回缩长枝，培养适中的结果枝条，防止结果部位外移。

（4）更新树：番石榴结果若干年后，结果层逐渐上移，内部枝干上抽枝很少，趋向衰退，这时应于春季在离地面 50 ~ 100cm 处短截回缩，更新树冠，并注意加强肥水管理，加快新树冠形成。

2. 花果管理

（1）人工疏花疏果：疏花时，一般掌握单生花保留，双花去除小花，三花去其左右花，保留中央无柄花。疏果量要因树势而定，及时疏除过密果、畸形果、病虫果，一般每个结果枝留 1 ~ 2 个果，以集中养分供给，提高果品品质。为提高栽培效益，疏果时应注意控制正造果，适当增加翻花果。

（2）果实套袋：谢花后尽早套袋，套袋前，喷施一次杀虫、杀菌混合药液，药液干后，即可套袋，袋内先套上一个网状泡沫袋，以增加透气性，一般套到成熟采收为止。

（六）病虫害管理

番石榴病虫害有十多种，如炭疽病、黑腐病、褐腐病、立枯病、叶斑病、果蝇、粉蚧、红蜘蛛、蚜虫、天牛、刺毛虫、蜗牛等病虫。其中，本地区为害较严重的有炭疽病和桔小实蝇。

1. 防治原则

按照"预防为主，综合防治"的总方针，以改善果园生态环境，加强栽培管理为基础，根据病虫发生、发展规律，综合应用各种防治措施，做好植物检疫，优先使用农业防治、生物防治、物理机械防治，因时、因地制宜合理运用化学防治，经济、安全、有效、简便地控制病虫害。

2. 防治方法

（1）植物检疫：严格执行国家规定的植物检疫制度防止检疫性病虫蔓延、传播。

（2）农业防治：加强果园管理，搞好果园排灌系统，防止畦面积水，降低田间湿度；注意修剪，保持通风透光，去除交叉枝、病虫枝叶果，并集中烧毁；冬季清园，把枯枝、病虫枝叶果等集中烧毁。

（3）物理机械防治：采用人工或工具捕杀，灯光诱杀、黄色粘虫板诱杀等。

（4）生物防治：创造有利于害虫天敌繁衍的生态环境，保护、利用天敌；利用性诱剂诱杀；使用生物农药，生化制剂和昆虫生长调节剂等防治病虫。

（5）化学防治：农药使用按照 GB4285《农药安全使用标准》，GB/T 8321（所有部分）《农药合理使用准则》执行，严禁使用未经国家有关部门登记的农药和国家明令禁止使用的农药，根据害虫的抗药性程度及新农药的开发，适时更换或选用高效、低毒、低残留新农药，严格执行规定的施用剂量、连用次数、施药方法和安全间隔期。

3. 主要病虫害防治

（1）炭疽病：①冬季彻底清除田间枯枝、病枝、落叶和病果，集中烧毁。注重钾肥的施用，提高抗病能力。②在病害发生初期喷施，250g/L 吡唑醚菌酯乳油 1 000～2 000 倍液，或 250g/L 嘧菌酯悬浮剂 1 250～1 667 倍液，或 50% 咪鲜胺锰盐可湿性粉剂 1 000～2 000 倍液等，药剂轮换使用。

（2）桔小实蝇：①严格检疫；果实套袋；及时收集被害果实，集中浸水。②诱杀：在成虫产卵前用 0.1% 阿维菌素浓饵剂清水稀释 2～3 倍后装入诱罐，每亩挂 5～8 个于果树的背阴面 1.5m 左右高处，每 7d 换一次诱罐内的药液。或用 0.02% 多杀霉素饵剂，对清水 6～8 份，充分搅匀后，用手持喷壶粗滴喷雾，雾滴大小在 4 ~ 6mm；隔 2 ~ 3m 点喷，每点喷树冠中，下层叶片背面约 0.2 ~ 0.5m²。③树冠喷药：在成虫高峰期时对树冠喷施 100g/L 顺式氯氰菊酯乳油 5 ~ 10mL/亩，或 2.5% 高效氯氟氰菊酯水乳剂 20 ~ 40mL/亩等。

（七）采收

当果实转黄白带绿即可依市场需求按不同成熟度分别采收，轻摘轻放，避免机械损伤，保持果实新鲜，及时上市。番石榴是不耐储存，在常温下 2 ~ 3d 就失去新鲜的风味并降低 VC 含量，因此，果实不宜过熟采摘。采摘后应尽量避免太阳直晒，缩短运输时间，减少机械损伤。

五、台湾青枣无公害生产技术规程

台湾青枣也称毛叶枣、印度枣等，原产印度、缅甸和我国云南等地，是一种速生快长、当年种植当年即可开花结果的热带、亚热带果树，被第 23 届国际园艺学会定为亟须开发利用的果树种类。台湾青枣曾经在同安区白沙仑农场、汀溪等地有少量种植，其果实可食率高达 96.7%，且味香甜清脆，肉质细嫩多汁，富含维生素 C，营养价值较高，素有"热带小苹果""维生素丸"之称，具有良好的发展前景。

（一）园地选择

要求在年平均温 18 ~ 22℃，绝对低温 ≥0℃ 的地域。土壤环境有机质丰富、保水保肥力强、土质较疏松、水源充足、排水良好、地下水位低、开阔向阳、避风寒的水田或冲积地建园。根据园地地形，把园地分成若干小区，建立通畅的排灌系统和道路系统。

（二）品种选择

选择适应当地生态条件，优质、丰产、稳产、抗逆性强、果品商品性好的品种。目前种植较普遍的优良品种有"蜜枣""高朗一号""脆蜜"、世纪枣、金龙种、福枣、黄冠等。

（三）种植

1. 种植季节

春植4—5月或秋植9—10月，以春植为佳。

2. 苗木质量

选择品种纯正、健康无病苗。以芽眼饱满、茎粗0.3cm以上、嫁接口以上高度为30cm以上为佳。最好选用带芽营养袋苗，裸根苗三天内必须种植。

3. 种植密度

一般株行距（4～6）m×（5～7）m，计划密植采用4m×5m，永久定植的采用6m×7m，每亩种植16～33株。

4. 种植授粉树

间植2%～10%开花类型不同的台湾青枣品种作为授粉树。

（四）土壤管理

1. 扩穴深翻改土

从定植次年起进行扩穴，每年交替在行间和株间开挖深50～60cm、宽40～50cm的改土沟，分层分别压入腐熟有机肥、绿肥、杂草、作物秸秆30～50kg，石灰1kg。回土时先下表土，底土压在表层。

2. 中耕除草

园地杂草可采用人工、机械除草或用草甘膦、百草枯、双丙胺磷等化学除草剂控制。结合施肥，每年中耕除草2～3次。

3. 合理间种

主干回缩修剪后，可在园地上间种花生、大豆等经济作物。

（五）施肥管理

1. 施肥原则

重视有机肥的使用，并与微生物肥、无机肥料配合施用。提倡平衡施肥和营养诊断施肥，根据果园肥力状况和台湾青枣不同发育阶段及时追肥。注重镁、硼、钙等中微量元素的配合施用，针对缺素的状况增加追肥的种类和数量，预防缺镁、缺硼、缺钙等症状的发生。

2. 幼树施肥

（1）基肥：定植前 1 ~ 2 个月挖穴施基肥，常规植穴 80cm × 80cm × 80cm，每穴基肥施用量：优质腐熟禽畜厩肥或堆肥 30 ~ 40kg，麸饼肥 2.5 ~ 4kg，过磷酸钙 0.5 ~ 1kg，石灰 1 ~ 1.5kg，分 3 ~ 4 层压埋。

（2）追肥：一般抽 1 次梢要施 1 ~ 2 次肥，可淋施腐熟的尿液、粪水、麸水等农家肥，也可淋施或干施化肥。农家肥通常用 7% ~ 13% 腐熟人畜粪水或 1% ~ 1.2% 充分腐熟的麸饼水。化肥则每次每株施尿素或复合肥 25 ~ 50g，可对水淋施。

3. 结果树施肥

推荐肥料施用比例为 $N：P_2O_5：K_2O = 1：0.5：2$，以有机肥为主，全年施肥主要分基肥、壮梢肥、促花肥、壮果肥 4 个时期，在树体生长出现养份不足，缺乏微量元素的情况下要及时补充叶面肥。

（1）基肥：2—3 月施用，每株开穴深施优质腐熟禽畜厩肥 30kg、麸饼肥 1.5kg、过磷酸钙 0.5 ~ 1kg，充分与土壤混匀，施于肥穴上层，石灰 0.5 ~ 1kg 施于肥穴下层。

（2）壮梢肥：4— 6 月施用，氮磷钾适宜比例 2：1：1，每株树总量施复合肥 1.5kg 加尿素 0.5kg，分 3 次施用，一个月施一次。

（3）促花肥：7—8 月施用，氮磷钾适宜比例为 2：1：2，每株树总量施复合肥 0.5kg 加尿素 0.16kg、硫酸钾 0.17kg、硫酸镁 0.1kg，硼砂 50g，分 2 次施用。

（4）壮果肥：有机肥 10 月施用，每株施麸饼肥 1.5kg，开浅穴施入。化肥于 10 月至 12 月施用，氮磷钾适宜比例为 2：1：4。每株总量施复合肥 1kg、尿素 0.25kg、钾肥 0.3kg、硫酸镁 0.1kg、硫酸锌 50g，分 3 次施用，一个月施一次。

（5）叶面肥：在新梢老熟开始至初花期，可用 0.1% 的绿芬威 2 号或 0.2% 磷酸二氢钾加 0.2% 尿素喷施，一般 20 ~ 25d 喷一次，连续 2 ~ 3 次，开花期、幼果期可用 0.1% 的绿芬威 2 号或 0.2% 磷酸二氢钾加 0.4% 硫酸镁、0.2% 硫酸锌和 0.2% 硼酸进行喷施，每个月喷施 1 次，连续 3 ~ 4 次。

（六）水分管理

1. 灌水

台湾青枣枝梢生长期、果实生长发育期，如遇干旱应及时灌水，保持水分均匀供应。果实大量收获期土壤宜保持适度干燥。

2. 排水

地势低洼或地下水位较高的园地，应及时排除园内积水。

（七）树体管理

1. 整形修剪

（1）幼树整形修剪：幼树定植后，在30～40cm高处短截定干，萌芽后在主干上选留粗壮、生长位置好的3～4条作主枝，并用竹竿诱引至四方，使其均匀分布，形成自然开心形。

（2）结果树整形修剪：二年生以上的台湾青枣，在果实采收后，需对主枝进行回缩更新。每年春季收果后，将主枝在原嫁接口上方20～30cm处锯断，以后随树龄增加适当提高回缩位。对树体老化和品质变差的树，宜在主干回缩更新后，重新进行嫁接换种。

（3）主干回缩更新后整形修剪：主干更新、新梢长出后，留位置适当、生长粗壮的枝梢2～4条培育成主枝。主枝长至50～60cm，进行短截，促二级分枝发生；二级分枝长至50～60cm，再进行短截，促长三级分枝。6月开始修剪枝梢，将交叉枝、过密枝、徒长梢、直立枝、纤细枝、病虫枝、贴地或近地枝剪除。

2. 搭架

搭架以牢固的竹竿、木条、水泥杆等作支柱，棚架高度一般控制在120～160cm，依树龄和主干高度而定；棚架宽度占树冠的80%～90%。在树冠四方各垂直固定一根支柱，两支柱间用竹竿、铁线或尼龙绳等连接。竹架2～3年需更换一次。

3. 疏果

果实如花生米大开始进行分批疏果，结合枝梢修剪后，将过密果、细小果、黄病果、畸形果疏去，最后1～2个花序留1个果为佳。挂果量确定后，可将枝梢尾部（连同幼果花穗）剪除。

4. 套袋护果

幼果发育至横径 2～3cm 时用专用套果袋进行套袋。套袋前全园喷一次代森锰锌、多菌灵等杀菌剂，于上午露水干后套上袋子。

5. 产期调节

可通过于第一批花开放时采用晚间照明处理的光照调节等措施来提早青枣上市。

（八）病虫害管理

1. 主要病虫害

主要病害：白粉病、炭疽病等。

主要虫害：红蜘蛛、小白纹毒蛾、枣尺蠖、枣粘虫、柑橘粉蚧、"蛀果虫"等。

2. 防治原则与方法

（1）防治原则：坚持"预防为主，综合防治"的植保方针，提倡以农业防治、物理防治和生物防治为主，按照病虫害的发生规律和经济阈值，科学使用化学防治技术，有效控制病虫危害。

（2）农业防治：①因地制宜选择适应性强的抗病虫害优良品种。②加强肥水管理，增施生态有机复合肥或充分腐熟的有机肥，增强树势，培养壮枝，提高抗病虫能力。③及时修剪病虫枝、交叉枝、过密枝、荫蔽枝，疏除病虫果、畸形果、机械伤果，减少病虫害侵染源。④加强清园，采果后结合回缩修剪，清除果园杂草、残枝、落叶、落果，集中烧毁，用石硫合剂等消毒杀菌，以减少病虫害侵染源。

（3）物理防治：使用诱虫灯、黄（蓝、白）色粘虫板、性诱器等诱杀害虫；采用果实套袋技术，防治"蛀果虫"等虫病危害；人工摘除卵块防治小白纹毒蛾等害虫。

（4）生物防治：营造有利于天敌繁衍的生态环境；繁殖、释放和保护捕食性或寄生性的害虫天敌，如捕食螨、食螨瓢虫、赤眼蜂、广腹细蜂等；提倡使用苏云金杆菌、阿维菌素等生物农药和石硫合剂、氢氧化铜、矿物油等矿物源农药。

（5）化学防治：积极采用生物防治，多用生物农药、矿质农药，尽量少用化学农药。不得使用的高毒、高残毒农药以及国家规定禁止使用的其他农药，严格控制施药量、施用次数与安全间隔期，注意不同作用机理的农药交替使用和合理混用，避免产生抗药性。

3. 台湾青枣主要病虫害危害与防治

（1）白粉病：为害部位：嫩枝、叶片、幼果。药剂防治推荐使用种类与浓度：75%肟菌·戊唑醇水分散粒剂（拿敌稳）5 000～6 000倍液；10%苯醚甲环唑水分散粒剂（世高）1 000～2 000倍液；35%氟菌·戊唑醇悬浮剂（露娜润）2 000～3 200倍液；40%腈菌唑可湿性粉剂（信生）6 000～8 000倍液。使用方法：发病初全园喷施，晴天傍晚进行，发病期间3～5d喷1次，连续2～3次。其他防治方法：采果后进行重修剪，清除果园杂草，消毒。

（2）炭疽病：为害部位：叶片、果实。药剂防治推荐使用种类与浓度：50%咪鲜胺锰盐可湿性粉剂（施保功）1 000～2 000倍液；75%肟菌·戊唑醇水分散粒剂（拿敌稳）4 000～6 000倍液；70%丙森锌可湿性粉剂（安泰生）600～800倍液；30%苯甲·嘧菌酯悬浮剂1 000～2 000倍液。使用方法：喷雾。其他防治方法：加强肥水管理，采果后修剪，清除、消毒田园。

（3）红蜘蛛：为害部位：叶片。药剂防治推荐使用种类与浓度：73%克螨特乳油2 000～2 500倍液；1.8%阿维菌素乳油2 000～3 000倍液。使用方法：喷雾。其他防治方法：保护和利用天敌食螨瓢虫。

（4）粉蚧：为害部位：枝、叶和果实。药剂防治推荐使用种类与浓度：25%噻嗪酮可湿性粉剂1 000～1 500倍液；48%乐斯本乳油1 000倍液；25g/L溴氰菊酯乳油（敌杀死）2 000～3 000倍液。使用方法：若虫盛孵期喷雾。其他防治方法：保护和利用天敌广腹细蜂。剪除被害叶片、枝梢。

（5）小白纹毒蛾：为害部位：叶片。药剂防治推荐使用种类与浓度：60g/L乙基多杀菌素悬浮剂（艾绿士）1 500～2 500倍液；48%乐斯本乳油1 000倍液；25g/L溴氰菊酯乳油（敌杀死）2 000～3 000倍液。

使用方法：幼虫幼龄阶段喷雾。其他防治方法：卵期人工摘除卵块。

（6）枣粘虫：为害部位：叶片、花、果实。药剂防治推荐使用种类与浓度：2.5%高效氯氟氰菊酯乳油（劳动）1 000～2 000倍液；220g/L氯氰·毒死蜱乳油（农地乐）600～800倍液；14%氯虫·高氯氟微囊悬浮－悬浮剂（福奇）3 000～5 000倍液。喷雾。黑灯光诱杀、性诱器捕杀、释放赤眼蜂。

（7）枣尺蠖：为害部位：叶片、花、果实。药剂防治推荐使用种类与浓度：2.5%高效氯氟氰菊酯乳油（劳动）1 000～2 000倍液；220g/L氯氰·毒死蜱乳油（农地乐）600～800倍液；14%氯虫·高氯氟微囊悬浮－悬浮剂（福奇）3 000～5 000倍液。使用方法：喷雾。其他防治方法：春季清园、消毒。

（8）"蛀果虫"：为害部位：果实。药剂防治推荐使用种类与浓度：①90%晶体敌百虫600～800倍液；50%马拉硫磷800～1 000倍液；48%乐斯本800～1 000倍液；上述药剂每15kg药液加入100g红糖可用于诱杀成虫。使用方法：树冠喷雾每6d喷1次，连喷2～3次。②2.5%高效氯氟氰菊酯乳油（劳动）1 000～2 000倍液；220g/L氯氰·毒死蜱乳油（农地乐）600～800倍液；14%氯虫·高氯氟微囊悬浮－悬浮剂（福奇）3 000～5 000倍液。使用方法：喷于果树滴水线内地面，每7d1次，连喷2～3次。其他防治方法：悬挂诱瓶诱捕雄性成虫；用残果配制毒饵点放于树冠诱杀成虫；及时采果；清园；果实套袋；养鸡治虫。

（九）采收

根据果实用途、市场需要分期分批采收。一般果皮颜色由青绿色转为淡绿色或黄绿色、果实外观饱满、光滑有光泽时，就进入采收期。应进行无伤采果。整个采收过程中避免机械损伤。采收时尽量保留果柄。采收后，24h内对果品进行挑选、分级、包装和必要的保鲜处理。

六、杧果无公害生产技术

杧果为漆树科杧果属热带常绿大乔木，是著名的热带水果之一，其果实肉质细嫩、香甜、有特殊风味，富含糖分和多种维生素而深受消费者欢迎。杧果在同安区种植历史悠久，但因气候及品种原因，产量低品质不好使杧果生产停滞不前。近年由于从台湾等地引进的一些优良品种具有色香味俱佳、产量高、经济效益好的特点，促进了杧果产业发展，前景良好。

（一） 园地规划

基地周围应设有防护林带，但其树种不应与杧果具有相同的主要病虫害。防护林带内应种植蜜源植物。采用宽行窄株定标，推荐株行距 3m×（4～5）m 或 4m×（5～6）m。同一地块应种植单一品种，避免混栽不同成熟其品种。坡地种植应等高开垦，>20°的坡地不宜种植。

（二） 品种选择

杧果品种很多，有秋杧、吕宋杧、紫花杧、泰国杧等，近年来我市还引进了金煌杧、海顿、爱文、凯特、台农 1 号、台农 2 号等。选择品种除考虑高产、稳产、优质外，因同安区春季常遇阴雨低温，应适当选择花期晚、容易抽生腋生花序，或较耐寒品种。或者通过杧果矮化并配套建设避雨设施等栽培技术措施，克服花期遇雨影响结果的问题。

（三） 土壤管理

1. 套种绿肥或自然草生法

杧果园行间间种矮生豆科绿肥、牧草、其他蜜源植物或行间生草，但间作物应离杧果树基部 1m 以上，草种选择要求短杆或匍匐生，与杧果无共同病虫害，生育期短，如霍香蓟等。

2. 施肥管理

（1） 幼龄树：①基肥：定植前 2～3 个月挖穴，施入绿肥、腐熟有机肥等，常规植穴为 80cm×70cm×80cm，每穴施入绿肥 25～50kg、腐熟有机肥 20～30kg、磷肥 2kg、生石灰 1.5kg。②追肥：定植当年少施或不施化学肥料。定植后第二年和第三年分别于 3 月、5 月、7 月和 9 月各施追肥一次，每次推荐施肥量为尿素 100～200g/株，氯化钾或硫酸钾 100～200g/株或三元复合肥 200～300g/株。

（2） 结果树施肥：推荐施肥量为每生产 1 000 kg 果实，施用纯氮 15kg，磷肥（以 P_2O_5 计）9.3kg，钾肥（以 K_2O）20kg。

采果前后肥占总施肥量的50%，其中有机肥占80%，磷肥全部，其他肥占40%；促花肥占总施肥量的20%，在抽生花序和开花前使用；壮果肥在谢花后30～40d左右施用，约占总施肥量的30%。平时结合喷施0.75%硫酸锌及树盘洒一些石灰，防止缺素症的发生。

3. 水分管理

在杧果秋梢抽发期、花芽形态分化期、果实发育前、中期，如遇旱应及时灌水，一般15～20d灌水1次。花芽分化前需要较干燥的环境，深度控水可提高细胞液浓度，利于花芽的生理分化。果实发育后期适度控水，以利果肉固形物的积累，提高果实含糖量和耐贮性，提高果实的品质。

（四）树体管理

1. 整形修剪

杧果在苗圃或定植当年定干，高度50～70cm为宜，促使抽生多个新梢，留3～5个分布均匀的作主枝，当长到40～50cm时再次摘心，每主枝上留2个分枝，依此类推，2～3年后便形成自然圆头形树冠。对矮化型品种，可培养成自然开心形树冠。

杧果成年后，对阴闭枝、下垂枝、交叉枝、衰弱枝、枯枝、病虫枝均应剪除，若过密也可开"天窗"，以利通风透光。

2. 摘除花序及保果

摘除顶生花序大约可推迟花期20～30d，对结果有一定保证。摘除花序的时期可掌握花序抽生长度达7cm时摘除，促使腋生花序抽生。

杧果花多果少，坐果率低。除加强栽培管理外，可视树势状况，在开花期对主干或主枝进行环割，以抑制营养生长，提高坐果率。盛花期喷布0.1%硼砂，可促进花粉萌发，提高坐果率。幼果期喷布保果灵2号或赤霉素，均有保果效果。

3. 套袋

套袋时间在坐果稳定后进行，视品种、地区不同而异，多在采收前30～50d套袋。纸袋材料有白色纸袋、黑色牛皮纸袋或银色牛皮纸袋等。套袋前，应喷杀菌和杀虫混合剂。套袋时封口处距果实基部果柄着生点

5cm 左右，封口用细铁丝扎紧。红杞类品种应在果实着色后才套袋或在采收前 10～15d 除袋增色。

（五）病虫草害综合防治

1. 农业防治

因地制宜选用抗病虫害或耐病虫害优良品种。同一地块应种植单一品种，避免混栽不同成熟期品种。在果园建设和栽培管理过程过，采用种植防护林带、密源植物、行间间作或生草等手段，创造有利于果树生长和天敌生存而不利于病虫生长的生态系统，保持生物多样化和生态平衡。通过杞果抽梢期、花果期和采果后的修剪，去除交叉枝，过密枝、叶花、果并集中烧毁，减少传染源。冬季清洁田园，把枯枝、病虫枝、叶等集中烧毁，减少传染源。加强栽培管理，提高植株抗病能力，适期放梢，促使每次梢整齐抽出，避开害虫高峰期，摘除零星抽发的嫩梢，有利于统一喷药防治。中耕，翻地晒上，杀死地下害虫。

2. 物理机械防治

使用诱虫灯，诱杀夜间活动的害虫，利用黄色荧光灯驱赶吸果夜哦。采用人工或工具捕杀金龟子等害虫和蛹。利用颜色诱杀害虫如黄色板、蓝色板和白色板。采用防虫网和捕虫网隔离和捕杀害虫。采用果实套袋技术，防治病虫害浸染。

3. 生物防治

果园周围和行间间种蜜源植物，以创造有利于天敌繁衍的生态环境，尽可能利用机械和人工除草，既防治草害又保护天敌。收集、引进、繁殖、释放主要害虫天敌，如捕食螨等。使用真菌、细菌、病毒等生物农药，生化制剂和昆虫生长调节剂。主要有苏云金杆菌乳剂、苏云金杆菌粉剂、生物复合杀虫剂、阿维菌素、浏阳霉素、灭幼脲、除虫脲、氟虫脲、多氧霉素、春雷霉素、米满、农抗 120。

4. 药剂防治

推荐使用植物源杀虫剂、微生物源杀虫杀菌剂、昆虫生长调节剂、矿物源杀虫杀菌剂以及低毒低残留有机农药。

5. 综合防治年历

（1）春梢和花期：重点防治对象：炭疽病、白粉病、横线尾夜蛾、扁喙叶蝉、剪叶象甲、叶瘿蚊、蓟马、螨类、蚜虫和介壳虫类。通过修剪降低果园荫蔽度、促进杧果抽梢、抽花整齐。对零星抽出的新梢人工摘除。及时将病枝、叶、花剪除集中烧毁，及时收拾被害嫩叶集中烧毁，杀死虫卵。在树干上捆缚稻草或椰糠、木糠等诱使尾夜蛾幼虫化蛹，每 8～10d 将草把取下烧毁。

药剂防治：药剂防治：在病害发生初期，用 250g/L 吡唑醚菌酯乳油 1 000～2 000 倍液，或 250g/L 嘧菌酯悬浮剂 1 250～1 667 倍液，或 50% 咪鲜胺锰盐可湿性粉剂 1 000～2 000 倍液等，于花蕾期，每 10d 一次，连喷 2～3 次防治炭疽病。病害发生初期用 50% 硫磺悬浮剂 200～400 倍液，或 75% 肟菌·戊唑醇水分散粒剂 4 000～6 000 倍液，或 250g/L 吡唑醚菌酯乳油 1 000～2 000 倍液等，隔 10d 喷一次，连喷 2～3 次防治白粉病。

选用高效低毒农药，于嫩梢和刚抽花序期每隔 10d，连喷 2 次防治横线尾夜蛾。选用高效低毒农药，于新梢抽生期每隔 10d 连喷 2～3 次防治叶瘿蚊和剪叶象甲；选用高效低毒农药，于花序抽生期和幼果期各喷 1～2 次防治扁喙叶蝉。选用高效低毒农药，防治蚧类。选用高效低毒农药，防治螨类。

（2）夏梢和幼果期：重点防治对象：炭疽病、细菌性黑斑病、疮痂病、扁喙叶蝉、叶瘿蚊、剪叶象甲、脊胸天牛、蚜虫、蛱蝶、小齿螟、蓟马类、螨类、蚧类。不从病区引入种苗和接穗。及时清除天牛、剪叶象甲、小齿螟等为害的虫叶、枯枝、落叶、落果集中烧毁。加强水肥管理，提高抗性。每次暴风雨后喷 1% 的波尔多液，77% 氢氧化铜可湿性粉剂，75% 百菌清可湿性粉剂 500～800 倍，72% 硫酸链霉素可湿性粉剂 4 000 倍保护。利用黑光灯诱杀天牛成虫，捕杀成虫卵块，用网捕蛱蝶成虫。结果树人工剪除夏梢，幼龄树促夏梢整剂抽发，有利统一防治。利用果实套袋防护果实。

（3）果实生长中后期：重点防治对象：细菌性黑斑病、炭疽病、蛀果虫类（桔小实蝇、小齿螟、腰果云翅斑螟等）、扁喙叶蝉、果肉象甲、果核象甲、吸果夜蛾等。防止柑橘小实蝇，果肉、果核象甲传播与扩散。利用果实套袋保护果实。及时摘除被害果，清除枯枝落叶、落果、集中处理。采果时用"一果二剪"法，减少病菌从果柄侵入。诱杀桔小实蝇成虫，利用黄色荧光灯驱赶吸果夜蛾成虫和手电筒人工捕杀。清除果园周围的防己科植物，杜绝虫源。

（4）采后修剪期：重点防治对象：细菌性黑斑病、炭疽病、煤烟病、脊胸天牛、蚧类、螨类、白蛾蜡蝉等。结合采后修剪彻底清除树上或地上病虫枝、叶、果，全园喷洒2波美度石硫合剂、30%氢氧化铜可湿性粉剂或1%波尔多液防护。

（5）秋梢生长期：主要防治对象细菌性黑斑病、炭疽病、扁喙叶蝉、叶瘿蚊、蚜虫、横纹尾夜蛾等。

（6）花芽分化与抽蕾期：主要防治对象是天牛幼虫。冬季彻底清园，清除果园病虫枝叶，集中烧毁。用10%石灰水树干刷白，全园喷洒2波美石硫合剂、30%氢氧化铜可湿性粉剂或1%波尔多液防护。翻地晒土，消灭虫卵。用80%敌敌畏或20%氰戊菊酯灌注脊胸天牛虫卵，消灭幼虫。

（六）采收

根据果实成熟度、用途和市场需要决定采收适期。采收后应及时清洁田园，回收废弃农膜。不应用不合标准的水清洗果实和包装材料。采用一果两剪采收，采收搬运过程中避免机械伤、暴晒。采收后，应24h内进行商品处理。

七、琯溪蜜柚无公害生产技术

同安区于1990年由平和县引进后，在汀溪西源村、凤南农场等地成功种植，目前全区种植面积近2 000亩。果实以10—11月成熟，产品具有"皮薄多汁、清甜醇蜜、酸甜适中"等优点，深受消费者欢迎。

（一）园地选择与规划

坡度≤25°，土层深厚，土壤肥沃、疏松，有机质含量≥1.0%，pH值5.0～6.5为宜，水源充足，排水良好，交通方便。根据株行距和山地坡度大小决定台面宽度，修筑等高"三保"梯田。

尽量利用自然林，营造防风林。根据果园面积大小，建设必要的主干路、支路和田间小路。建设排灌和蓄水等设施，山地果园上方设拦洪沟，每台内侧设排蓄水沟，并利用天然纵沟作为总排水沟。对容易造成冲刷的排水沟应设置缓冲潭。

（二）种植

1. 种植密度

株行距（4～4.5）m×（4.5～5）m，每亩种植30～40株。

2. 定植穴的准备

挖长、宽各1m，深0.8m定植穴或壕沟定植，每穴分层压绿肥50～100kg，石灰1～2kg，上层每穴施饼肥2～3kg或腐熟有机土杂肥50kg，钙镁磷肥1～2kg与土壤拌匀后回穴，培墩高于地面20～30cm。植穴应在植前2～3个月准备完成，待填土沉实、肥料腐熟后种植。

3. 定植时间

春植在春梢萌发前或春梢老熟后进行，秋植在秋梢老熟后进行，以春梢萌发前定植为宜。

4. 苗木选择

砧木为酸柚或土柚，接穗应品种纯正，生长健壮的一、二级嫁接苗，见表2-1。

表2-1 琯溪蜜柚苗木分级规格

项目		等级	
		一级	二级
根	侧根最低数（条）	5～7	3～4
茎干	苗高（cm）	40～80	30～40
	茎粗（cm）	≥0.8	≥0.6
	主干高（cm）	25～35	25～35
	主枝（条）	2～3	1～2
叶	脚叶	有健壮脚叶	脚叶不齐全
	病虫害	无检疫性病虫害，无疮痂病、炭疽病及介壳虫、锈壁虱、红蜘蛛等。	无检疫性病虫害，无疮痂病、炭疽病及介壳虫。

5. 种植技术

苗木根部要求带土或沾上泥浆，定植时适当修剪生长过长的主根和部分枝叶，根系要舒展，苗木的根颈部应与地面平齐，种植后培好树盘，浇足定根水，树盘盖草，同时注意及时浇水，直到成活。

（三）土壤管理

1. 深耕扩穴改土

（1）幼年树扩穴改土：在定植后第 3~5 年逐年完成全园扩穴改土，改土深度 0.5~0.6m，时间在新根长出高峰期之前的夏季 5—6 月或 8—9 月，冬季也可进行。扩穴时每株分层压填 50~75kg 绿肥或腐熟有机土杂肥、1~2kg 石灰，上层施用 5~10kg 饼肥。

（2）成年树改土：一般冬季可在树冠外围局部轮换深翻改土，但不可伤根过重影响生长，深翻深度 0.4~0.6m，结合深翻施足基肥、石灰等改土材料。

2. 中耕翻土

每年或隔年结合冬季清园进行一次约 20cm 深的全园中耕翻土，树干周围要浅耕。

3. 生草栽培

提倡套种绿肥，也可生草栽培，并适时收割做果园覆盖或压青。

4. 覆盖与培土

幼年琯溪蜜柚园在高温干旱季节进行秸秆或山草树盘覆盖，厚度 10~15cm，覆盖物应与主干保持 10cm 左右的距离。培土在冬季或高温干旱季节前进行，每隔数年进行一次，每株培土 250~500kg。

（四）水肥管理

1. 施肥原则

根据琯溪蜜柚对养分需求特点和土壤肥力状况科学配方施肥，选用肥料种类以有机肥为主，适量使用无机肥，施用肥料要求不对环境和产品造成污染。

2. 允许使用的肥料种类及质量

按 NY/T 496 规定执行。叶面肥等商品肥料应有农业部的登记注册。人畜粪便等有机肥必须经过高温发酵处理充分腐熟，禁止使用城市垃圾、污泥和未经无害化处理的有机肥。

3. 施肥方法

（1）幼年树施肥：种植成活 1 个月后可进行第一次施肥，应薄肥勤施。春、夏、秋梢每次梢前施一次肥，冬季再施一次有机肥；在每次新梢转绿期给予追肥或根外追肥。

年株施肥量：一年生株施纯氮 0.2～0.3kg，二年生 0.3～0.4kg，三年生 0.4～0.5kg，$N : P_2O_5 : K_2O : CaO : MgO = 1 : 0.8 : 0.8 : 1 : (0.2～0.3)$。

（2）成年树施肥：全年施肥 4～5 次。年产 100kg 果的柚树，年株施纯氮 1.2～1.5kg，其中有机氮应占 30%～50%，$N : P_2O_5 : K_2O : CaO : MgO = 1 : (0.5～0.6) : (1～1.05) : (1.3～1.37) : 0.3$。

采后肥：于 10 月下旬至 11 月下旬采果后施用，施肥量占全年的 35%，以有机肥、氮磷钾复合肥为主。

促梢壮花肥：于 1 月中下旬施用，施肥量占全年的 20%，以速效氮磷钾肥为主。

稳果肥：于 5 月中旬至 6 月上旬施用，施肥量占全年的 10%，以速效氮磷钾为主。

壮果肥：于 6 月下旬至 7 月中旬施用，施肥量占全年的 35%，以有机肥和速效氮钾为主。对结果多、树势弱的柚树在 8 月份增施一次肥。

根外追肥：在不同的生长发育期，选用不同的肥料种类进行根外追肥以补充树体营养或矫治缺素症。采果前 20d 停止使用根外追肥。常用根外追肥的肥料与浓度见表 2－2。

表 2－2　常用根外追肥的肥料及溶液浓度

种类	喷布浓度（%）	喷布时间	作用
尿素	0.3～0.5	新梢期、花期	促进生长发育，提高着果率

（续表）

种类	喷布浓度（%）	喷布时间	作用
硫酸铵	0.2～0.3	新梢期、花期	促进生长发育，提高着果率
硝酸铵	0.3	新梢期	促进生长发育，提高着果率
过磷酸钙	0.5～1.0	初果期	提高着果率
磷酸铵	0.5～1.0	初果期	提高着果率
草木灰	1.0～3.0	新梢期	促进生长发育，提高着果率
硫酸钾	0.3～0.5	新梢期	促进生长发育，提高着果率
硝酸钾	0.3～0.5	新梢期	促进生长发育，提高着果率
硫酸亚铁	0.1～0.2	新梢期	矫治缺铁症
硫酸锌	0.1～0.3	新梢期	矫治缺锌症
硫酸锰	0.1～0.3	新梢期	矫治缺锰症
硫酸镁	0.5～1.0	新梢期	矫治缺镁症
硝酸镁	0.5～1.0	新梢期	矫治缺镁症
钼酸铵	0.01～0.1	新梢期	矫治缺钼症
硼砂或硼酸	0.1～0.2	幼果期、新梢期	矫治缺硼症，提高着果率
磷酸二氢钾	0.3～0.5	幼果期、新梢期	提高着果率，促进生长发育
复合肥	0.3～0.5	新梢期	促进生长发育，提高产量
硝酸钙	0.3～0.4	幼果期、新梢期	促进生长发育，提高产量
氯化钾	0.2～0.25	新梢转绿	促进生长发育，提高产量

4. 排灌水

雨季要及时排水，夏秋果实迅速膨大期若遇干旱应及时灌水。

（五）树体管理

1. 整形

培育自然开心树形。主干高35～40cm，主枝3～4个、分布均匀，每个主枝选留2～3个副主枝，每个副主枝上留2～3个侧枝。

2. 幼树修剪

（1）夏、秋梢摘心：幼树夏、秋梢当能分辨基部8～10片叶时摘心去顶，长度控制在20～25cm。结果前一年秋梢不宜摘心，以免花少果少。

（2）抹芽放梢：在夏梢 3～5cm 时进行抹除，每 5～7d 抹一次，直至放梢时节停止抹梢。幼树于 5 月下旬至 6 月上中旬放夏梢；初结果树于着果稳定后，6 月底至 7 月初适量放夏梢；随着结果量增多，应控制夏梢。

3. 成年树修剪

（1）修剪时期：以采果后春梢萌发前冬剪为主，6 月中旬至 7 月上旬夏剪为辅。

（2）修剪方法：①修剪原则：掌握"去密留疏，去直立留斜生和内堂枝，去徒长留中庸健壮充实枝条"的原则，树冠顶部和外围宜重剪，内膛与中部宜轻剪。②冬剪：在采果后至春梢萌发前进行，先去除无用的大枝，再剪除交叉枝、重叠枝、过密枝、病虫枝、枯弱枝、果蒂枝等。③夏剪：在 6～7 月进行。抹除萌发的夏梢，剪除徒长枝、落果枝、下部着地枝。

4. 花果管理

（1）疏花疏果：2 月下旬至 3 月上中旬疏掉过多的花穗，留足健壮花穗；5—6 月生理落果结束后应视树势进行适量人工疏果。疏去病虫果、畸形果、过密果。

（2）果实套袋：在疏果后进行，套袋前应根据病虫发生情况全园喷药 1 次，药液干后采用蜜柚专用纸袋进行套袋。套袋要在喷药后 2d 内完成。

5. 环割或环剥促花

针对营养生长旺盛、成花困难的植株可在 11 月下旬至 12 月上旬进行适当环割或环剥。

（六）病虫害防治

1. 防治原则

贯彻"预防为主、综合防治"的植保方针，以农业防治为基础，鼓励应用生物防治和物理防治，科学使用化学防治，实现病虫害的有效控制，并对环境和产品无不良影响。

2. 农业防治

（1）种植防护林，园内套作绿肥和生草栽培。

（2）实施翻土、修剪、清洁果园、排灌水、控梢等农业措施，减少病虫源，加强栽培管理，增强树势，提高树体自身抗病虫能力。采果修剪后，结合清理果园的杂草、落叶、落果，集中深埋或烧毁，全园喷洒一次石硫合剂。

3. 生物防治

（1）人工释放捕食螨防治螨类。

（2）应用生物源农药：如苏云金杆菌、苦参碱、多杀霉素等。

（3）利用性诱剂诱杀：用0.1%阿维菌素浓饵剂（果瑞特）清水稀释2～3倍后装入诱罐，挂于果树的背阴面1.5m左右高处，每7d换一次诱罐内的药液。

4. 物理防治

（1）应用杀虫灯诱杀害虫：用杀虫灯诱杀吸果夜蛾、凤蝶、金龟子、卷叶蛾等。

（2）应用趋化性防治害虫：桔小实蝇、拟小黄卷叶蛾等害虫对糖、酒、醋液有趋性，可利用其特性，在糖、酒、醋液中加入农药诱杀。

（3）应用色彩防治害虫：可用黄板诱杀蚜虫。

5. 化学防治

（1）药剂使用的原则和要求：①使用药剂防治应符合农药安全使用标准（GB 4285）、农药合理使用准则（GB/T8321）的要求。②轮换用药，合理混用，防止和推迟病虫害抗性的产生和发展。

（2）适时和适量使用农药：根据琯溪蜜柚的病虫测报及时进行防治，要以防为主，综合防治，减少农药使用次数；推广使用高效、低毒、低残留农药，生物农药，严格控制农药用量和安全间隔期。

（3）禁止使用的农药：禁止使用国家明令禁止的高毒、剧毒、高残留的农药及其混配农药品种。

（4）主要病虫害及防治方法见表2-3。

表 2 – 3　主要病虫害及其防治方法

防治对象	化学防治适期或指标	常用药剂	使用浓度（倍液）	每年最多使用次数	安全间隔期（d）
红蜘蛛	冬季清园；在两次高峰期（5月上旬至6月中旬和9—10月）和越冬期为重点防治时期，在红蜘蛛发生初期施药	50% 丁醚脲可湿性粉剂	1 000 ~ 2 000	2	21
		240g/L 螺螨酯悬浮剂	4 000 ~ 6 000	1	30
		5% 唑螨酯悬浮剂	1 000 ~ 2 000	2	15
		73% 炔螨特乳油	1 500 ~ 2 500	3	30
		5% 噻螨酮乳油	2 000	2	30
		480g/L 毒死蜱乳油	1 000	1	28
锈壁虱	加强观察，特别是5~7月，若发现在叶片有虫2~3头时喷雾	95% 矿物油乳油	100 ~ 200	2	
		1.8% 阿维菌素乳油	3 000 ~ 4 000	2	14
		5% 唑螨酯悬浮剂	800 ~ 1 000	2	15
		480g/L 毒死蜱乳油	1 000	1	28
潜叶蛾	集中时段放夏梢和秋梢；在夏、秋梢抽出1cm长时进行防治，间隔5~7d连续用药2~3次	1.8% 阿维菌素乳油	2 000 ~ 4 000	2	14
		25g/L 高效氯氟氰菊酯乳油	1 000 ~ 2 000	3	21
		50g/L 氟虫脲可分散液剂	1 000 ~ 1 300	2	30
		480g/L 毒死蜱乳油	1 000	1	28
蚧类	冬季清园；在5月上旬、中旬和7—9月1~2龄幼虫盛发期进行防治	45% 松脂酸钠可溶粉剂	80 ~ 100	3	
		95% 矿物油乳油	50 ~ 100	2	
		25% 噻嗪酮可湿性粉剂	1 000 ~ 1 666	2	35
		480g/L 毒死蜱乳油	1 000	1	28
蚜虫	春、夏、秋嫩梢期。掌握嫩芽有蚜虫率达25%时立即防治	5% 啶虫脒乳油	4 000 ~ 5 000	2	14
		10% 烯啶虫胺水剂	4 000 ~ 5 000	1	14
		25g/L 高效氯氟氰菊酯水乳剂	3 000 ~ 4 000	3	14
		25g/L 溴氰菊酯乳油	2 000 ~ 3 000	3	28
溃疡病	重点保护夏梢和秋梢。在新梢抽出1.5~3cm和叶片转绿前各喷一次。大风暴雨后要及时防治	20% 噻唑锌悬浮剂	300 ~ 500	3	21
		77% 氢氧化铜可湿性粉剂	400 ~ 600	5	30
		30% 王铜悬浮剂	600 ~ 800	3	30
		20% 乙酸铜水分散粒剂	800 ~ 1 200	3	7
		12.5% 氟环唑悬浮剂	2 000 ~ 2 400	3	14
炭疽病	重点4—5月和8—9月保梢和防治果实炭疽	75% 肟菌·戊唑醇水分散粒剂	4 000 ~ 6 000	2	28
		80% 代森锰锌可湿性粉剂	400 ~ 600	3	21
		10% 苯醚甲环唑水分散粒剂	1 000 ~ 1 500	3	28
黄龙病	重视防治木虱等传病害虫，及时挖除病树				

（七）采收

根据果实成熟度、用途、市场需求和气候条件决定采收时间。产品质量符合 NY 5014 的要求。

八、草莓无公害生产技术规程

草莓属蔷薇科多年生草本植物，因富含 VC 和矿物质，具有较高的营养价值和医药价值，深受消费者喜爱。特别是冬春季气温低，新鲜水果少，而同安区秋冬季气候环境适宜，因此，近年来同安区果农种植草莓取得了显著的效益，也使种植面积不断增加。据调查，同安区年种植草莓面积已近千亩，主要分布在大同田洋片区、五显下峰片区，以及莲花镇窑市、美埔、莲花、后埔等。

（一）品种选择

应结合当地气候特点、产品用途、市场需求等综合考虑品种的选择，厦门地区露地栽培和大棚栽培均应选择耐低温，打破休眠容易，植株休眠较浅，花芽分化早，并在冬季和早春低温条件下开花多，自花授粉能力强，黑心花少，果形大而整齐，畸形果少，开花至结果期短。另外品种选择还应考虑品种的抗性、品质、丰产等性状。如选用抗病、抗寒、早熟、外观、口感、硬度适中和内在品质符合市场消费需求的品种。厦门地区常年露地栽培和大棚栽培的品种主要为法兰地、丰香、牛奶（奶油），大部分由浙江省农科院草莓研究所和本省宁德地区引进。

（二）培育壮苗

1. 母株选择

选择品种纯正、健壮、无病虫害的植株作为繁殖生产用苗的母株。于 5 月前后利用采收后期进行大田母株选育，选取的母株或引进的脱毒苗作为原原种，选择长势强，各花序结果正常，果实整齐，畸形果少，根系发达，无病虫害的植株为母株。采用母株稀栽法在专门育苗圃中育苗。建议使用脱毒苗。

2. 母株定植

（1）苗床准备：育苗圃选择前茬未种植过草莓和茄科作物的田块，土壤疏松肥沃的园地。每亩施腐熟有机肥 4 000～5 000kg，45% 的三元复合肥 50kg，耕匀耙细后做成畦宽（畦带沟）1.5m 左右的高畦。

（2）定植时间：一般在 4 月底至 5 月初定植。

（3）定植方式：每畦中间定植 1 行母株，行距 150cm，株距 50cm，每亩植 800～900 株。母株栽植前根系应保湿，栽植深度为上不埋心，下不露根。经 5—10 月的精心育苗，每单株母株均可产生 80～90 株以上的优质生产苗。一般每亩苗数可供 10 亩生产大田种植。

3. 苗期管理

定植后要保证充足的水分供应。为促使早抽生、多抽生葡匐茎，在母株成活后（长出 3 片新叶后）可喷施 1～2 次赤霉素（GA3），浓度为 50mg/L。葡匐茎发生后，将葡匐茎在母株四周均匀摆布，并在生苗的节位上培土压蔓，促进子苗生根。定植取苗前 1 个月对葡匐茎摘心并疏除过密的弱小苗以保证子苗的质量。整个生长期要及时人工除草，见到花序立即去除。在小苗大量发生后，隔 15～20d 施 45% N、P、K 三元复合肥 10～15kg/亩，8 月上中旬停止施用氮肥，只施磷钾肥。厦门地区在 6 月中下旬即进入夏季高温，育苗期间应注重隔热降温，可用黑色遮阳网遮阴，遮阳网高度以离地面 1.5m 左右为宜，过高易为风刮，过低隔热效果不佳。

4. 假植育苗

（1）假植育苗方式：草莓假植育苗有营养钵假植和苗床假植两种方式，在促进花芽提早分化方面，营养钵假植育苗优于苗床假植育苗。

（2）营养钵假植育苗：①营养钵假植：9 月上中旬，在育苗圃中选取 2～3 片展开叶的葡匐茎子苗，在阴天或晴天下午光照较弱时，栽入营养钵（直径为 10cm 或 12cm，高 10cm 的塑料钵）。育苗土为无病虫害的肥沃表土，加入一定比例的有机物料，一般为腐熟农家肥 20kg/m³，以保持土质疏松。适宜的有机物料主要有商品有机肥、炭化稻壳、腐叶、腐熟秸秆、蘑菇土、食用菌废弃料等，可因地制宜获取。育苗时先装钵七分满，植苗后装满，排列放置间隔以利于人工操作为宜。②假植苗管理：栽植后浇透水，第一周内必须遮荫，植后 3d 内每天喷 2 次水，定时喷水以保持湿润。栽植 10d 后叶面喷施一次 0.2% 尿素液，每隔 10d 喷施一次 0.2% ~ 0.3% 磷酸二氢钾溶液。及时摘除抽生的葡匐茎、腋芽、枯叶、病叶，并进行炭疽病、褐斑病、叶斑病、蚜虫和红蜘蛛等病虫害综合防治。后期，苗床上的营养钵苗要通过转钵断根，并注意控制浇水，保持土壤适度干燥以利大田栽植。

（3）苗床假植育苗：①苗床假植：苗床畦带沟宽 1.5m，每亩施腐熟有机肥 3 000 ~ 4 000kg，并加入一定比例的有机物料。9 月中下旬在育苗圃中，选择具有三片展开叶的葡匐茎苗进行栽植，株行距 15cm × 15cm，亩植 3 万株左右。②假植苗管理：适当遮荫（遮阳网）。栽后立即浇透水，并在 3 天内每天喷 3 ~ 4 次水，以后见干灌水以保持土壤湿润。栽植 10d 后叶面喷施一次 0.2% 尿素，每隔 10d 喷施一次浓度为 0.25% ~ 0.3% 的磷酸二氢钾。期间及时摘除抽生的葡匐茎和枯叶、病叶，并进行病虫害综合防治。假植期 15 ~ 20d 为宜。

5. 壮苗标准

具有 5 ~ 6 片展开叶，根茎粗度 1.2cm 以上，根系发达，全株苗重 20g 以上，顶花芽分化完成，无病虫害。

（三）定植管理

1. 莓田选择

草莓田应选择避风向阳，地势平坦，排灌条件良好，熟化的耕地土壤，质地为壤质，结构疏松，土层较深厚，有机质含量在 1.5% 以上丰富的中性或略微酸性肥沃壤土。

2. 整地除草

定植前 15d 左右，再次清理田间杂质，并喷 0.3 波美度石灰硫磺合剂消毒。亩施优质有机肥 3 000 ~ 4 000kg，或经充分腐熟的鸡鸭粪 1 500 ~ 2 000kg，过磷酸钙 50kg，碳酸氢铵 50kg。50% 硫酸钾 10kg，耕地前将基肥（有机肥、化肥）混合均匀撒施于地表，然后翻耕 25cm 以上，细耙 2～3 遍，整细耙平。按当地常年种植习惯，利用高畦栽培，整成畦带沟 90cm、沟宽 20cm、畦高 30cm 左右为宜的种植畦。灌半沟水，每亩喷施 0.25% 丁草胺芽前除草剂。让沟水自然渗透使药液均匀附于土壤表面。

3. 定植时间

假植苗在顶花芽分化（70% 植株开始发芽分化）后即可大田定植，露地栽培在 10 月上中旬定植。大棚栽培时间可参照露地栽培，适当提早或延迟均可。

4. 栽植方式

可划分为设施栽培和露地栽培两大类。设施栽培即为塑料大棚栽培。塑料大棚栽培比露地栽培提早采收 20d 左右，并可延长收获 10～15d。

（1）定植密度：露地及大棚栽培均采用大垄双行的栽植方式，栽培方式采取宽、窄行双行种植，一般垄台高 25cm，上宽 65～70cm，下宽 70～75cm，垄沟宽 20cm，株距 20cm，行距 45cm 左右。定植密度依地力条件而定。棚室栽培每亩定植 6 500～8 500 株，露地栽培一般每亩定植 6 000～8 000 株。高肥水田株行距 45cm×25cm，每亩定植 6 000 株；中肥水田株行距 45cm×22cm，每亩定植 6 700 株；低肥水田株行距 45cm×18cm，每亩定植 8 200 株。

（2）定植方法：育苗圃在取苗前一天，应浇 1 次水。大田挖穴栽苗，栽时选择阴天或下午 4 时以后人工小铲挖苗，带土垛，按大小苗分级移栽。从取苗到栽苗，根系应保湿，栽植时使根系完全展开，上不埋心，下不露根，深度以种植穴浇水沉实后苗心略高于土表为宜。新茎弓背一律向外。植后一周内，每日早晚灌水 2 次，一周后，每日灌水 1 次，15d 后保持见黑不见白，见白即灌水。植后 55～60d，覆盖黑色、银黑或白黑双色地膜，也可栽植时先顺垄覆盖地膜，并压严四周，再在垄上按栽植密度刨穴，将苗木舒展根系，培细土使秧苗心基部与床面平齐，铺膜后，立即破膜提苗。覆土压实，不留空隙。所铺地膜宽度为 0.9～1m，亩用膜量（0.01mm）8～11kg，栽后连续浇小水直至成活。

197

（3）查苗补苗：栽植 15d 后，深入田间仔细巡视检查各单株成活情况，发现死苗、弱苗、病苗，及时补植同类苗，以利全苗。

（四）定植后管理

1. 露地栽培管理技术

（1）植株管理：定植后及时浇透水，缓苗前勤浇小水，若缓苗期气温较高，白天可用遮阳网遮阴直至成活。缓苗后控制浇水，保持土壤见干见湿。植株长出 2 片新叶后，每株保留 5~6 片健壮叶。植株在 0℃左右易受霜冻为害，如遇低温季节（12 月至翌年 1 月）可搭小拱棚复膜防冻。

摘叶和除匍匐茎：在整个生育期过程中，应及时摘除匍匐茎和黄叶、枯叶、病叶。

掰芽：在顶花序抽出后，选留 1~2 个方位好而壮的腋芽保留，其余掰掉。

掰花茎：结果后的花序要及时去掉。

疏花疏果：花序易出现雌雄性不稔，开花后疏除一定的高级序，花果不仅可降低畸形果粒，也有利于增大果个，提高整齐度。因此无效花、无效果要及早疏除，每个花序保留 7~12 个果实。

（2）水肥管理。

灌溉：除了结合施肥灌溉外，在植株旺盛生长期、果实膨大期等重要生育期都需要进行灌溉。建议采用微喷设施。

施肥：无公害草莓的施肥原则是：根据土壤供肥能力和草莓需肥规律予以综合制定测土配方施肥方案，施肥应以有机肥为主，化肥为辅的原则。所施化肥（基肥）氮、磷、钾的比例以 15：15：10 为宜。

采收前追肥：采取少量多餐原则，三元肥料混合后于两行草莓中间用木棍（削尖）均匀扎洞。第一次追肥，植后 15d，顶花序显蕾时，亩施 17% 碳酸氢铵、14% 钙镁磷肥各 50kg（畦中间穴施）；第二次追肥，植后 30d，顶花序果开始膨大时，亩施 45% 复合肥 50kg（施用方法与第一次同）；第三次追肥，植后 60d，顶花序果采收前期，亩施 45% 复合肥 50kg（畦两侧边缘穴施），注意每次施肥后，为防肥料养分蒸发等造成流失，施肥穴洞口应覆土盖严；在采收期间还应每隔 15～20d 进行根外追肥一次，肥料以氮磷钾配合，液肥浓度以 0.2%～0.4% 为宜。因结果期长，中后期追肥显得极为重要，多次追肥以满足营养要求，追肥与灌水结合同时进行。注意每次施肥时间应在早上露水干后或下午四点后，以防肥料粘叶、熏蒸对草莓造成为害。此期间在追肥与灌水同时进行，并结合中耕除草（人工拔除）以防杂草为害。

2. 栽培管理技术（大棚种植）

（1）大棚结构：草莓棚室，宜东西走向，前坡角度 30°～35°，前坡面的形状以拱圆形为好，这样既能解决南端低矮不便，草莓生长及操作问题，又因弧度大于斜角面，从而增加光线的透射。大棚骨架采用钢架或镀锌管拱棚，棚膜应选择聚乙烯流滴膜。

（2）保温：①棚膜覆盖：塑料大棚覆盖棚膜是在平均气温降到 17℃（白天气温降到 15℃）的时候，温度低时在大棚内塔小拱棚保温。其覆盖时间应以覆盖后棚内夜间最低温度达到 5℃ 以上为宜。一般在草莓通过休眠，满足对低温要求时进行，若早易造成旺长，结果少，果实发育慢，病害严重；若晚则结果推迟，影响早期产量和品质。②地膜覆盖：参照露天栽培。

（3）棚室内温湿度调节：①尽量保证棚内温度不低于5℃。现蕾前：白天 25～30℃，夜间 15～18℃；现蕾期：白天 22～28℃，夜间 8～10℃；开花后：白天 20～25℃，夜间 5～8℃；果实膨大期和成熟期：白天 15～25℃，夜间 3～8℃；采收期：白天 18～24℃，夜间 5～6℃。②整个生长期都要尽可能降低棚室内的湿度，超过最高湿度时，要放风降温排湿。现蕾前：相对湿度80%；现蕾期：相对湿度70%；开花后：相对湿度70%；果实膨大期和成熟期：相对湿度80%；采收期：相对湿度75%。

（4）水肥管理：①灌溉：采用膜下灌溉方式，最好采用膜下滴灌。定植时浇透水，一周内要勤浇水，覆盖地膜后以"湿而不涝，干而不旱"为原则。开花前一周左右，要停止浇水，开花后可 15d 左右浇一次水。另外，中后期结合喷药，叶喷多微肥或 883 丰产灵、植宝素等有机营养液，以提高果重及含糖量，使果味更鲜美，商品价值更高。②施肥：参照露地栽培。

（5）赤霉素（GA3）处理：在保温一周后往苗心处喷 GA3，浓度为 5～10mg/kg，每株喷约 5mL，一般喷施一次。对于休眠深的草莓品种，为了防止植株休眠，应进行抑制休眠，休眠期长的品种在现蕾前可再复喷施一次。

（6）植株管理：参照露地栽培。

（7）放养蜜蜂：大棚种植因种种原因（如空气传播授粉受限）易产生草莓授粉不良、畸形果增加和坐果不齐。可放蜂加强授粉，提高座果率。花前一周在棚室中放入 1～2 箱蜜蜂，蜜蜂数量以一株草莓一只蜜蜂为宜。以促进提高座果率，减少畸形果，一般可增幅 30%～50%。

（8）二氧化碳气体施肥：在冬季晴天的午前进行，施放时间 2～3h，浓度 700～1 000mg/L。

（9）电灯补光：为了延长日照时数，维持草莓的生长势，建议采用电灯补光。每亩按实际面积约可安装 100W 白炽灯泡 40～50 个。在 12 月上旬至 1 月下旬期间，每天在日落后补光 3～4h。

（10）辅助授粉：在现蕾时，喷一次硼砂 500 倍液（硼砂先用高浓度酒溶解）以提高花器质量结合于开花期中午 11 时至 12 时，用扇子或鸡毛掸或毛笔进行雌雄花交替人工授粉。

（五）果实采收

1. 果实采收标准

草莓开花后 30d 左右成熟（开花至成熟，日平均积温达 600℃），适宜采收的成熟度要根据品种、用途等综合考虑，鲜食用果实表面着色达到 75%～80%，即"三红一白"时采收。

2. 采收前准备

果实采收前要做好采收、包装准备。采收用的容器要浅，底部要平，内壁光滑，内垫海绵或其他软的衬垫物，一般用有透气孔的硬纸盒包装，无毒无异味。

3. 采收时间

根据草莓果实的成熟期决定采收时间。采收在清晨露水已干至中午高温未到之前或傍晚转凉后进行。一般为上午 8 时至 10 时或下午 4 时至 6 时进行，不要摘露水果和晒热果，以免腐烂变质。采收初期 2 ~ 3d 一次，盛果期每天采收一次。

4. 采收操作技术

采摘时，用拇指和食指掐断果柄，必须轻拿轻摘轻放。采摘的果实要求果柄短，不损伤花萼，无机械损伤，无病虫危害。将果实按大小分级摆放于容器内，果实分级及质量要求按 NY/T444 - 2001、NY/T5103 - 2002 所述的草莓感官品质和卫生要求标准执行。采收后，要立即在阴凉通风处分级包装。

（六）病虫害防治

1. 主要病虫害

厦门地区主要病害包括白粉病、灰霉病、病毒病、炭疽病；主要虫害包括螨类（红蜘蛛）、蚜虫。药剂防治要注意开花前后不用药，以免影响授粉，使畸形果增加，采果期要尽量减少用药，必须用药时，要选择残毒低的药剂并在喷后 2 ~ 3d 内停止采果，防止果实残毒影响人体健康。

2. 防治原则

贯彻"预防为主、综合防治"的原则，优先采用农业防治、生物防治、物理防治，科学合理地利用化学防治。

3. 农业防治

（1）选用抗病虫品种：选用抗病虫性强的品种是经济、有效的防治病虫害的措施。

（2）使用脱毒种苗：使用脱毒种苗是防治草莓病毒病的基础。此外，使用脱毒原种苗可以有效防止线虫危害发生。

（3）栽培管理及生态措施：通过加强栽培管理措施，尽可能地减少病菌初侵染的数量，并促进植株生长健壮，提高植株抗病虫力。①晒太阳法（太阳热消毒）：厦门地区草莓前茬一般在四月底至五月初采摘结束，至10月中旬再行种植草莓，可充分利用盛夏期间多次翻耕晒垡，杀死病虫草害。也可先淹水10～15d后再深翻土壤，适当灌水后复膜消毒。太阳辐射可使地表土温升高到60℃以上，可有效地防治土壤中病残体上的病毒病菌。并有促进土壤有效养分分化、分解。②合理密植，保持通风良好。视田块肥力等级设定种植密度，掌握亩株数以6 000～8 000株左右为宜。株行距控制在（18～25）cm×（45～50）cm。③合理施肥、灌水。定植前结合整地施入大量经充分腐熟的有机肥和适量无机磷肥，不偏施氮肥。实践证明，施肥不足、偏施氮肥、施用未腐熟的带菌肥料田块发病重，而每亩施腐熟的农家肥不少于3 000kg，另加50kg钙镁磷和50kg硫酸钾的田块，发病轻或不发病。另外在花期前后叶面喷施0.5%～1%尿素或0.25%～0.3%磷酸二氢钾溶液3～4次，隔10d一次，可较好地补充草莓所需营养，以增强植株抗逆性。灌水应严格掌控，不宜多，应小水勤灌，雨后注意排水，做到雨停田干。尤其是开花到成熟期水分过多会导致灰霉病的发生和蔓延。④清除病株、残体。应经常到田间进行检查，及时拔除病株，摘除老叶、枯黄叶无效及已谢残余花序、匍匐茎分枝等并带出田外集中烧掉，严防病害扩展蔓延，减少田间病原污染及促进通风透光。⑤轮作倒茬。草莓忌连作，连作地可加重灰霉病的发生，连作最多2年就需轮作。大田轮作时前茬最好为玉米、水稻、地瓜、花生等作物，不要与番茄、茄子、辣椒等茄科作物与草莓有共同病害的田块轮作。

4. 物理防治

（1）黄板诱杀白粉虱和蚜虫：每亩悬挂30～40块规格25cm×40cm的黄板。

（2）阻隔防蚜：在棚室放风口处设防止蚜虫进入的防虫网。

（3）驱避蚜虫：铺银灰色地膜或张挂银灰膜膜条避蚜。

5. 生物防治

扣棚后当白粉虱成虫在0.2头/株以下时，每5d释放丽蚜小蜂成虫

3 头/株，共释放 3 次丽蚜小蜂，可有效控制白粉虱为害。

6. 生态防治

开花和果实生长期，加大放风量，将棚内湿度降至 50% 以下。将棚室温度提高到 35℃，闷棚 2 h，然后放风降温，连续闷棚 2 ~ 3 次，可防治灰霉病。

7. 药剂防治（病虫害化学防治）

禁止使用国家明令禁止的高毒、剧毒、高残留的农药及其混配农药品种。使用药剂防治应符合农药安全使用标准（GB 4285）、农药合理使用准则（GB/T8321）的要求。保护地优先采用粉尘法、烟熏法。注意轮换用药，合理混用，防止和推迟病虫害抗性的产生和发展。严格控制农药安全间隔期。

（1）栽苗前施用：栽苗前，将 1% 阿维菌素颗粒剂和 25% 多菌灵可湿性粉剂拌入农家肥中，按每亩 1.5 ~ 2kg，撒施于栽植沟内，能较好地防治地下病虫害，而且栽苗后也能兼治红蜘蛛和蚜虫。

（2）栽苗后施用：所用药剂应尽量在开花前喷药，彻底进行病虫防治可使坐果后病虫害发生减轻。

炭疽病：①病害症状：该病主要发生在匍匐茎抽生期与育苗期，定植后的生长结果期很少发生。主要危害匍匐茎与叶柄，叶片、托叶、花、果实也可感染。发病初期，病斑水渍状，呈纺锤形或椭圆形，大小 3 ~ 7mm，后病斑变为黑色，或中央褐色、边缘红棕色。叶片、匍匐茎上的病斑相对规则整齐，很易识别。匍匐茎、叶柄上的病斑可扩展成环形圈，其上部萎蔫枯死。湿度高时，病部可见鲑肉色胶状物，即分生袍子堆。该病除引起局部病斑外，还易导致感病品种尤其是子苗整株萎蔫，初期 1 ~ 2 片展开幼叶失水下垂，傍晚或阴雨天仍能恢复原状；当病情加重后，则全株枯死。此时若切断根冠部，可见横切面上自外向内发生褐变，但维管束未变色。②防治措施：发病前或发病初期喷施 38% 唑醚·啶酰菌水分散粒剂（凯津）40 ~ 60g/亩，或 300g/L 醚菌·啶酰菌悬浮剂 25 ~ 40g/亩，或 50% 戊唑·嘧菌酯悬浮剂 12 ~ 18g/亩等。

灰霉病：①病害症状：该病主要危害果实，花瓣、花萼等、果梗、叶片及叶柄均可感染。果实发病常在近成熟期，病发初期，受害部分出现黄褐色小斑，呈油浸状，后扩展至边缘棕褐色、中央暗褐色病斑，且病斑周围具明显的油渍状中毒状，最后全果变软腐烂。病部表面密生灰色霉层，湿度高时，长出白色絮状菌丝。花、叶、茎受害后，患处呈褐色至深褐色，油渍状，严重时受害部位腐烂。②防治措施：发病前或发病初期喷施38%唑醚·啶酰菌水分散粒剂40～60g/亩，或400g/L嘧霉胺悬浮剂45～60mL/亩，或1000亿孢子/克枯草芽孢杆菌可湿性粉剂40～60g/亩等。

白粉病：①病害症状：该病主要危害叶、果实、果梗，叶柄、匍匐茎上很少发生。发病初期叶背局部出现薄霜似的白色粉状物，以后迅速扩展到全株，随着病势的加重，叶向上卷曲，呈汤匙状；花蕾、花感病后，花瓣变为红色，花蕾不能开放；若果实感染此病，果面将覆盖白色粉状物，果实停止肥大，着色变差，失去商品价值。②防治措施：发病前或发病初期喷施30%醚菌酯可湿性粉剂15～40g/亩，或300g/L醚菌·啶酰菌悬浮剂25～40g/亩，或30%氟菌唑可湿性粉剂15～30g/亩等，在有利于发病的自然条件时7～10d使用一次。

蚜虫：①为害症状：蚜虫在草莓植株上全年均有发生，以初夏和秋初密度最大。多在幼叶叶柄、叶的背面活动吸食汁液，蜜露污染叶片，蚂蚁则以其蜜露为食，故植株附近蚂蚁出没较多时，说明蚜虫开始危害。蚜虫危害可使叶片卷缩，扭曲变形。更严重的是，蚜虫是病毒的传播者。其传毒所造成的危害损失远大于其本身危害所造成的损失。②防治措施：在蚜虫发生初期喷施，1.5%苦参碱可溶液剂40～46g/亩，或10%溴氰虫酰胺可分散油悬浮剂18～24mL/亩，或50%吡蚜酮水分散粒剂12～20g/亩等。

红蜘蛛：①为害症状：红蜘蛛的幼虫和成虫在草莓叶的背面吸食汁液，使叶片局部形成灰白色小点，随后逐步扩展，形成斑驳状花纹，危害严重时，使叶片成锈色干枯，似火烧状，植株生长受抑制，造成严重减产。红蜘蛛成虫无翅膀，靠风、雨、调运种苗以及人体、工具等途径传播。②防治措施：在发生初期喷施，0.5%藜芦碱可溶液剂120～

140g/亩，或 500g/L 溴螨酯乳油 30～40mL/亩，50% 丁醚脲可湿性粉剂 40～60g/亩等。

甘蓝夜蛾、地老虎成虫等：采用糖醋诱杀法。酒、水、糖、醋 1：2：3：4 比例加入适量敌敌畏，放入盆中，每 5d 补加半量诱液，10d 换全量，诱杀甘蓝夜蛾、地老虎成虫等害虫。

九、芦柑无公害生产技术规程

芦柑在同安区只有莲花内田等地少量种植，成为当地"一村一品"特色产品。但芦柑是柑橘当中最优良的品种，果实大、外皮颜色鲜艳、肉质脆嫩、汁多甘甜，在市场上很畅销。而且芦柑在栽培方面具有适应性强、结果早、丰产性能好的优点，是一种很有发展前景的果树。

（一）园地选择与规划

芦柑是多年生果树，植株较高大，根系深广、产量高，树龄可达百年。山地果园应根据其喜温暖湿润、较耐阴、根部好气的特性，选择土层深 1m 以上，土质疏松肥沃，有机质含量大于 1.5%，pH 值 5.5～6.5。低于 600 米海拔的山地或大田，坡向南坡、东坡或东南坡建柑园。

修筑等高梯田，梯田间距 3m 以上，梯田前筑梯埂，后挖排水沟，梯面略向内倾斜，梯田最高一层设拦水沟。为便于运输和管理，必须修建道路，主干路贯穿全园并与公路相通，能行载重汽车，路面 4～5m；柑园内支路能通拖拉机和喷药机械，路面 2.5～3m，果园内应设人行耕作通道。

（二）栽植

1. 苗木质量

提倡种植脱毒苗、大苗壮苗，小苗可经假植后种植。

2. 栽植时间

春植在春梢萌发前，或在春梢老熟后，秋植在秋梢老熟后进行，以春梢萌发前栽植为主。

3. 栽植密度

永久性株行距 4～4.5m，每亩约种植 40～50 株；计划密植可在永久

205

性株间加密 1 株。

4. 栽植穴

挖长、宽各 1m，深 0.8 ~ 1.0m 的定植穴或壕沟定植，每 1m³ 分层压绿 50 ~ 100kg，石灰 1 ~ 2kg；上层每穴施饼肥 2 ~ 3kg 或其他优质有机肥料 50kg，磷肥 1 ~ 2kg，与土壤拌匀后回穴，培墩高于地面 20 ~ 30cm。植穴应在植前 2 ~ 3 个月准备完成，待填土沉实、肥料腐熟后种植。

5. 栽植技术

苗木根部带土或沾上泥浆定植，定植时根系要舒展，不能弯曲，浇足定根水，树盘覆草，及时浇水，直到成活；栽植后苗木根颈部应露出地表。

(三) 土壤管理

1. 深耕扩穴改土

（1）深耕方法：苗木定植 2 ~ 3 年后逐年在定植穴或壕沟外全园扩穴改土，成年柑橘园在树冠外围局部轮换深耕改土。

（2）深耕深度：幼树扩穴改土深宽 0.5 ~ 0.6m，成年树深耕 0.4 ~ 0.6m。

（3）深耕时期：幼年果园深耕伤根少，对深耕时期要求不严格。成年果园深耕宜逐年局部轮换进行，不可一次伤根过重而影响生长。在冬季树体相对休眠期，或夏季 5—6 月、秋季 8—9 月新根发生高峰前进行深耕较为有利。

（4）深耕结合施用有机肥和石灰：深耕应结合施用基肥、石灰等改土材料。一般每 1m³ 分层压填 50 ~ 75kg 绿肥或杂肥、1 ~ 2kg 石灰，上层施用 5 ~ 10kg 饼肥等优质有机肥料，与园土混合后覆盖。

2. 中耕翻土

每年或隔年结合冬季清园进行一次 15 ~ 20cm 深的全园中耕翻土，树干周围应浅耕。中耕翻土可结合施用基肥、石灰等改土材料改良土壤。

3. 套种绿肥和草生栽培

（1）幼年果园可在树盘外套种豆科作物等绿肥，改良土壤。

（2）果园自然草生栽培是在深耕改土的基础上，让果园自然生草，选留浅根、矮生、与芦柑无共生性病虫害的良性草，铲除恶性草。草生果园在其旺盛生长季节和旱季到来之前，每年割草 3~4 次，覆盖树盘，控制青草高度。

（3）幼年果园在树盘一定范围内不应施行草生，以免影响树体生长。

4. 覆盖培土

幼年柑橘园在高温干旱季节进行稻秆或山草覆盖树盘，覆盖物距离主干 10cm，厚度 10~15cm。坡地果园视水土流失状况进行培土，可培入无污染或经无害化处理的土壤，每次培土约 10cm 厚，于冬季或高温干旱季节前进行。培土宜结合施用基肥、石灰改良土壤。

（四）施肥

1. 施肥方法

（1）土壤施肥：有机肥为主，化肥为辅。施肥时在树冠滴水处周围开深、宽 20~25cm 的环状沟、放射沟或条状沟施肥；结合果园深耕、中耕翻土施肥；多雨季节施氮、钾化肥也可用撒施，施后耙入土中。

（2）根外追肥：可结合喷施农药进行叶面追肥，以补充树体营养或矫治缺素症。果实采收前 20d 内停止叶面追肥。

2. 施肥时期

（1）幼年树：每年 3—8 月份生长季节每月施肥一次，或春、夏、秋梢梢前梢后各施一次肥，以氮肥为主，施肥量从少到多，一般每次株施碳酸氢铵 0.2kg 或尿素 0.1kg，冬季结合扩穴改土，株施饼肥 5~10kg 或腐熟优质鸡鸭粪 20~25kg 作基肥。

（2）成年树：增施有机肥，科学使用测土配方技术。以亩产 2 500~3 000kg 的果园，推荐年施纯氮 45~60kg，其中有机氮的施用量应达总氮量的 25% 以上，N∶P∶K 为 10∶（3~4）∶（5~6）较为适宜。同时注意增施钙、镁肥，补充锌和硼肥，隔年亩施用石灰 50~100kg，并改单一土施为土施与根外追施相结合。具体各时期施肥比例见表 2 – 4。

表 2 – 4　成年芦柑园各时期的施肥比例（%）

肥料类别		果实采收后 （基肥） （12—翌年 1 月）	春梢萌发期 （2 月）	开花幼果期 （4—5 月）	果实发育期 （7 月）
有机肥料		100			
化肥	氮肥	20 ~ 25	25	20	30 ~ 35
	磷肥	60		20	20
	钾肥	30		20	50

注：（1）有机肥一般以腐熟优质鸡鸭粪，亩施 1 000 ~ 1 500 kg；（2）营养基础好的果园，以采收后春梢前和果实发育期施肥为主，年施肥 2 ~ 3 次。营养基础较差的果园，应在芦柑采后、春梢萌发、开花幼果和果实发育等时期及时施肥。

（五）水分管理

芦柑树在春梢萌动、开花期（3—5 月）和果实膨大期（7—10 月）对水分敏感，若发生干旱应及时灌溉。

（六）树冠管理

1. 保持独立树冠

保持树体之间不相互交叉、有一定间距的独立树冠。成年树冠以控制冠幅 4 ~ 4.5 m、树高 3 m 以内，树冠间距 25 cm 以上为宜。

2. 培育自然开心树形

自然开心树形主干高 25 ~ 30 cm，一般主枝 3 个，主枝与水平成 60° ~ 70°角向三方向开展延伸；每个主枝上配 2 ~ 3 个副主枝，副主枝与水平约成 20°角；着生在副主枝上的侧枝可从水平到 20°角。副主枝与侧枝应均匀分布，相互错开。

3. 枝梢管理技术

（1）幼年树：种植当年定干 40 ~ 50 cm，培养 3 ~ 4 个主枝，并根据各次梢的生长特点，科学控梢。第 1 ~ 2 年生幼树，春梢长至 5 ~ 6 cm 长时进行疏梢，每个基枝保留 2 ~ 3 个强壮的梢，其余疏除。摘除零星夏梢，5 月下旬至 6 月中旬统一放梢，当梢长至 20 ~ 25 cm 长时摘心，促进树冠快速形成。秋梢放梢时间宜在 8 月上、中旬，一般不摘心，只进行适当疏梢。

（2）初结果树：应抹除早夏梢以提高着果率，于芦柑生理落果结束，着果稳定后 6 月底至 7 月初适量放夏梢，8 月中旬放秋梢。随着结果量增多，一年留 2 次梢，一次为春梢，二次于 7 月下旬至 8 月上旬放晚夏梢或秋梢。

（3）成年树：宜通过修剪，把春梢结果枝控制在春梢总数的45% ~ 50%，另 50% ~55% 春梢营养枝培育为翌年主要结果母枝，控制减少夏、秋梢抽发的数量。

（七）疏花疏果

首先在冬季通过修剪控制结果母枝数目，调整结果枝与营养枝比例；次年大年结果的树，冬季对树冠外围的部分枝条进行短截、回缩，减少花量，增加春梢营养枝。其次在春梢萌发至开花时剪掉过多的开花枝梢，以减少养分消耗；生理落果结束后进行 2 ~ 3 次疏果，主要是疏掉过多的幼果、病虫果、畸形果、机械伤果、日伤果等，这样可以促进养分集中供应到果实，使一级果（≥7.0cm）达 40% ~60%以上。

（八）病虫害管理

1. 防治原则

改善果园生态环境，综合运用各种防治措施，创造不利于病虫害发生和有利于天敌繁衍的环境条件，保持果园生态系统的平衡和生物多样化，减少病虫害的发生。坚持"预防为主，综合防治"的植保方针，提倡以农业防治、物理防治和生物防治为主，按照病虫害的发生规律和经济阈值，科学使用化学防治技术，有效控制病虫危害。

2. 植物检疫

禁止检疫性病虫害从疫区传入保护区，保护区不得从疫区调运苗木、接穗、果实和种子，一经发现立即销毁。

3. 农业防治

优先采用农业措施，通过改善生态环境，选用抗病品种、砧木，疏伐郁蔽果园、培育自然开心树形、矮化树体、施行草生栽培，保证果园通风、排水、日照良好，园地清洁，加强管理健壮树势，提高树体自身抗病虫能力。

4. 物理机械防治

可利用灯光、色彩诱杀害虫，机械或人工捕捉害虫，果实套袋防虫。

5. 生物防治

使用苏云金杆菌、苦参碱等生物农药防治病虫。利用捕食螨捕杀害虫，利用性诱剂诱杀害虫。

6. 化学防治

使用药剂防治应符合农药安全使用标准（GB 4285）、农药合理使用准则（GB/T8321）的要求。不得使用的高毒、高残毒农药以及国家规定禁止使用的其他农药，严格控制施药量、施用次数与安全间隔期，注意不同作用机理的农药交替使用和合理混用，避免产生抗药性。

7. 常见病虫害防治要点

主要病虫害防治要点见表 2-5。

表 2-5 主要病虫害防治要点

病虫名称	防治要点
疮痂病	春梢萌芽 2~4mm 和谢花 2/3 时为主要防治时期
炭疽病	增施钾肥，增强树势；重点 4—5 月和 8—9 月保梢和防治果柄炭疽
黄龙病	种植无病苗木，加强栽培管理，增强树势，重视防治木虱，及时挖除病树
砂皮病	春梢萌发、开花幼果期及时喷药保护；多年发病果园在幼果期和暴风雨过后要增加用药次数
红蜘蛛	越冬期、4 月第一次发生高峰期和 9 月第二次发生高峰期为防治重点时期
锈壁虱	越冬期、5 月初发期、7—9 月盛发期重点防治
蚧类	越冬清园，5 月中旬至 6 月上旬第一代幼蚧高峰期，7 月中旬至 8 月上旬第二代幼蚧高峰期，9 月中下旬第三代幼蚧高峰期重点防治
粉虱类	各代 1~2 龄幼虫盛发期是药剂防治的最佳时期，其中 4 月下旬至 5 月上中旬第一代 1~2 龄幼虫盛发期是一年中防治的关键时期
蚜虫	春、夏、秋梢抽发期注意防治
潜叶蛾	在夏、秋梢抽出 1~2cm 时，间隔 5~7d 连续用药 2~3 次
木虱	春、夏、秋梢新梢嫩芽期用药防治

第三节　茶叶无公害生产技术规程

同安区茶叶种植面积 1.06 万亩，其中莲花镇军营、白交祠、小坪等村海拔千米，毗邻铁观音之乡安溪县，土壤及气候条件与安溪县相近，温度适宜、阳光充足、水资源丰富，而且无工业污染，出产的茶叶品质较佳，因此所产茶叶素有"莲花高山茶"之称，"莲花高山乌龙茶"已成为同安区重要的"一村一品"特色产品。

（一）茶园的选择、规划

应选择在空气清新、水质纯净、土壤未受污染、农业生态环境质量良好、能满足茶树生长发育的需要。土壤相对集中连片，土层深度 1m以上，pH 值 4.5 ~ 5.5，背风向阳，坡度≤25°的缓坡地及平地作为茶园基地。

一般 12°以内的缓坡地，可按等高种植建园，坡度 12°以上 25°以内，必须沿等高线修筑水平梯地。梯面宽过去一般认为 2m，但考虑机械化作业应达到 2.4m。茶园内主干道两旁种植无臭无味直立型落叶乔木，茶园边界种植杉树、松树等防护林带，以优化茶园生态条件。

（二）品种选择

品种以毛蟹为主，其他品种有铁观音、本山、乌龙等。茶苗质量要求苗 20cm 以上，茎粗达 2.5mm，植株粗壮、无病，茶苗出圃时要多带土少伤根。

（三）茶树种植

1. 种植规格

单行条栽，行档距 1.5m × 0.3m；双行密植，行距 1.5m，小行距0.33 ~ 0.4m，株距 0.2 ~ 0.3m。

2. 施足基肥

开垦后的梯田种植前要开沟施底肥，沟深约 50cm、宽约 70cm 的种植沟，植沟内施足基肥以改良土壤，种植沟内每亩施枯饼 400kg，府熟人畜粪便 2 000 ~ 4 000kg，磷肥 50 ~ 100kg。做到肥料深施，离地面深约 30cm，覆盖表土至高出梯面 5 ~ 10cm。

3. 茶苗移栽

以早春为移栽茶苗的最佳适期。移栽宜选择雨后阴天或晴天无风时进行。每穴 2 ~ 3 株茶苗，穴深 5 ~ 10cm，茶苗移栽前必须消毒。

（四）耕作改土与施肥技术

1. 耕作改土

（1）浅耕：每年分别在春茶前、春茶后、夏茶后浅锄，耕的深度为 7 ~ 10cm。根据杂草发生的情况，增加 1 ~ 2 次浅锄、清园。

（2）深耕：茶季结束后，主要对幼龄茶园和低产茶园进行深锄，茶行间开宽约 60cm，深约 30cm 的深沟，施适量的腐熟有机肥，覆盖。

2. 合理施肥

（1）施肥原则：做到重有机肥，有机肥与无机肥相结合；重基肥，基肥与追肥相结合；重春肥，春肥与夏秋肥相结合；重氮肥，氮磷钾肥相结合；重根肥，根肥与叶面肥相结合。大力推广应用专用肥、有机肥和生物肥，禁用硝态氮肥，以降低重金属污染。

（2）施肥方法：一般每生产 100kg 干茶，要施氮 10 ~ 12kg、磷 5kg、钾 5kg，其比例为 2∶1∶1。生产上采摘茶园常用的氮、磷、钾施用比例为 3∶1∶1，其中 1/3 作基肥（10 月至 11 月中旬），2/3 作追肥，追肥次数一般需 3 次，分别在春茶前（2 月中旬至 3 月）、夏茶前（5 月上中旬）和秋茶前（8 月下旬至 9 月上旬）施入，3 次追肥施肥量比例为 40%、30%、30%。基肥应每年一次，10 月上旬施用最佳，做到早、深、好三个字。一般每亩施腐熟农家肥 1 000 ~ 2 000kg 或商品有机肥 200 ~ 400kg 左右，新栽与改造后的茶园，瘦地与粘重的土壤，还可适当施多些。化学肥料每亩每次施用量（纯氮计）不超过钙 15kg，年最高总用量不超过 60kg。此外，钙、镁、硫、铁、锰、锌、铜等也是茶叶不可缺少的元素。如锌、镁对提高名茶品质至关重要，硫酸镁对提高茶叶氨基酸含量很有效，因此，要注意多种营养元素的平衡。

（五）茶园修剪

1. 幼龄茶树的修剪

幼龄茶园第一年保齐苗，培养最佳丰产树冠（型）。一般采用"以采代剪"，方法：第一次定剪应在苗圃期进行，即当茶苗长至20cm高时，采取摘心打顶，促其分枝；种植当年在株高达到30cm以上，采去25cm以上的顶芽梢和较长的侧芽梢，一年进行多次，到年底在30～35cm高处平剪，株高未达到30cm的不剪。种后第二年同样对各轮新梢进行打顶，年终在上年剪口处提高15～20cm处平剪或蓬面最宽的高度处平剪；第三年则在上年剪口上提高6～8cm处平剪。以后随着树龄的增加，修剪提高的高度应逐年减少。当树冠高度达到60～70cm，蓬面宽度达60cm以上时可按壮年茶树修剪方法进行。

2. 壮年树的修剪

壮年期的修剪可分为轻修剪和深修剪两种。

（1）轻修剪：其目的是调整树冠，使植株体内的养分得以充分调整和分配，促进侧枝生长，扩大冠幅，同时使树冠平整，培养良好的采摘面。一般在春茶采摘后及时进行轻修剪，修剪高度，应在上年剪口基础上提高3～5cm处平剪。

（2）深修剪：宜在秋茶结束后立即进行。当树冠面出现很多鸡爪枝，芽叶瘦小，以及荚叶多，产量明显下降的茶树，要剪去树冠上部10～15cm的一层枝叶或在80cm高度处进行平剪。

3. 衰老茶树的修剪

衰老茶树的修剪可分为重修剪和台割两种。

（1）重修剪适用半衰老和未老先衰的茶树，其树龄不一定很长，但其多数主枝尚有一定的生活能力，对这种茶树可实行重修剪更新复壮，一般是剪去树冠的1/3～1/2。

（2）台割适用十分衰老的茶树，即使增施肥料也很难提高产量。于大寒前后（也可春茶采后）在离地面5～10cm左右高处锯或剪掉全部枝干，重新养蓬。实行重修剪、台割的都应在深翻施足基肥后进行。

（六）病虫害管理

茶树主要病虫害很多，同安区常见的虫害有：茶小绿叶蝉、茶螨、茶黑刺虱和茶尺蠖等；常见的病害有：茶饼病、茶云纹叶枯病等。防治以农业综合防治为主，农药防治为辅。

1. 强化农业防治

主要是通过及时采摘，适度修剪和台刈，清除茶树枯病枝和杂草，以减少病虫寄生场所；适当中耕、合理除草，结合秋季深翻晒土、清洁茶园，选择抗性良种，适当间作，合理施肥等措施来改善茶树生长环境，增强树势，提高抗性，达到控制和减少病虫害发生，对一些趋嫩危害的病虫，如小绿叶蝉等，要及时分批勤除，减少危害。

2. 推广生物防治

保护和利用当地茶园中的瓢虫、蜘蛛、捕食螨等有益生物，减少因人为因素对天敌的伤害。采用生物源农药，如苦参碱、BT 制剂、昆虫病毒制剂等防治。

3. 应用物理防治

推广使用粘虫板，每亩挂 30～40 个黄色粘虫板，可显著减少小绿叶蝉等害虫危害；通过杀虫灯灯诱杀茶尺蠖、茶毛虫、毒蛾等成虫，冬季摘除茶毛虫越冬卵块和各种病叶，茶季人工捕捉幼虫，都能起到很好的防治作用。

4. 限制化学防治

严格掌握防治指标，开展全面防治与挑治相结合。对个别病虫发生特别严重的，选择针对性强的高效，低毒，低残留农药进行挑治，并严格掌握剂量和安全闻隔期。注意轮换用药，合理混配，一般一种农药一季使用一次，全年使用次数不超过 2 次。不同作用机制的农药品种混配，能克服或延缓抗药性的产生，也能起到兼治病虫害，增强药效的作用。

茶树主要病虫害的防治指标和防治适期见表 2－6。茶园适用农药的防治对象和使用技术见表 2－7。

表 2 - 6　茶树主要病虫害的防治指标和防治适期

病虫害名称	防治指标	防治适期
茶饼病	芽梢罹病率 35%	春、秋季发病期，5d 中有 3d 上午日照 <3h，或降雨量 >2.5 ~ 5mm
茶网饼病		4—6 月和 9—10 月
炭疽病		5 月下旬—6 月上旬和 8 月下旬—9 月上旬
茶毛虫	每百丛茶树有卵块 5 个	3 龄前幼虫期
茶黑毒蛾	第一代幼虫量每平方米 4 头；第二代幼虫量每平方米 7 头	3 龄前幼虫
茶尺蠖	成龄投产茶园：幼虫量每平方米 7 头（参照 GB/T84—88）	茶尺蠖病毒制剂 1 ~ 2 龄幼虫期；化学农药或植物源农药 3 龄前幼虫期
茶刺蛾	每平方米幼虫数：幼龄茶园 10 头、成龄茶园 15 头	2、3 龄幼虫期
茶小卷叶蛾	1、2 代，采摘前，每平方米茶丛幼虫数 8 头；3 ~ 4 代每平方米茶丛幼虫数 15 头	1、2 龄幼虫期
茶细蛾	每百芽梢有虫 7 头	潜叶，卷边期（1 ~ 3 龄幼虫期）
茶丽纹象甲	成龄投产茶园每平方米虫数在 15 头	成虫出土盛末期
假眼小绿叶蝉	第一峰百叶虫量超过 6 头；第二峰百叶虫量超过 12 头	入峰后（高峰前期），且若虫占总虫量的 80% 以上
茶蚜	有蚜芽梢率 4% ~ 5%，芽下 2 叶有蚜，叶上平均虫口 20 头	发生高峰期
黑刺粉虱	小叶种 2 ~ 3 头/叶，大叶种 4 ~ 7 头/叶	卵孵化盛末期
茶黄蓟马	幼龄茶园为 60 头/百梢，虫梢率 >30%；成龄茶园第 5 轮芽为 100 头/百梢，虫梢率 >40%	9 月盛发期
茶蛾蜡蝉		5 月上至 7 月中
茶橙瘿螨	每平方厘米叶面积有虫 3 ~ 4 头，或指数值 6 ~ 8	发生高峰前期
茶叶瘿螨	每平方厘米叶面积有虫 3 ~ 4 头，或虫叶率 >40%	7—8 月
茶跗线螨	平均每叶螨数 >5 头，有螨芽叶率 >30%	6—9 月
茶短须螨	每平方厘米叶面积有虫 1 头	6—9 月

表 2-7　茶园适用农药的防治对象和使用技术

农药名称和剂型	使用剂量	稀释倍数	防治对象	施药方式	安全间隔期(d)	适用茶园
敌敌畏 80% 乳油	75~100	800~1 000	毒蛾类、尺蠖蛾类、卷叶蛾类、刺蛾类、蓑蛾类、茶蚕、茶吉丁虫	喷雾		国内茶园可用
	150~200	100	茶黑毒蛾、茶毛虫	毒砂(土)撒施		
	50~75	1 000~1 500	茶梢蛾、叶蝉类、蓟马类、茶绿盲蝽	喷雾		
马拉硫磷(马拉松)45% 乳油	100~125	800	蚧类、茶黑毒蛾、蓑蛾类	喷雾	10	国内茶园、出口欧盟和日本茶园可用
联苯菊酯 2.5% 乳油(天王星)	12.5~25	3 000~6 000	尺蠖蛾类、毒蛾类、卷叶蛾类、刺蛾类、茶蚕	喷雾	6	国内茶园、出口欧盟和日本茶园可用
	25~40	1 500~2 000	叶蝉类、蓟马类			
	75~100	750~1 000	茶丽纹象甲			
三氟氯氰菊酯 2.5% 乳油(功夫)	12.5~15	6 000~8 000	尺蠖蛾类、毒蛾类、卷叶蛾类、刺蛾类、茶蚕、茶蚜	喷雾	5	国内茶园、出口欧盟和日本茶园可用
	25~35	2 000~3 000	叶蝉类、蓟马类			
	50~75	1 000~1 500	茶叶螨类			
氯氰菊酯 10% 乳油	12.5~15	6 000~8 000	尺蠖蛾类、毒蛾类、卷叶蛾类、刺蛾类	喷雾	3	国内茶园、出口欧盟和日本茶园可用
	20~25	3 000~4 000	叶蝉类			
溴氰菊酯 2.5% 乳油(敌杀死)	12.5~15	6 000~8 000	毒蛾类、卷叶蛾类、茶尺蠖、刺蛾类、茶蚜	喷雾	5	国内茶园、出口欧盟和日本茶园可用
	25~35	3 000~4 000	油桐尺蠖、木橑尺蠖、茶细蛾		7~10	
	25~50	2 000~3 000	长白蚧、黑刺粉虱		10	
茚虫威 15% 乳油	12~18	2 500~3 500	毒蛾类、卷叶蛾类、茶尺蠖、刺蛾类、小绿叶蝉	喷雾	14	国内茶园可用
阿立卡 22% 悬浮剂(9.4% 高效功夫菊酯 + 12.6% 噻虫嗪	4~8	6 000~8 000	小绿叶蝉	喷雾	5	国内茶园、出口日本茶园可用
溴虫腈(虫螨腈)10%	15~18	4 000~5 000	小绿叶蝉	喷雾	10	国内茶园、出口欧盟和日本茶园可用
	18~20	4 000~4 500	螨类			

216

（续表）

农药名称和剂型	使用剂量	稀释倍数	防治对象	施药方式	安全间隔期（d）	适用茶园
鱼藤酮 2.5% 乳油	150～250	300～500	尺蠖类、毒蛾类、卷叶蛾类、茶蚕、蓑蛾类、叶蝉类、茶蚜	喷雾	7～10	国内茶园、出口日本茶园可用。
清源保（苦参碱）乳剂 0.6% 乳油	50～75	1 000～1 500	茶黑毒蛾、茶毛虫	喷雾	7 *	国内茶园、出口欧盟和日本茶园可用
白僵菌（每 g 含 50～70 亿孢子）	700～1 000	50～70	叶蝉类、茶丽纹象甲、茶尺蠖	喷雾	3～5 *	国内茶园、出口欧盟和日本茶园可用
苏云金杆菌（Bt. 天霸）	150～250	300～500	毒蛾类、刺蛾类	喷雾	3～5 *	国内茶园、出口欧盟和日本茶园可用
	75～100	800～1 000	叶蝉类			
四螨嗪 20% 浓悬浮剂（螨死净、阿波罗）	50～75	1 000	茶叶螨类	喷雾	10 *	国内茶园、出口日本茶园可用
克螨特 73% 乳油	45～50	1 500～2 000	茶叶螨类	喷雾	10 *	国内茶园、出口欧盟和日本茶园可用
石硫合剂 45% 晶体	375～500	150～200	茶叶螨类，茶树叶、茎病	喷雾	封园农药。采摘茶园不宜使用	国内茶园、出口日本茶园可用
	500～750	100	蚧类、粉虱类	封园防治		
甲基托布津 70% 可湿性粉剂	50～75	1 000～1 500	茶树叶、茎病	喷雾	10	国内茶园、出口日本茶园可用。出口欧盟茶园因标准严格应慎用。
	80～100	500～600	茶树根病	穴施		
苯菌灵 50% 可湿性粉剂（苯来特）	75～100	1 000	茶炭疽病、茶轮斑病等	喷雾	7～10	国内茶园、出口日本茶园可用。出口欧盟茶园因标准严格应慎用。
多菌灵 50% 可湿性粉剂 苯并咪唑 44 号	75～100	800～1 000	茶树叶、茎病	喷雾	7～10	国内茶园、出口日本茶园可用。出口欧盟茶园因标准严格应慎用。
	80～100	500～600	茶苗根病	穴施		
百菌清 75% 可湿性粉剂	75～100	800～1 000	茶树叶病	喷雾	10	国内茶园、出口日本茶园可用。出口欧盟茶园因标准严格应慎用。

注：药剂使用剂量为"mL 或 g／亩"

（七）茶叶采摘

1. 分批多次及时采摘

以有 10%～15% 的新梢符合采摘标准，应正式开始采摘。做到先发先采，采强留弱，采高留低，采中留侧。

2. 不同类型茶树的采摘

幼龄茶树贯彻以养为主，以采为辅的原则；壮年茶树贯彻以采为主，以养为辅的原则。一般采叶标准是：长三叶采二叶，长四叶采三叶，采下对夹叶，不采鱼叶，不采单叶，不带梗蒂。

3. 采摘要求

用折采和提采，禁用指甲掐采、用手扭采、捋采、抓采。随着采茶工资不断提高，大部分茶农采用单人背负式机械采茶，工效比人工采茶提高 10 倍以上。

4. 鲜叶存放

将采下的鲜叶置于清洁的竹篓中，不能紧压，避免发热变红，及时送往加工。

（八）茶叶加工及贮藏

1. 鲜叶原料保鲜

鲜叶采回后，摊放在阴凉、通风、卫生、干净处，厚度约 10cm 左右，摊放时间 ≤8h 及时加工制作。

2. 加工设备

加工用的机械设备材料均须符合国家标准。

3. 卫生条件

保持厂房整洁卫生，做到六面光。加工人员必须经过定期健康检查，并符合食品加工人员健康条件。

4. 包装与贮藏

使用无毒、无害、无异味的包装材料。提倡低温保鲜。做好仓库防潮、防霉、防虫鼠等贮藏工作。

5. 质量控制

在整个加工过程中，严格执行相关标准。

第四节　粮油作物无公害生产技术规程

一、水稻无公害生产技术规程

水稻在同安有悠久的种植历史，在 20 世纪 60—70 年代的"以粮为纲"时代，同安区水稻种植面积占农作物播种面积 70% 以上，近年同安区水稻年种植面积仍占农作物播种面积的 1/5。稻米是日常主要粮食食品，保证一定的水稻种植面积是保障粮食安全的重要举措。

（一）品种选择

选用适合本地生产条件，优质、丰产、抗（耐）病虫性强、商品性好的品种。目前早稻可选用：龙特早、佳禾早占、9104、龙引 88、汕优 89、两优 2186、两优 2163；中稻一般选用：汕优多系 1 号、特优 63、D 奇宝优 527 和 T55 优 627 组合；晚稻一般选用：9104、龙引 88、佳禾早占等倒种春品种，以及油优多系 1 号、特优 63 等。

（二）培育壮秧技术

1. 秧田选择

秧田应选择避风向阳、灌溉方便、水源水质清洁、土壤肥力较高、远离污染源的田块。

浸种处理催芽：为了防止多种病害和提高种子发芽率，播种前应进行种籽处理。

2. 种子处理

水稻种子浸种前选晴天晒种，清水浸种 12h，再用强氯精比例为 10g 强氯精加 25kg 水或 25% 的多菌灵 500 倍溶液浸种进行种子消毒，早稻用强氯精对水 1 000 倍液消毒 48h，中稻、晚稻用强氯精对水 500 倍液消毒 12h，消毒后种子用清水洗净后再行浸种 12h 后，沥干催芽，至破胸露白即可播种。

3. 适时播种

早稻属感温品种，中熟品种 3 月 10—15 日播种为宜，早熟品种 3 月

20—25 日播种为宜；中稻播种期在 4 月上、中旬；晚稻属感光品种，正晚品种 6 月中下旬播种为宜，中熟品种 7 月上中旬播种为宜，倒种春 7 月下旬初播种为宜。

4. 播种量

杂交稻每亩秧田播种量 15～20kg，常规稻培育湿润秧每亩播种量 30～40kg，培育湿润铲秧每亩秧田 100～125kg。采用塑料软盘育秧（抛秧）每亩大田秧用量 520 孔秧盘 40～45 块播种量每孔一般播 3～4 粒，每盘用种 60～70g，杂交稻每孔播 2 粒，盘用种量 30～40g。

5. 肥水管理

施足基肥，增施磷、钾肥。以腐熟的有机肥料为主，适量施用化学肥料，一般秧田亩施腐熟的农家肥 800～1 000kg，过磷酸钙 25kg，碳铵 10～15kg，钾肥 7.5～10kg。秧田二叶一心至三叶期施"断奶肥"，移栽前一星期施"送嫁肥"，根据秧苗情况酌施，一般可用 1% 浓度的碳铵或尿水泼浇。早稻三叶期若遇低温寒流侵袭要增施粗糠灰或草木灰等热性肥料，有利保温，促秧根增生。

秧田管水应根据不同时期秧苗对水分需求特点掌握芽期不灌水，开叶薄皮水，二叶灌浅水，三叶淹秧腿，阴冷天灌深水，时间长换新水，回暖后保浅水，忌芽期灌满水与三叶期不灌水。此外，要加强秧田病虫检查防治，确保秧苗清秀无病。

6. 病虫草害防治

对秧田草害较重的，可用 90.9% 禾草敌乳油 146～220g/亩，或 60g/L 五氟·氰氟草 100～133mL/亩等，根据农药产品说明喷雾防除杂草，对易感白叶枯病的品种在秧田期用噻森铜预防白叶枯病。对秧田稻蓟马、螟虫等虫害进行防治时。

（三）大田管理

1. 移栽

（1）移栽时间：早稻 4 月上旬—中旬；中稻 5 月上旬至 6 月初；双晚 7 月下旬至 8 月初，尽量不过秋。

（2）合理密植：栽插采用宽窄行、东西向，按品种特性合理密植，亩基本苗：早稻常规品种 14 万~16 万株；中稻 6 万~8 万株；双晚常规品种 10 万~12 万株，杂交品种 5 万~6 万株。秧苗随取随栽，不栽隔夜秧，移栽质量要求浅、稳、直、匀。

2. 平衡施肥

采用配方施肥技术，增施有机肥和磷、钾肥。结合整地亩施腐熟农家肥 1 000~1 500kg、碳铵 20~30kg 或尿素 10~15kg、过磷酸钙 25kg、氯化钾 5~10kg。追肥以尿素为主，每亩总量不超过 12kg，返青后，结合中耕除草亩施尿素 3~5kg 作分蘖肥，晒田复水后看苗亩施尿素 2~3kg，抽穗前 30d 亩施尿素 3~4kg 作穗肥，齐穗期用尿素 0.5kg 加磷酸二氢钾 0.2kg 对水 60kg 叶面喷施。

3. 科学管水

要求浅水（2cm）插秧、寸水（4cm）活棵、薄水（1.5cm）分蘖，适时断水晒田，复水后浅水勤灌，深水（7cm）孕穗，足水（5cm）抽穗，干干湿湿灌浆，收获前 3~5d 断水。坚持苗到不等时，时到不等苗的原则，常规稻 28 万~32 万苗，杂交稻 22 万~24 万苗时够苗晒田；或时到晒田，晒到不陷脚为宜。

（四）病虫害防治

1. 主要病虫害

（1）主要害虫有：三化螟、二化螟、稻飞虱、稻纵卷叶螟、粘虫、半山区稻瘿蚊、负泥虫、蓟马、叶蝉等。

（2）主要病害有：稻瘟病、纹枯病、白叶枯病、细菌性条斑病、恶苗病、稻曲病等。

2. 防治原则

坚持"预防为主，综合防治"的原则，大力提倡农业防治、物理防治、生物防治，科学合理地使用化学防治，达到生产无公害稻谷的目的。

3. 农业防治

选用抗（耐）病优质良种；合理布局，实行轮作换茬；开展溶田、清除杂草、拔除病株、打捞病菌体、人工捕捉防治病虫；培育无病虫害壮秧；科学配方施肥，增施有机肥。

4. 物理防治

利用频振式杀虫灯、黑光灯、高压汞灯诱杀成虫，一般 20～50 亩设一盏灯。

5. 生物防治

保护青蛙、燕子、蜻蜓、蜘蛛等天敌；提倡稻田养鸭、养鱼治虫，控制稻叶蝉、稻飞虱、稻蓟马；螟虫盛蛾期使用阿维菌素等生物药剂控制螟害。

6. 化学防治

使用药剂防治应符合农药安全使用标准（GB 4285）、农药合理使用准则（GB/T8321）的要求。注意轮换用药，合理混用，防止和推迟病虫害抗性的产生和发展。严格控制农药安全间隔期。

7. 常见病虫草害的防治技术

（1）水稻螟虫：危害水稻的螟虫种类很多，主要有二化螟、三化螟和大螟等。三化螟和二化螟都是以幼虫钻蛀茎秆危害水稻，水稻受害后出现的症状是枯心和白穗，二化螟还取食叶鞘，造成枯鞘。

防治方法：螟虫要根据虫情预报，掌握在螟卵孵化初盛期，每亩用200g/L 氯虫苯甲酰胺悬浮剂 5～10mL/亩，或 6.1%阿维·苒虫威微乳剂 30～45mL/亩，或 3%阿维菌素微乳剂 10～20mL/亩，或 18%杀虫双水剂 200～250mL/亩等防治。

（2）稻飞虱：有白背飞虱和褐飞虱，每年发生代数较多，繁殖量大，以吸食水稻汁液造成危害，导致稻株枯死，倒伏落塘。它们都具有暴发性、迁飞性，还传播病毒病，是对水稻危害比较大的害虫。

防治方法：当分蘖期百丛虫量达 1 000 头，孕穗期百丛虫量达 1 500头，下药防治。每亩用 20%烯啶虫胺可湿性粉剂 10～20g/亩，或 25%噻虫嗪可湿性粉剂 2～4g/亩，或 70%吡虫啉水分散粒剂 2～3g/亩，或22%氟啶虫胺腈悬浮剂 15～20mL/亩等，针对稻株中下部喷雾。

（3）稻纵卷叶螟：幼虫稍大便开始在水稻心叶吐丝，把叶片两边卷成为管状虫苞，虫子躲在苞内取食叶肉和上表皮，抽穗后，至较嫩的叶鞘内危害。严重时，被卷的叶片只剩下透明发白的表皮，全叶枯死。

防治方法：掌握在主害代 1、2 龄幼虫盛发期（稻叶初卷期）。当分蘗期百丛幼虫 60 头、孕穗期 40 头以上时，进行药剂防治。药剂可用 20%呋虫胺悬浮剂 30～40mL/亩，200g/L 氯虫苯甲酰胺悬浮剂 5～10mL/亩，或 6.1%阿维·茚虫威微乳剂 30～45mL/亩，或 60g/L 乙基多杀菌素悬浮剂 20～30mL/亩等，喷雾稻株中、上部。

（4）稻瘿蚊：主要在山区、半山区稻田危害，近几年种群数量明显减少。稻瘿蚊喜温暖湿润，不耐干旱。适宜温度为 25～29℃，相对湿度 80%以上。冬春温暖、夏多雨。5—8 月降雨多，有利产卵、孵化和幼虫侵入，7—8 月常大发生。

防治方法：铲除越冬寄主游草、野生稻等，减少越冬虫源；减少单、双季混栽，消灭桥梁田；改进栽培技术，适时早栽，避过成虫产卵期，晚稻推广旱育稀植及提倡集中统一播育晚稻秧苗。防治策略：压 4 代，控 5 代；治秧田，保本田。晚秧田于播种后 4～8d（秧苗起针期）施药，可选用 4%二嗪磷颗粒剂、40%毒死蜱乳油拌细土撒施，注意施药后稻田保持 2cm 左右水 1 周以上。本田当移栽返青至分蘗初期，带活虫的标葱率为 2%～3%的稻田，应进行药剂防治：48%毒死蜱乳油 250～300mL/亩拌细土撒施，或用 10%吡虫啉可湿性粉剂 40～47g/亩，或 60g/L 乙基多杀菌素悬浮剂 20～30mL/亩，48%毒死蜱乳油 135～180g/亩，18%杀虫双水剂 200～250mL/亩等对水喷雾，注意施药后稻田保持一寸深左右的水 1 周以上。

（5）负泥虫：负泥虫又称"背屎虫"，负泥虫的成虫、幼虫都可以危害水稻，但以幼虫为主，取食水稻叶片的叶肉，留下透明的表皮，形成纵行的白色条纹，叶尖逐渐枯萎，危害严重时，全叶发白焦枯或全株死亡，一旦发生，常减产 10%左右。

插秧后应经常对稻苗进行虫情调查，一旦发现有成虫、幼虫开始危害并有加重趋势时，进行喷药防治。可用 10%溴氰虫酰胺可分散油悬浮剂 30～40mL/亩，或 60g/L 乙基多杀菌素悬浮剂 20～30mL/亩，或 10%

吡虫啉可湿性粉剂 40～47g/亩，或 48% 毒死蜱乳油 135～180g/亩等喷雾防治。

（6）稻蓟马：在水稻蓟马孵化高峰期至低龄幼虫期，当苗期出现叶尖卷曲率在 10% 以上、百株虫量 300～500 头以上时，用或 10% 溴氰虫酰胺可分散油悬浮剂 33.3～40mL/亩，或 60g/L 乙基多杀菌素悬浮剂 20～30mL/亩，70% 吡虫啉水分散粒剂 2～3g/亩，或 18% 杀虫双水剂 200～250mL/亩等对水 60kg 喷雾。

（7）稻瘟病：稻瘟病又叫稻热病，在水稻整个生育期都能发生，根据受害时期和部位不同，分别称为苗瘟、叶瘟、节瘟、穗颈瘟、枝梗瘟和谷粒瘟等。叶瘟慢性型病斑形状梭子型，两端有褐色坏死线，病班的最外层为深褐色，中间为灰白色。穗颈瘟使穗颈变成黑褐色，最后干枯腐烂使水稻变成白穗、或谷粒不饱满

防治措施：①选用抗病高产良种。②播种前搞好种子处理，一般用 50% 的多菌灵 1 000 倍液浸种 2d。③药剂防治：秧苗或分蘖期当初见发病中心或出现急性病斑，感病品种、老病区、叶瘟发生区在破口抽穗期均应下药防治。可用 2% 春雷霉素水剂 80～100mL/亩，或 75% 肟菌·戊唑醇水分散粒剂 15～20g/亩，或 27% 三环·己唑醇悬浮剂 60～80mL/亩，或 50% 咪鲜胺锰盐可湿性粉剂 60～70g/亩等喷雾防治。

（8）白叶枯病：高温、高湿、大风暴雨是白叶枯病流行的气候条件，一旦发生，一般可减产 10%，严重的可减产 50%～60%。叶枯型病害大多从叶尖或叶缘开始出现黄绿色斑点，斑点迅速扩展成条斑，受害严重时条斑可延伸至叶片基部，宽达叶片两侧，病叶叶缘或新病斑表面有白色或黄色菌脓溢出。

防治措施：①选择抗病良种。②培育无病壮秧。③科学用水，合理施肥。施足底肥，早施追肥，以后看苗补肥，不要偏施或过迟施用氮肥，同时要浅水勤灌。④药剂防治：在白叶枯病常发区，于发病初期用 20% 噻森铜悬浮剂 100～125mL/亩，或 20% 噻菌铜悬浮剂 100～130g/亩，或 36% 三氯异氰尿酸可湿性粉剂 60～90g/亩，或 50% 氯溴异氰尿酸可溶粉剂 50～60g/亩等喷雾防治；尤其在大风、暴雨、洪涝等灾害之

后，水稻叶片受到损伤，应及时喷施上述药剂，防止病情暴发。

（9）水稻纹枯病：水稻纹枯病又叫烂脚瘟。该病初发时，在稻株接近水面的叶鞘上出现椭圆形暗绿色小斑，像开水烫了一样，病斑逐渐扩大，中间呈灰绿色或浅褐色，后变成灰白色，病斑边缘不规则，呈褐色。

防治方法：在水稻分蘖至孕穗期丛发病率在15%～20%时，用75%百菌清可湿性粉剂 100～126.67g/亩，或36%三氯异氰尿酸可湿性粉剂 60～90g/亩，或50%氯溴异氰尿酸可溶粉剂 50～60g/亩，或75%肟菌·戊唑醇水分散粒剂 10～15g/亩等，加水 60kg 喷雾 1～2 次。

（10）杂草防治：用90.9%禾草敌乳油 146～220g/亩，或60g/L 五氟·氰氟草 100～133mL/亩等，根据农药产品说明喷雾防除杂草，施后田间保持浅水 3～5d，以保证除草效果。

（五）收获及贮运

当稻谷成熟度达到85%～90%时，抢晴收获，边收边脱，用板仓人工脱粒或机械收脱。切忌长时间堆垛在公路上打场暴晒，以防污染和品质下降。贮运时注意单收单贮单运，仓库要消毒、除虫、灭鼠，进仓后注意检查温度和湿度，防霉、防鼠害，运输时不与其他物质混载。

二、花生无公害生产技术规程

（一）品种选择

选择产量高、品质好、纯度高、抗病力强且经过品种审定的花生良种。肥水条件好，土壤肥力较高的地区选用泉花 10 号、泉花 327、汕油 71 等良种，水旱轮作地和旱地选用泉花 646、黄油 17 等良种。亩用种 15kg 荚果，剥壳精选饱满种仁播种。

（二）播期安排

春播：3 月中、下旬；秋播：7 月下旬—8 月上旬。

（三）种子处理

剥壳前晒果 2～3d，剥壳后分级粒选，把病虫、破伤果仁和秕粒拣出。拌种消毒每 kg 种子用 25%噻虫·咯·霜灵悬浮种衣剂（全程）6～8mL，加适量清水，混合均匀调成浆状药液，倒在种子上充分搅拌，待均匀着药后，摊开晾于通风阴凉处，晾干后即可播种，可防治根腐病、蛴螬等。

（四）整地与全层施肥

采用全层施肥法，整地与施肥一起进行。肥料使用按照优化配方施肥技术，按照目标产量 300kg/亩，亩施充分腐熟的优质农家肥 500kg，尿素 20kg，过磷酸钙 30～50kg，氯化钾 15kg，硼砂 0.5kg。

（五）播种密度及规格

土壤肥力较高的水田地、菜地亩种植 1.8 万～2 万株（0.9 万～1 万穴，每穴 2 粒种）；砂壤田每亩种植 2 万～2.2 万株（1 万～1.1 万穴），整地规格为畦带沟宽 90～100cm，畦高 30cm。秋花生可比春花生适当密植，采用宽行窄株或宽窄行密植的种植方式（宽行 30cm，窄行 18cm，穴距 13～17cm），以充分利用地力和阳光，提高单位面积产量。

（六）田间管理

花生的田管以"前促、中控、后保"为原则。

1. 化学除草

每亩选用精异丙甲草胺乳油 40～60mL、乙草胺 50～80mL 等任选一种除草剂对水 50kg，在花生播后 1～3d 内进行土表喷施，喷至畦面湿润即可。

2. 查苗补种

全苗是花生丰产的前提。花生齐苗后，应立即查苗，发现缺苗，及时补种或补苗。补种用原品种的种子，催芽后补种或两片子叶期带土移载。

3. 中耕松土

前期一般中耕 2～3 遍。齐苗后第一次中耕，结合开展清棵蹲苗，要先锄后清，锄后用小锄把幼苗周围的土扒开，使子叶露出即可；一般在清棵后 20d，结合平窝锄二遍，锄地时头遍要浅，以免埋苗；二遍要深，以疏松土壤，促进根系发育。第三次中耕培土应在封行前和大批果针入土前进行，培土时应做到不伤针、不压蔓，达到增温、防涝、增加昼夜温差，促进果针入土和荚果发育的作用。

4. 科学施肥

一是早追齐苗肥促壮苗。对苗期生长较差或基肥不足，应结合中耕及时追施速效性的氮肥：亩用腐熟水肥 1 500kg 掺尿素 5kg 或三元复合肥 10kg；始花前亩施 15kg 钾肥，行间开浅沟掺水条施，能防早衰，促饱荚。二是适时根外追肥。在花生苗期和开花期喷施 0.3% 硼砂溶液；饱果期亩用磷酸二氢钾 0.2kg 或复合肥 0.25kg，对水 50kg，每隔一星期喷射二、三次，能增强后期叶片功能，增加荚果重，有明显的增产效果。

5. 合理管水

注意防旱排涝，春花生以防涝为主、秋花生以防旱为主。苗期保持土壤湿润，开花期和下针期遇旱，分别灌一次"促花"水和"迎针"水，灌至畦沟 2/3 高让其自然落干；结荚期需水量大，如遇天气干旱，每隔 5~7d 灌水一次；饱果期保持土壤湿润。一般 5—6 月梅雨季节、7—9 月台风雨水偏多，要及时清沟排水，防止渍水。秋花生在 10 月底至 11 月初遇干旱应适当灌水一次。

6. 化学控苗

在肥水足的情况下，春花生生育中期易产生徒长。可在春花生主茎 13~14 叶片（出现鸡头状幼果）时，喷施 0.1% 浓度的"B9"溶液，（或亩用多效唑 40g 对水 50kg 喷施），能有效地控制花生生长，防止徒长，提高光合作用，有利养分转化积累，增产效果好。

（七）病虫害管理

主要病害有锈病、叶斑病、青枯病；主要虫害有卷叶虫、斜纹夜蛾、蓟马、蚜虫、地老虎、蝼蛄。

1. 农业防治

进行种子消毒、实行轮作、施用腐熟的有机肥，减少病虫源。科学施肥、控制氮肥使用，加强管理，培育壮苗、增强抵抗力。

2. 物理防治

利用黄色粘胶板诱杀蚜虫，按照 30～40 块/亩密度摆放，挂在行间。利用糖醋酒液引诱蛾类成虫，集中杀灭。

3. 生物防治

保护利用天敌，控制病虫害。选用核型多角体病毒、苏云金杆菌、春雷霉素、中生菌素、苦参碱、印楝素等生物农药防治病虫害。

4. 化学防治

（1）花生锈病、叶斑病：发病初期喷施，75% 百菌清可湿性粉剂，或 300g/L 苯甲·丙环唑乳油 20～30mL/亩，或 250g/L 戊唑醇水乳剂 20～30mL/亩，或 40% 腈菌唑可湿性粉剂 13～20g/亩等。

（2）青枯病：选用无病种子和抗病品种；提倡与水稻轮作，保持畦面不渍水。发病初期，拔除病株，并用 20% 噻森铜悬浮剂 300～500 倍液，或 3% 中生菌素可湿性粉剂 300～500 倍液，或 46% 氢氧化铜水分散粒剂 1 000～1 500 倍液等，在发病中心周围灌根或茎基部喷雾，预防传染。

（3）花生蓟马、蚜虫：在孵化高峰期至低龄幼虫期，用 60g/L 乙基多杀菌素悬浮剂 20～30mL/亩，或 70% 吡虫啉水分散粒剂 2～3g/亩，或 10% 溴氰虫酰胺可分散油悬浮剂 33.3～40mL/亩，或 100g/L 联苯菊酯乳油 5～10mL/亩等，交替喷雾防治。

（4）甜菜夜蛾、斜纹夜蛾：掌握在低龄幼虫早期（3 龄以前）施药防治。可选用 60g/L 乙基多杀菌素悬浮剂 20～30mL/亩，或 200g/L 氯虫苯甲酰胺悬浮剂 5～10mL/亩，或 150g/L 茚虫威悬浮剂 10～18mL/亩等。交替喷雾防治。

（5）蛴螬、地老虎、蝼蛄：整地时用 3% 辛硫磷颗粒剂 6 000～8 000g/亩，或 10% 吡虫啉可湿性粉剂 200～300g/亩，或 10% 毒死蜱颗粒剂 1 200～1 500g/亩等，混细砂撒施；或用 10% 溴氰虫酰胺可分散油悬浮剂 33.3～40mL/亩地面喷雾。

（八）适时收获

花生植株中下部叶片正常脱落、种皮呈现粉红色、大部分果壳硬化、网纹清晰时收获。收获后将荚果晾晒 5～7d，待水分降到 10% 以下时即可收藏。

三、甘薯无公害生产技术规程

据记载，甘薯于明朝万历年间传入同安区，在 20 世纪 50 年代以前曾是原同安东半县人民的主要粮食之一，当地多数农村以其作为口粮补充，有"甘薯半年粮"之称。目前，甘薯和水稻并列同安区两大粮食作物，2015 年全区种植面积 1.1 万亩。近年来莲花、汀溪的山区村利用高海拔特有的土质及日夜温差大的特点，生产的甘薯外观品形好、口感极佳、深受市场欢迎，种植模式由从一家一户粗放种植向规模化生产转化，现已成为同安区特色的优质农产品。

（一）甘薯的主要生育阶段

甘薯属于旋花科一年生蔓生性草本植物，从种薯育苗起到块根收获，大致可分为下列五个生育阶段。

1. 块根芽萌发与幼苗期

此期包括块薯育苗及苗圃假植繁殖阶段。

2. 发根返苗期

插后至 20d 为发根返苗期，此期根系发生很快，插后 10d 根系就能达到本期最高根数的 40%。

3. 分枝结薯期

插后 20～70d 为甘薯分枝结薯期，此期纤维根（须根）继续向纵深发展，粗根向块根分化，膨大。

4. 茎叶盛长期

75～100d 是茎叶盛长期，此期地上部生长快，茎叶鲜重有 60%～70% 是在此时生长的。

5. 块根肥大期

插后 100d 至收获为块根肥大期。

（二）甘薯的类型与品种

1. 类型

甘薯按结薯期及熟期迟早可分为早熟种、中熟种及晚熟种三类；按生长习性的不同可分为长蔓型（蔓长 250cm 以上）、中蔓型（蔓长 150～250cm）及短蔓型（蔓长 150cm 以下）；若按用途则可分为食用品种、饲用品种和工业品种。

2. 品种

甘薯的品种繁多，目前主要优良品种有：龙岩 7－3、福薯 26、岩薯 5 号、甜薯（俗称台湾鹦哥）、广薯 87，以及"60 日早""师院"等早熟品种以及"许山种""金山 57"等中熟品种，可根据需要选择种植。

（三）甘薯的育苗

生产上甘薯的育苗主要采用无性繁殖的方式，即采用茎蔓繁殖及块薯育苗繁殖两种方式。由于块薯育苗具有薯苗健壮，病虫害轻，结薯性好，薯块美观，产量高等特点，故提倡以块薯育苗为主要手段，繁殖优良种苗，确保甘薯生产的高产、稳产。

1. 选好优良种薯

俗话说得好："好种出好苗，好苗产量高"，所以应选择生长健壮，无病虫害，结薯较多，单块薯重 0.25～0.5kg，薯形较长，薯蒂较软，尾根较短，俗称"鹦哥嘴、酒瓶肚、田螺尾"薯皮光滑无侧根的薯块作种薯为宜，同时，为了防止黑斑病和其他病害的传播，种薯要经过浸薯种 10min 后凉干排种。

2. 选好苗地、适时育苗

苗地应选择避风向阳，排灌方便，土壤疏松，肥沃的壤土或沙壤土为宜，整地前亩施入优质土杂肥 2 000～2 500kg，复合肥、过钙各 25kg，而后进行翻犁整畦，一般畦带沟宽 1m，排种两行为宜，育苗时间应适时，掌握早育苗，早扦插以延长甘薯生育期，一般春季育苗在立春前后较为适宜。

3. 科学管理，促发芽早、齐、壮

苗地整成畦后，先在畦面拉两条排种沟，而后进行排种，由于薯块

具有顶端优势，排种应薯蒂朝上、薯尾朝下成 30° 斜放，穴距 20 ~ 25cm。种薯排好后，在薯面上泼些腐熟粪水，并用细土或拌火烧土盖种二寸厚，如果复土过干还要浇些水，以保湿促出芽，而后用地膜覆盖，薯块开始萌芽出苗后，要经常进行检查，针对出芽的薯穴挖破地膜，以防烫伤幼苗，齐苗后要及时进行肥水管理，一般以稀水肥点穴为好，既可满足幼苗对肥料的需求，又可保湿，促进多出苗，出壮苗。

4. 适时剪苗，及时假植

当芽苗长至四至五寸，要及时剪芽，以免芽苗拥挤而纤弱，剪芽时，如果芽长得很稠密，可用手直接间拔，反之长得稀疏的，要用剪刀剪取，留下基部一、二节，让其再发出嫩芽，剪下来的健壮芽苗，要及时假植于苗圃，以繁殖大量生产用的健壮苗。

（四）田间管理

1. 深耕高畦，施足基肥

甘薯块根的生长，需要土层深厚，肥沃，疏松的土壤，深耕高畦能加厚土层，增加土壤通透性，扩大畦面面积，也就是扩大了甘薯的光合面积，有利于提高产量，要求农地畦高一般以一尺高为宜，畦带沟宽 3.2 尺，水田的畦高 1.2 尺，畦带沟宽 3 尺左右。整地前应选择晴天进行翻犁晒白，这是本省甘薯生产经验"三白"的第一白，为了满足甘薯根系发达，生长期长，需肥较多的特性，必须结合整畦把稻草或绿肥及土杂肥等迟效性肥料配合部分速效氮肥作为基肥施入，一般占总施肥量的 35% 左右。施肥方法上提倡以起畦时"包心"为好。

2. 早插浅插，合理密植

甘薯没有明显的成熟期，在一定温度范围内，早插的生育期长、产量就高。早春，当气温稳定在 15℃ 以上，地温达到 17 ~ 18℃ 时为甘薯扦插的适期，本地区一般在 4 月上旬（清明节）左右扦插，晚薯在 7 月至立秋前扦插完；越冬薯在"白露"至"寒露"前插完。

据观察：块薯多在地面下 1 ~ 2 寸的地方形成，因此不论早薯、晚薯都要强调浅插（水平浅插或斜插），水平浅插的优点是入土节数多，每节都处在同一深度的浅土层中，因此，结薯多，产量高。

甘薯在扦插前都要进行薯苗消毒，用800倍托布津溶液浸苗五min，预防疮痂病和蔓割病危害。密植规格上应视地力肥沃程度差异一般掌握在每亩插3 500~4 000株为宜。

3. 追好三肥、科学管水

所谓"三肥"是指"点头肥""夹边肥"和"裂缝肥"。

插后15d是甘薯开始分枝，茎叶健壮生长和块根开始分化的时候，这时进行中耕晒白，破除表土板结，改善土壤通透性，结合在薯苗旁边拉浅沟点施水肥叫锄白"点头肥"一般掌握每亩施水肥750kg左右，施后盖土，以促进分枝发蔓，这次施肥量占全生育期的10%左右。

插后40d左右进行翻白施"夹边肥"可以改善土壤通气性，促进茎叶早封行，具体做法是在距薯头2寸以外的畦边用犁翻开晒白，然后顺翻开的边沟施肥称为"夹边肥"，一般占总施肥量的45%，即每亩施腐熟的有机肥或厩肥，堆肥等2 000kg左右加硫酸钾10~15kg，碳铵25kg，然后进行培土。

晚薯在9—10月，因本地区日夜温差逐渐加大，是甘薯膨大最快的时期，这时需要保持适当的绿叶面积，才能达到高产稳产，由于10月以后，甘薯经常随温度的下降而发生叶色落黄的现象，所以抓住畦面开始裂缝时施一次液体肥料在缝里、可取得显著的经济效益。一般每亩施人粪尿750kg或尿素5kg掺水浇施。占全生育期总施肥量的10%左右。

甘薯的需水规律是前期较少，茎叶盛长期需水量大，后期块根膨大期要保持土壤湿润，即两头小，中间大，由于同安区在一年中的雨量分布是春、夏多，秋、冬少，故早薯一般前期采取浇苗护苗，遇旱时才沟灌，晚薯若遇到7~8月少雨要适当灌水，促进早分枝，发蔓，10—11月是甘薯膨大增重的最佳时期，要注意灌水，以保证块薯膨大之需，农谚说"寒露肥，霜降水"，指的就是这个道理。

（五）病虫鼠害管理

1. 主要虫害

主要虫害有象鼻虫、斜纹夜蛾、甘薯麦蛾、蚜虫、天蛾、甘薯茎螟等。主要病害有疮痂病、蔓割病等。

2. 防治原则

按照"预防为主，综合防治"的植保方针，坚持以"农业防治、物理防治、生物防治为主，化学防治为辅"的无害化控制原则，进行甘薯病虫害防治，长期防治与地块周边防治结合进行。

3. 农业防治

（1）采用脱毒种苗，每年用过的苗不按传统方法再用，年年用新苗。

（2）实行水旱轮作，与非薯类作物轮作，如稻薯轮作。

（3）加强农田水利配套设施，保证水分充足，培育壮苗，提高抗逆性，注意防治根腐病，排水良好可以有效防治疮痂病。

（4）使用生物发酵有机肥，好氧高温发酵 55～60℃可杀灭病原菌、杂草种子及害虫卵。

4. 物理防治

（1）应用频振式杀虫灯或黄色灯光防治、诱杀斜纹夜蛾、甘薯天蛾、地下害虫象鼻虫。

（2）用糖、醋、酒、水和 90% 晶体敌百虫按 3∶3∶1∶10∶0.6 比例配成毒饵诱杀鳞翅目成虫。

（3）性引诱剂，每亩。放置 2 粒，可诱捕大量雄性象鼻虫；定植后至采收前的全生育期内放置小象虫诱捕器。

（4）定植前二犁二耙，犁地时赶着鸡群追随犁耙后面吃虫，可降低地下害虫及卵块初始数量。

5. 生物防治

保护利用天敌，控制病虫害。选用核型多角体病毒、苏云金杆菌、春雷霉素、中生菌素、苦参碱、印楝素等生物农药防治病虫害。

6. 化学防治

使用药剂严格按照 GB4285、GB/T8321 规定执行，严格控制农药用量和安全间隔期，

7. 常见病虫害的防治

（1）甘薯象鼻虫：又名甘薯小象甲、蚁象、臭心虫等。在同安区旱坡地薯区发生严重。此虫在甘薯生长期和贮藏期均有危害，薯块被害后恶臭，人和家畜不能食用。

防治方法：水旱轮作，减少虫口密度；生长中后期及时培土防止薯块外露，也有防虫效果；利用性诱剂进行诱杀：将诱芯置于诱瓶内，将诱瓶挂于薯田高于叶面 10～20cm 处，每亩挂 4～6 瓶，可诱杀大量雄虫，甘薯受害率大大减少。毒饵诱杀：把小鲜薯或鲜薯片、鲜茎蔓用 40% 乐果乳剂或 90% 晶体敌百虫 500 倍液，浸泡 12～24 小时后，取出晾干即成毒饵。每亩挖 20～30 个小浅坑，把饵料放入，上面盖草，每隔 5～7d 更换 1 次，诱杀效果很好。药剂防治：在甘薯生长中后期（幼薯的膨大期），用 220g/L 氯氰·毒死蜱乳油 600～800 倍液，或 25% 杀虫双水剂 300～400 倍液，或 2.3% 甲氨基阿维菌素苯甲酸盐乳油 2 000～3 000 倍液等淋灌薯蔓茎基部，或取下喷雾器的喷头对甘薯蔓头进行喷灌，连续两次（每次间隔 15～20d），以杀灭害虫。

（2）甘薯蔓割病：又叫甘薯枯萎病、甘薯萎蔫病等。主要侵染茎蔓、薯块。苗期发病表现为主茎基部叶片发黄变质。茎蔓受害则茎基部膨大，纵向破裂，暴露髓部，剖视维管束，呈黑褐色，裂开部位呈纤维状。病薯蒂部常发生腐烂。横切病薯上部，维管束呈褐色斑点。病株叶片自下而上发黄脱落，最后全株枯死。土温 27～30℃，雨量大，次数多，有利于病害流行，连作地、沙土、沙壤土发病较重。

防治方法：选种抗病品种，开展水旱轮作，栽插无病壮苗；发现病株及时拔除，集中烧毁或深埋。排种前用 50% 甲基托布津可湿性粉剂 700 倍液浸薯种，栽植前用 50% 多菌灵 1 000 倍液浸苗 5～10min。发病初期用 50% 咪鲜胺锰盐可湿性粉剂 800～1 500 倍液，或 75% 肟菌·戊唑醇水分散粒剂 3 000～4 000 倍液，或 10% 苯醚甲环唑水分散粒剂 1 000～1 500 倍液等，喷雾防治。

（3）甘薯疮痂病：又称甘薯缩芽病，俗称"麻风病""硬秆病"等。主要为害嫩梢、叶片、茎蔓，也可为害薯块。初期叶片病部出现红

234

褐色油渍状斑点，以后病斑逐渐扩大，突起，状如疮痂，呈灰白色至黄白色。受害叶脉弯曲，叶片皱缩、卷曲。茎蔓和叶柄发病，形成圆形或长圆形疮痂状病斑，严重时连合成大疤。病茎蔓皮层粗糙，木栓化，失去柔性，以致病蔓先端硬化僵直，不再伏地蜿蜒。嫩梢发病，产生密集淡紫色病斑，嫩梢皱缩不能生长，称之缩芽。薯块染病，芽卷缩，薯块表面产生暗褐色至灰褐色斑点，干燥时疮痂易脱落残留疹状斑或疤痕。病菌在种薯上或随病残体在土壤中越冬，带菌种薯和薯苗可以传播，风雨、人手接触和田间昆虫也能传播。持续降雨和暴风雨有利于病害蔓延和盛发。雨天翻蔓，病害扩展蔓延更快。

防治方法：选种抗病品种，开展水旱轮作，栽插无病壮苗；发现病株及时拔除，集中烧毁或深埋。排种前用 50% 甲基托布津可湿性粉剂 700 倍液浸薯种，栽植前用 50% 多菌灵 1 000 倍液浸苗 5～10min。发病初期用 50% 咪鲜胺锰盐可湿性粉剂 800～1 500 倍液，或 75% 肟菌·戊唑醇水分散粒剂 3 000～4 000 倍液，或 10% 苯醚甲环唑水分散粒剂 1 000～1 500 倍液等，喷雾防治。

（4）甘薯薯瘟病：1980 年因品种感病曾严重发生，1990 年后未再发现严重发生的田块。该病病菌从植株伤口或薯块的须根基部侵入，破坏组织的维管束，发病盛期可挤出菌浓，病薯薯肉蒸煮不烂。一般栽后半个月前后显症，维管束具黄褐色条纹，病株于晴天中午萎蔫呈青枯状；发病后期各节上的须根黑烂，易脱皮，纵切基部维管束具黄褐色条纹。薯块染病轻者薯蒂、尾根呈水渍状变褐；较重者薯皮现黄褐色斑，横切面生黄褐色斑块，纵切面有黄褐色条纹；严重时薯皮上现黑褐色水渍状斑块，薯肉变为黄褐色，维管束四周组织腐烂成空腔或全部烂掉。

对于甘薯薯瘟病的防治：严格检疫，搞好病情调查，划分病区，禁止疫区薯（苗）出境上市销售；建立无病留种地；选用抗病品种；合理轮作，水旱轮作，或与花生、玉米、大豆等作物轮作，但不要和马铃薯、烟草、番茄、茄子、辣椒等茄科作物轮作。注意防治小象甲、茎螟等害虫，减少虫媒传病。发现病株及时拔除，带出田外处理，病穴撒施石灰消毒。必要时可喷 20% 噻菌铜悬浮剂 500～700 倍液，或 46% 氢氧化铜水分散粒剂 1 000 ~ 1 500 倍液等。

（七）甘薯收获与贮藏

1. 适时收获

晚甘薯应在地温 18℃（12 月份）开始收获，在地温 12℃以上（1 月前）收完为宜。

2. 甘薯贮藏

精选适时收获的无病、无破伤、烂损的好薯块及时收贮，收贮场地应适量通风，保持温度在 10 ~ 15℃，若有腐烂薯块要及时拿出，以防薯块相互间传染。

四、马铃薯无公害生产技术规程

马铃薯属茄科多年生草本植物，具有耐寒、耐旱、耐瘠薄，适应性广等特点，是同安区继水稻、甘薯之后的第三大粮食作物，主要分布在莲花镇、汀溪镇的平原村，以及大同街道、祥平街道、五显镇的部分村。随着我国启动马铃薯主粮化战略以及马铃薯市场需求的不断增加，同安区马铃薯将得到进一步的发展。

（一）播种前准备

1. 选用良种

选用抗病、优质、丰产、抗逆性强、适应当地栽培条件和商品性好的鲜食品种。适宜同安区种植的有：早熟品种"中薯 5 号"、早中熟品种"兴佳 2 号"，中熟品种"中薯 15 号""久恩 1 号""希森 3 号""雪川"，晚熟品种"克新 19 号""中薯 17 号""闽薯 1 号"等。

种薯个大最好不小于 40g，最大不超过 300g；表皮破伤要小于 5%，不完善薯块不超 1%，泥土杂质不超 1%，带病薯块不超 1%。购买后的种薯应先平铺进行晾晒 2d 左右，早晚各轻翻一次。

2. 切块消毒

40 ~ 60g 的种薯只在其侧面纵切一刀打破休眠即可；70g 以上的种薯以每切块 40 ~ 50g 为最好，带 1 ~ 2 个芽眼且尽量带顶芽，在靠近芽眼的地方下刀以利发根。每个切块人员准备2把刀1个消毒罐，罐内装75%酒精或0.5%~1%的高锰酸钾溶液，一把切块另把消毒，每切7~8个种薯换一次刀，切着病薯的要将其淘汰并换上另一把消毒好的切刀。切后的薯块经1~2d晾干切口表面干燥后，用0.2%~0.3%的高锰酸钾溶液浸种15min，或用25%的甲霜灵300倍液浸种5min；另一种是先用70%甲基托布津：农用链霉素：滑石粉=3：3：100混合制成剂拌种，切后种薯表面稍干拌种，并进行摊晾，使伤口愈合，勿堆积过厚，以防烂种。

3. 保湿催芽

目的是提高种薯发芽率的整齐度，在催芽室内将种薯平放在湿润的沙层上。方法是放一层薯块盖一层湿沙（种薯和沙层厚度各约为10cm）共3~4层。最上一层盖10cm厚经消毒的湿稻草，保湿控温。待催芽至芽长0.5~1cm时分类轻拣出炼苗待种，未发芽的继续催芽。

4. 适时播种

根据马铃薯生长要求冷凉气候的习性，幼芽在18℃生长最好，茎叶生长以20℃最为适宜，块茎生长和膨大期土温以16~18℃为宜。同安区最佳播种期以11月5—20日为最佳播种时期，提早播种由于地温过高而易感青枯病和枯萎病，延后播种由于本地区在翌年3月上中旬进入春雨季节，膨大成熟期雨水多，易导致疫病蔓延，提早死蔓，并造成裂薯和烂薯。

（二）播种

1. 精细整地

选择排灌方便、肥沃的砂壤土，酸碱度适应范围为pH值5~8（pH值5.5~6.0最适合）。前作最好为种植水稻、或葱蒜韭，避免选用甘薯等块根作物、辣椒等茄科作物为前作。最好采用机耕整地，将土犁翻、深耕、耙碎、耙平，确保土层深厚、疏松透气。再用整畦机按畦带沟宽110cm，垄畦高30cm，垄畦宽80cm，两畦间沟宽20cm的规格起垄整畦，注意适当深挖畦头沟和环田沟，确保排灌自如。

2. 播种方法

播种应遵"深种浅盖"的原则,即种植条沟深度为 10cm,复细土 7～8cm,种薯应呈三角形置放,芽朝上,与土层充分接实。播后发现土壤板结应及时浅除松土利于出苗。为保证全苗,在每畦的两头还应同时增植亩总苗数的 15%～20% 的同一批催芽的种薯,播种后 25d 后发现缺苗及时移栽补苗。

3. 合理密植

合理密植要考虑品种和土壤肥力,土壤质地为中壤、重壤、轻粘的类型,畦面宽以 80cm 为宜,双行种植,株行距应为 32cm×55cm,亩株数控制在 3 600～3 800 株。中晚熟品种亩植 3 200 株左右,早熟种且质地为沙壤土的亩株数不应超过 4 200 株。

(三) 田间管理

1. 化学除草

种植 2～3d 后,畦面土层自然沉实,土壤表面水气自然蒸干后,亩用 50% 乙草胺芽前除草剂 200g 加水 30kg 喷施,喷施应均匀周到。

2. 优化施肥

有机肥和化肥结合是马铃薯丰产的基础,生产一吨块茎约需吸收 N 5～6kg,P_2O_5 1～3kg,K_2O 12～13kg,氮、磷、钾三要素施用比例为 1:0.5:2,一般中壤土或轻粘土基肥应占总施肥量的 60%～70%;沙壤土的基肥应不超过总施肥量的 50%。

(1) 重施基肥:每亩全层施腐熟鸡鸭粪 800～1 000kg 的前提下,播种时,亩用 75kg 三元复合肥施于行中间,肥料应避免接触种薯。

(2) 早施速效提苗肥:出苗 80%～90%,应重施一次提苗肥,亩用碳酸二氢铵 25kg 加过磷酸钙 25kg,对水 1 500kg 进行条施。

(3) 施好结薯肥:在现蕾期(约下种后 50～70d)施一次结薯肥,每亩用三元复合肥 15kg,硫酸钾 15kg 施于植株周围,防止伤苗。后期用 0.25% 磷酸二氢钾溶液、2% 尿素液、0.25% 的硼砂溶液进行根外追肥防早衰。

3. 科学管水

全生育期灌水应掌握"前润、中湿、后润"原则。齐苗后保持土壤湿润适中，以畦面见湿短暂见白为准则；现蕾开花期植株生长旺盛，薯块大量形成和急剧膨大，此期应勤灌水但不过量，保持湿润为宜；生长后期是薯块膨大阶段，又常遇雨季，应注重清沟排涝，消除田间积水，降低田间湿度。积水田块注重挖深沟、环沟排水。遇干旱灌溉应以少水浅灌为宜。

4. 清沟培土

防止绿头薯产生，应注重保持土壤湿润及中后期的清沟培土。整个生育期要清沟培土 3~4 次，第一次在出苗 7d 后，结合追肥及时进行小培土；第二次在出苗后 30~40d（结薯初期），进行中培土，此后在薯蔓封垄前再行 2 次培土，但最后一次清沟培土应为厚培土，并注意予以压实，以减少后期茎蔓倒伏，延长生长期。

（四）病虫管理

1. 主要病虫害

主要病害为晚疫病、早疫病、青枯病、病毒病、癌肿病、黑胫病、环腐病和疮痂病等。

主要虫害为地老虎、蚜虫、蓟马、粉虱、金针虫和蛴螬等。

2. 防治原则

按照"预防为主、综合防治"的植保方针。坚持"以农业防治、物理防治、生物防治为主，化学防治为辅"的无害化治理原则。

3. 农业防治

选用抗（耐）病优良品种，使用不带病毒、病菌、虫卵的健康种薯；合理布局和轮作，清洁田园，及时发现中心病株并清除、远离深埋。

4. 生物防治

保护利用天敌，控制病虫害。选用核型多角体病毒、苏云金杆菌、春雷霉素、中生菌素、苦参碱、印楝素等生物农药防治病虫害。

5. 物理防治

采用杀虫灯以及黄板诱杀害虫。

6. 药剂防治

使用药剂防治应符合农药安全使用标准（GB 4285）、农药合理使用准则（GB/T 8321）的要求。注意轮换用药，合理混用，防止和推迟病虫害抗性的产生和发展。严格控制农药安全间隔期。

7. 常见病虫害发生与防治

（1）早疫病：通常在植株缺肥、气温偏高、植株缺水、生长衰弱时易发生，早疫病的受害部位最初症状是有角的黑色小斑点，随着受害部位的扩大成熟，病斑逐渐变成一系列凸凹不平的同心圆，在叶缘处有褪色的枯黄组织。

防治措施：一是加强栽培管理，保证植株需要的水肥条件促进植株生长健壮。二是发病区马铃薯封行后，喷施保护性杀菌剂75%百菌清可湿性粉剂178～267g/亩。三是在田间发现早疫病症状时及时，喷施75%肟菌·戊唑醇水分散粒剂10～15g/亩，或10%苯醚甲环唑水分散粒剂67～100g/亩，或70%丙森锌可湿性粉剂150～200g/亩等。

（2）晚疫病：晚疫病是马铃薯主产区最重要的一种真菌病害，各个时期均可发生，大多在马铃薯开花前后发生危害严重。其症状在不同地区及气候条件下各不相同，但在大多数情况下，最初的症状是暗绿色圆形浸水的小斑点，经常出现在较底层的植株叶片上以及围绕在叶尖和叶缘上然后再向整个叶面扩散。在潮湿的环境中，叶片的背面可能会有白色绒毛出现在病斑的边缘。受侵染的块茎表面会呈现出不正常的、凹陷的、大小不一的、紫褐色的区域。

防治措施：首先要选择抗病品种；其次，播前严格淘汰病薯。一旦发生晚疫病感染，一般很难控制，因此必须在晚疫病没有发生前进行药剂防治，即当日平均气温在10～25℃，下雨或空气相对湿度超过90%达8h以上的情况出现4～5d后喷洒药剂进行防治。可用保护性杀菌剂，70%代森锰锌可湿性粉剂来进行预防，每亩用量175～225g，对水后进行叶面喷洒。如果没有及时喷药，田间发现晚疫病植株后，则需要用

250g/L嘧菌酯悬浮剂15～20mL/亩，或72%霜脲·锰锌可湿性粉剂133～180g/亩，或687.5g/L氟菌·霜霉威悬浮剂60～75mL/亩等，对水进行叶面喷施。如果一次没有将病害控制住，则需要进行多次喷施，时间间隔为7～10d。

（3）地老虎：翻耙前应做好地下害虫的预防工作，可用2%吡虫啉颗粒剂1 000～1 500g/亩，或0.5%阿维菌素颗粒剂3 000～6 000g/亩撒施。苗期地下害虫，主要造成死苗缺株，可以集中施用杀虫剂，幼虫用200g/L氯虫苯甲酰胺悬浮剂3～5mL/亩，或5%高效氯氟氰菊酯微乳剂7.5～10mL/亩喷雾防治。对3龄以上的幼虫或成虫可在黄昏时将含有糠、糖、水和杀虫剂的毒饵放在植株的基部进行诱杀。

（五）采收

根据生长情况与市场需求及时采收。收获后，块茎避免暴晒、雨淋、霜冻和长时间暴露在阳光下而变绿。

第三章　畜牧、水产业无公害生产技术规程

第一节　畜牧业无公害生产技术规程

一、无公害生猪生产技术规程

本小节主要介绍生猪养殖生产过程中引种、场地环境、饲养管理、疫病防制、卫生消毒、无害化处理和档案记录各关键环节的管理技术要求。

（一）规范性引用文件

GB 13078　　饲料卫生标准

GB 18596　　畜禽养殖业污染物排放标准

NY/T 388　　畜禽场环境质量标准

NY 5027　　无公害食品　畜禽饮用水水质

《饲料药物添加剂使用规范》　农业部第 168 号（2001）公告

《禁止在饲料和动物饮用水中使用的药物品种目录》　农业部、卫生部、国家药品监督管理局第 176 号（2002）公告

《食品动物禁用的兽药及其他化合物清单》　农业部第 193 号（2002）公告

《兽药停药期规定》　农业部第 278 号（2003）公告

《在食品动物中停止使用洛美沙星、培氟沙星、氧氟沙星、诺氟沙

星4中兽药》 农业部第2292号（2015）公告

《病死动物无害化处理技术规范》 农医发〔2013〕34号

《生猪产地检疫规程》

（二）术语和定义

净道：猪群周转、饲养员行走、场内运送饲料的专用道路。

污道：粪便等废弃物、外销猪出场的道路。

猪场废弃物：主要包括猪粪、尿、污水、病死猪、过期兽药、残余疫苗和疫苗瓶。

全进全出制：同一猪舍单元只饲养同一批次的猪，同批进、出的管理制度。

（三）引种

（1）不得从疫区引进种猪。

（2）引进种猪应从具有畜牧兽医主管部门核发的《种畜禽生产经营许可证》和《动物防疫条件合格证》的种猪场引进，并按照GB16567《种畜禽调运检疫技术规范》进行检疫。

（3）引进的种猪，应隔离观察至少30d，经当地动物卫生监督机构确定为健康合格后，方可并群饲养。

（四）场地环境

（1）场址用地要符合当地土地利用规划的要求，猪场建设布局符合动物防疫条件要求，猪舍应建在地势高燥、排水良好、易于组织防疫的地方，猪场周围应有围墙隔离，并建立绿化隔离带。

（2）猪场周围3km无肉品加工、屠宰场，1km无其他畜牧场污染源，猪场距离干线公路、铁路、城镇、居民区和公共场所应有1km距离。

（3）猪场生产区布置在管理区的上风向或侧风向处，污水粪便处理设施和病死猪无害化处理设施应在生产区的下风向或侧风向处。

（4）场区净道和污道分开，互不交叉。

（5）以不同养殖区或栋舍为单位实行单元式饲养，实施单元式"全进全出制"饲养工艺。

（6）猪舍应能保温隔热，地面和墙壁应便于清洗，并能耐酸、碱等消毒药液清洗消毒。经常清洗消毒饮水设备，避免细菌滋生。

（7）猪舍内温度、湿度环境应满足不同生理阶段猪的需求。

（8）猪舍内通风良好，空气中有毒有害气体含量应符合 NY/T 388 要求。

（9）饲养区内不得饲养其他畜禽动物。

（10）猪场应设有废弃物储存设施，防止渗漏、溢流、恶臭对周围环境造成污染。

（11）保持充足的饮水，水质符合 NY 5027 的要求。

（五）饲料饲养

（1）不同生长时期配置不同的配合饲料。所用饲料要求，无发霉、变质、结块及异味、异嗅，有毒有害物质及微生物允许量应符合 GB 13078 及相关标准的要求。

（2）饲料中使用的营养性饲料添加剂和一般性饲料添加剂，生产厂家应有生产许可证，产品应有批准文号，同时必须符合相关标准。

（3）药物饲料添加剂的使用应按照《饲料药物添加剂使用规范》（农业部第 168 号（2001）公告）执行，不得直接添加兽药，使用药物饲料添加剂应严格执行休药期制度。

（4）禁止在饲料和饮水中添加《禁止在饲料和动物饮水中使用的药物品种目录》中所列的药物，严禁添加、使用盐酸克伦特罗等国家严禁使用的违禁药物。禁止使用有机砷制剂和有机铬制剂。

（5）禁止用潲水或垃圾喂猪。

（六）疫病防制

1. 疫苗免疫

根据国家动物疫病防治要求做好强制免疫，结合当地疫病流行情况及本场实际，有针对性地选择适宜的疫苗，制定合适的免疫程序和免疫方法，进行疫病的预防接种工作。

2. 疫病监测

根据国家动物疫病防治要求，结合当地实际情况及本场实际制定疫病监测方案，开展抗体检测；接受动物疫病预防控制机构定期对无公害生猪养殖场进行疫病监测，确保猪场无传染病发生。

3. 药物使用

进行预防、治疗和诊断疾病所用的兽药必须凭临床兽医处方用药，临床用药、在饲料中按规定使用饲料药物添加剂，都必须严格按照《兽药停药期规定》执行休药期，出栏前的商品猪达不到停药期的不能出栏。

4. 建立并保存用药的记录

治疗用药记录包括生猪耳号、发病时间及症状、治疗用药物名称（商品名及有效成分）、给药剂量、疗程等。

5. 注意事项

严格遵守《兽药管理条例》的规定。不得使用《食品动物禁用的兽药及其化合物清单》中所列药物，不使用变质、过期、假劣兽药，不使用未经农业行政主管部门批准作为兽药使用的药品。

（七）卫生消毒

（1）猪场入口应设消毒池和消毒间，猪舍入口设消毒池，猪舍应定期消毒。每批猪只调出后，要彻底清扫干净，可进行喷雾消毒或熏蒸消毒。

（2）定期对料槽、水槽、饲料车、料箱等用具进行消毒，定期进行带猪环境消毒，包括场区内道路、场周围及场内污水池、粪池、下水道等，减少环境中的病原微生物。消毒剂选择安全、高效、低毒和低残留的消毒剂。

（3）进入生产区的工作人员要洗手、定点消毒，外来参观者必须更衣和紫外线消毒后方能入场，并遵守场内防疫制度。

（八）无害化处理

（1）建设与养殖规模相适应的病死猪无害化处理设施，按照农业部

《病死动物无害化处理规范》要求，及时对病死猪及其产品进行无害化处理。

（2）及时收集过期、失效兽药以及使用过的药瓶、针头等兽医用品，按照国家规定进行无害化处理。

（九）档案记录

（1）无公害生猪饲养场应建立一系列相关的生产档案，确保无公害猪肉品质的可追溯性。

（2）建立并保存生猪的生产记录，包括能繁母猪数、产子数、存、出栏数等。

（3）建立并保存生猪饲料饲养记录，包括饲料及饲料添加剂的生产厂家、出厂批号、检验报告、投料数量，含有药物添加剂的应特别注明药物的名称及含量。

（4）建立并保存生猪的免疫记录和监测记录，包括免疫程序、疫苗品种、疫苗厂家、生产批准文号、免疫方法及监测病种、监测结果等。

（5）建立并保存生猪的诊疗记录，包括诊断结果、治疗方法及所用兽药名称（通用名称和有效成分）、用药量、休药期、兽医签字等。

（6）建立并保存消毒记录，包括消毒药品种、消毒的时间、场所、方法等

（7）建立并保存病死猪无害化处理记录，包括数量、处理方法、死亡原因等。

（8）各项档案记录内容要完整、真实，档案记录至少保存2年。

二、无公害肉鸡养殖技术规程

本小节主要介绍肉鸡养殖生产过程中引种、环境要求、饲养要求、兽药使用、卫生消毒、日常管理和生产记录各关键环节的管理技术要求。适用于采取厚垫料平养和高床平养生产无公害肉鸡时使用。

（一）规范性引用文件

GB 13078　饲料卫生标准

GB 18596　畜禽养殖业污染物排放标准

NY/T 388　畜禽场环境质量标准

NY 5027　无公害食品　畜禽饮用水水质

《饲料药物添加剂使用规范》　农业部第 168 号（2001）公告

《禁止在饲料和动物饮用水中使用的药物品种目录》农业部、卫生部、国家药品监督管理局第 176 号（2002）公告

《食品动物禁用的兽药及其他化合物清单》农业部第 193 号（2002）公告

《兽药停药期规定》农业部第 278 号（2003）公告

《在食品动物中停止使用洛美沙星、培氟沙星、氧氟沙星、诺氟沙星 4 中兽药》农业部第 2292 号（2015）公告

《病死动物无害化处理技术规范》　农医发〔2013〕34 号

《家禽产地检疫规程》农医发〔2010〕20 号

（二）主要术语和定义

全进全出制：同一鸡舍或同一鸡场只饲养同一批次的肉鸡，同时进场，同时出场的管理制度。

净道：供鸡群周转、人员进出、运送饲料和垫料的专用道路。

污道：供鸡场粪便、其他废弃物及淘汰鸡出场的道路。

疫区：在发生严重的或当地新发现的动物传染病时，由县以上农业行政部门划定，并经同级人民政府发布命令，实行封锁的地区。

（三）引种

（1）雏鸡不应从疫区购买引进。

（2）雏鸡应来自具有《种畜禽生产经营许可证》的父母代种鸡场或专业孵化厂，并附有当地动物卫生监督机构出具的《动物检疫合格证明》。

（3）父母代种鸡没有鸡白痢、支原体病、禽白血病等垂直传染疾病。

（四）环境要求

1. 场址选择

鸡场应建在地势较高、干燥、采光充分、易排水、隔离条件良好的区域。鸡场周围 3km 以内无屠宰场、肉品加工，1km 无其他畜牧场等污染源。鸡场距离干线公路、学校、医院、乡镇居民区等设施至少 1km 以上。鸡场周围有围墙或山体等天然屏障，选址符合当地土地利用规划的要求。

2. 鸡场建设布局

鸡场分为生活区和生产区，生活区和生产区分离。养殖区应在生产区的上风向，污水、粪便处理设施和病死鸡无害化处理设施应在生产区的下风向或侧风向处。鸡场净道和污道分离。

3. 鸡舍建筑

应符合卫生要求，主要包括地面处理、天棚设置、墙体高度、厚度和门窗设计等，使之抗冲刷、隔热性能好、宽敞、通风性能好，不含有毒有害物质。鸡舍高度不低于 2.6m，长度与宽度按每栋的容量而定。有保温设施、降温与通风换气设施。应具备良好的防鼠、防虫和防鸟设施。

（五）饲养要求

1. 饮水

肉鸡自由饮水，水质符合 NY 5027 的要求。饮水器要求每天清洗、消毒，消毒建议选用漂白粉和卤素类消毒剂。确保饮水器不漏水，防止垫料和饲料霉变。

2. 饲喂

肉鸡饲喂一般采用自由采食或定期饲喂。饲料每次添加应适量，保持饲料新鲜，防止发霉变质。饲料应保存在干燥的地方。

3. 饲料和饲料添加剂

饲料配制根据肉鸡生长发育各阶段的营养需要量进行配制。所用饲料要求，无发霉、变质、结块及异味、异嗅，有毒有害物质及微生物允许量应符合 GB 13078 及相关标准的要求。

4. 温度与湿度

1 周龄雏鸡舍内温度保持在 35℃，从第 2 周起温度每周下降 3℃左右，到第 5 周降至 21～23℃为止以后保持 15～21℃。湿度第 1 周为 70%～75%，第 2 周 60%～65%，3 周以后维持在 55%～60% 即可。肉鸡舍内地面、垫料应保持清洁、干燥。

5. 饲养密度

肉鸡适合高密度饲养，垫料上饲养密度低些，网上饲养密度高些，一般出场时最大饲养量为每平方米出栏 30kg 活鸡重。

6. 光照

1～3 日龄每天光照 24h，4～7 日龄光照 23 h，8～17 日龄限制为 9～12h，18 日龄增加到 16h，以后每周增加 2h 直到 23h。

（六）防疫与兽药使用

1. 防疫

根据国家动物疫病防治要求做好强制免疫，结合当地疫病流行情况及本场实际，有针对性地选择适宜的疫苗，制定合适的免疫程序和免疫方法，进行疫病的预防接种。主要防疫病种有高致病禽流感、新城疫、马立克。

2. 兽药使用

药物性饲料添加剂：药物饲料添加剂的使用应按照《饲料药物添加剂使用规范》（农业部第 168 号（2001）公告）执行，使用药物饲料添加剂应严格执行休药期制度。禁止在饲料和饮水中添加《禁止在饲料和动物饮水中使用的药物品种目录》中所列的药物。

治疗性药物：肉鸡禁用药物应严格遵守农业部第 193 号公告、农业部第 278 号公告、农业部、卫生部、国家药品监督管理局第 176 号公告和农业部第 2292 号公告的规定。

休药期：肉鸡在出栏前应停止使用一切药物及药物性饲料添加剂。休药期执行《兽药停药期规定》，休药期内的肉鸡不能上市或屠宰。

（七）卫生消毒

1. 环境消毒

场区入口应有消毒池和消毒室，鸡舍入口应有消毒池，消毒液定期更换。鸡舍周围环境宜每2周消毒1次，鸡场周围及场内污水池、排粪坑、下水道出口宜每月消毒1次。

2. 人员消毒

工作人员进入生产区要更换工作衣。严格控制外来人员进人生产区。进人生产区的外来人员应严格遵守场内防疫制度。

3. 鸡舍消毒

在进鸡或转群前，将鸡舍彻底清扫干净

4. 用具消毒

至少每月对料槽、饮水器等用具进行消毒。消毒前将用具清洗干净，用0.1%的新洁尔灭或0.2%~0.5%过氧乙酸消毒。

（八）日常管理

（1）肉鸡饲养应实行全进全出制度。至少每栋鸡舍饲养同一日龄的肉鸭，同时出栏。鸡场内不得饲养其他畜禽。

（2）鸡舍内工具应固定，不得互相串用，进鸡舍的所有用具必须消毒。采用地面平养垫料要求干燥、无霉变、不应有病原菌和真菌类微生物群落。

（3）病死鸡按照《病死动物无害化处理技术规范》进行无害化处理，切忌随意丢弃。不应在场内剖检病鸡，不应出售病鸡、死鸡。

（4）废弃物处理：使用垫料的饲养场，采取鸡出栏后一次性清理垫料，饲养过程中垫料潮湿要及时清出、更换，网上饲养时应及时清理粪便。清出的垫料和粪便在固定地点进行堆放，充分发酵处理，作为农用肥料。鸡场污水排放标准应达到GB18596的要求。

（5）密封隔离：鸡舍清理完毕到进鸡前空舍至少2周，关闭并密封鸡舍防止野鸟和鼠类进入鸡舍。

（6）灭鼠杀虫：定期、定时、定点投放灭鼠药，及时收集死鼠和残余鼠药并做无害化处理；用高效低毒化学药物杀虫，防止昆虫传播传染病。

（7）肉鸡出售前要做产地检疫，按照《家禽产地检疫规程》进行检疫，检疫合格肉鸡才可以出售。

（九）养殖档案记录

建立养殖档案，包括内容包括生产记录、饲料和饲料添加剂使用记录、诊疗和兽药使用记录、免疫记录、无害化处理记录、动物疫病监测记录、卫生消毒记录等情况。记录应保存不少于 2 年。

三、无公害肉鸭生产技术规程

本小节主要介绍肉鸭养殖生产过程中引种、环境要求、饲养要求、兽药使用、卫生消毒、日常管理和档案记录各关键环节的管理技术要求。

（一）规范性引用文件

GB 13078　饲料卫生标准

GB 18596　畜禽养殖业污染物排放标准

NY/T 388　畜禽场环境质量标准

NY 5027　无公害食品　畜禽饮用水水质

《饲料药物添加剂使用规范》　农业部第 168 号（2001）公告

《病死动物无害化处理技术规范》　农医发〔2013〕34 号

《家禽产地检疫规程》　农医发〔2010〕20 号

《禁止在饲料和动物饮用水中使用的药物品种目录》农业部、卫生部、国家药品监督管理局第 176 号（2002）公告

《食品动物禁用的兽药及其他化合物清单》农业部第 193 号（2002）公告

《兽药停药期规定》农业部第 278 号（2003）公告

《在食品动物中停止使用洛美沙星、培氟沙星、氧氟沙星、诺氟沙星 4 中兽药》农业部第 2292 号（2015）公告

（二）主要术语和定义

全进全出制：同一鸭舍或同一鸭场只饲养同一批次的肉鸭，同时进、出场的管理制度。

净道：供鸭群周转、人员进出、运送饲料和垫料的专用道路。

污道：供鸭场粪便、其他废弃物及淘汰鸭出场的道路。

鸭场废弃物：指鸭场在肉鸭生产过程中产生的鸭粪（尿）、病死鸭和孵化厂废弃物（蛋壳、死胚等）、过期兽药、残余疫苗和疫苗瓶等。

疫区：在发生严重的或当地新发现的动物传染病时，由县以上农牧行政部门划定，并经同级人民政府发布命令，实行封锁的地区。

（三）引种

（1）雏鸭不应从疫区购买引进。

（2）生产肉鸭所用的商品代雏鸭应来自具有《种畜禽生产经营许可证》的父母代种鸭场或专业孵化厂，并附有当地动物卫生监督机构出具的《动物检疫合格证明》。

（3）雏鸭不应携带沙门氏菌属细菌。

（四）环境要求

1. 鸭场选址

鸭场应建在地势较高、干燥、采光充分、易排水、隔离条件良好的区域。鸭场周围3km以内无屠宰场、肉品加工，1km无其他畜牧场等污染源。鸭场距离干线公路、学校、医院、乡镇居民区等设施至少1km以上。鸭场周围有围墙或山体等天然屏障。鸭场不允许建在饮用水源上游，选址符合当地土地利用规划的要求。

2. 鸭场或鸭舍建筑卫生质量要求

鸭场分为生活区（包括办公区）和生产区，生活区和生产区分离。生活区在生产区的上风向或侧风向处。养殖区应在生产区的上风向，污水、粪便处理设施和病死鸭无害化处理设施应在生产区的下风向或侧风向处。鸭场净道和污道分离。

鸭舍墙体坚固，内墙壁表面平整光滑，墙面不易脱落，耐磨损，耐腐蚀。舍内建筑结构应利于通风换气，并具有防鼠、防虫和防鸟设施。

（五）饲养要求

1. 饮水

肉鸭自由饮水，每日清洗饮水设备，保证饮水设备清洁，水质符合NY 5027 的要求。

2. 饲喂

肉鸭饲喂一般采用自由采食或定期饲喂。饲料每次添加应适量，保持饲料新鲜，防止发霉变质。饲料应保存在干燥的地方。

3. 饲料和饲料添加剂

饲料配制根据肉鸭生长发育各阶段的营养需要量进行配制。所用饲料要求，无发霉、变质、结块及异味、异嗅，有毒有害物质及微生物允许量应符合 GB 13078 及相关标准的要求。

4. 温度与湿度

1 日龄雏鸭舍内温度保持在 32℃，2～7 日龄 32～28℃，8～14 日龄 28～25℃，15 日龄以后维持在 20～25℃。肉鸭舍内地面、垫料应保持清洁、干燥。

5. 饲养密度

饲养密度与肉鸭的饲养方式、日龄的不同而有所差异（表 3－1）。

表 3－1　肉鸭饲养密度

品种类型	饲养方式	生长期（周龄）		
		1～2	3～4	5 至上市
大型肉鸭品种（北京鸭系列）	网上平养 ≤	25	10	6
	地面平养 ≤	20	7	5
中小型肉鸭品种	网上平养 ≤	30	20	10
	地面平养 ≤	25	15	8

6. 光照

肉鸭饲养过程中，宜提供 24h 光照。夜间宜采用弱光照明，光照强度为 10 ~ 15lx（2 ~ 3W/m²）。鸭舍内备有应急灯。

（六）防疫与兽药使用

1. 防疫

根据国家动物疫病防治要求做好强制免疫，结合当地疫病流行情况及本场实际，有针对性地选择适宜的疫苗，制定合适的免疫程序和免疫方法，进行疫病的预防接种。

2. 兽药使用

药物性饲料添加剂：药物饲料添加剂的使用应按照《饲料药物添加剂使用规范》（农业部第 168 号（2001）公告）执行，使用药物饲料添加剂应严格执行休药期制度。禁止在饲料和饮水中添加《禁止在饲料和动物饮水中使用的药物品种目录》中所列的药物。

治疗性药物：肉鸭禁用药物应严格遵守农业部第 193 号公告、农业部第 278 号公告、农业部、卫生部、国家药品监督管理局第 176 号公告和农业部第 2292 号公告的规定。政府部门在本标准发布之后公布的其他禁用兽（禽）药品种同样适用于本标准。

休药期：肉鸭在出栏前应停止使用一切药物及药物性饲料添加剂。休药期执行《兽药停药期规定》，休药期内的肉鸭不能作为无公害产品上市或屠宰。

（七）卫生消毒

消毒剂：选择经国家主管部门批准、有生产许可证和批准文号、允许使用的产品，选择对人和鸭安全，对设备腐蚀性小、环境污染小，在自然界中能分解为无毒、无害产物的消毒剂。

环境消毒：场区入口应有消毒池和消毒室，鸭舍入口应有消毒池，消毒液定期更换。鸭舍周围环境宜每 2 周消毒 1 次，鸭场周围及场内污水池、排粪坑、下水道出口宜每月消毒 1 次。

人员消毒：工作人员进入生产区要更换工作衣。严格控制外来人员进入生产区。进入生产区的外来人员应严格遵守场内防疫制度。

鸭舍消毒：在进鸭或转群前，将鸭舍彻底清扫干净，应采用 0.1%

的新洁尔灭或4%来苏儿或0.3%过氧乙酸等国家主批准允许使用的消毒剂进行全面喷洒消毒。

用具消毒：至少每月对料槽、饮水器等用具进行消毒。消毒前将用具清洗干净，用0.1%的新洁尔灭或0.2%～0.5%过氧乙酸消毒。

带鸭消毒：定期进行带鸭消毒。消毒时宜选择刺激性相对较小的消毒剂，常用于的有0.2%过氧乙酸、0.1%新洁尔灭、0.1%次氯酸钠等。场内无疫情时，每隔2周带鸭消毒1次。有疫情时，每隔1～2d消毒1次。

（八）日常管理

（1）肉鸭饲养应实行全进全出制度。至少每栋鸭舍饲养同一日龄的肉鸭，同时出栏。鸭场内不得饲养其他畜禽。

（2）工作人员在饲养、检查等工作中应在进人鸭舍时严格消毒，应在先年轻鸭群后老龄鸭群。

（3）鸭舍内工具应固定，不得互相串用，进鸭舍的所有用具必须消毒。

（4）弱鸭应隔离饲养，病鸭应隔离治疗，及时淘汰无经济价值的鸭。应及时捡出病死鸭，按照《病死动物无害化处理技术规范》进行无害化处理，切忌随意丢弃。不应在场内剖检病鸭，不应出售病鸭、死鸭。

（5）废弃物处理：使用垫料的饲养场，采取鸭出栏后一次性清理垫料，饲养过程中垫料潮湿要及时清出、更换，网上饲养时应及时清理粪便。清出的垫料和粪便在固定地点进行堆放，充分发酵处理，作为农用肥料。鸭场污水排放标准应达到GB 18596的要求。

（6）灭鼠杀虫：定期、定时、定点投放灭鼠药，及时收集死鼠和残余鼠药并做无害化处理；用高效低毒化学药物杀虫，防止昆虫传播传染病，喷洒杀虫剂时避免喷洒到鸭体上，避免污染饲料和饮用水。

（九）养殖档案

鸭场要建立完整的养殖档案，内容包括生产记录、饲料和饲料添加剂使用记录、诊疗和兽药使用记录、免疫记录、无害化处理记录、动物疫病监测记录、卫生消毒记录等情况。记录档案保存期不少于2年。

第二节　水产业无公害生产技术规程

一、无公害牛蛙养殖技术规程

牛蛙养殖自1959年引进我国至今，已有50~60年的历史，同安区自20世纪80年代开始试养，经过多年的发展，牛蛙养殖户已遍布各个乡镇。据调查，2014年全区牛蛙养殖户1 652户，养殖面积1 224.2亩，产量达6 000多吨，产品销往全国各地，出口至美国、日本等地。牛蛙养殖占地可大可小、易管理、投资少、回收快，可在自家的房前屋后养殖，深受广大农民的喜爱。随着厦门新一轮跨越式发展的推进，大量土地和虾池被征用，生猪养殖的逐步退出，牛蛙养殖以它特有的优点，成为农民转产转业的首选，牛蛙养殖面积呈现增长的势头。

（一）环境条件

场地的选择：水源充足，排灌方便，没有对渔业水质构成威胁的污染源。自然环境僻静，交通便利。

水质：水源水质应符合GB11607的规定。养殖池水质应符合NY5051的规定。

养殖设施：详见表3-2。

网箱设置：

①网箱制作：网箱通常采用纱窗网布缝制，也可采用聚乙烯网片，网目以不逃逸饲养对象为宜。网箱规格一般为3m×4m，4m×4m，3m×5m等，网箱面积一般不超过20m²，网箱高1.5m。②网箱架设：养蛙网箱多采用楠竹或杉木架设和固定，网箱一般单排串联或双排并列，网箱间距10~20cm，排间距100~150cm；网箱水深按表3-2执行，网箱底离水体底部不少于20cm；网箱周边上沿内折10cm，内折后的四角处用

线缝合，网箱上方搭盖遮阳网。③水体要求：架设网箱的水体水位变化不大；网箱架设处底部淤泥不超过30cm；水体放养鱼种时，不宜搭配鲤鱼和肉食性鱼类。

表 3 – 2　养殖设施

设施类别		池塘或网箱水面面积（m²）	陆地面积	水深（cm）
池塘*	产卵池	30～200	约为水面面积的1/3	50～80
	孵化池	1～5	—	30～50
	蝌蚪培育池	20～200	—	50～100
	幼蛙饲养池	5～30	—	30～60
	食用蛙饲养池	2～300	约水水面面积的1/3	50～100
网箱	产卵箱	1～15	—	30～50
	蝌蚪培育箱	5～20	—	50～100
	食用蛙饲养箱	8～24	—	30～50

注：＊　防逃围墙一般高度为1.5m

（二）繁殖

1. 亲蛙来源

从原产地引进经选育的牛蛙亲蛙或蝌蚪、幼蛙，经专门培育成的亲蛙。或者国家确认的良种场生产的蝌蚪、幼蛙，经专门培育成亲蛙。近亲繁殖的后代不得留作亲蛙。

2. 亲蛙质量要求

应符合牛蛙种质标准的规定。以 1～3 龄的成蛙为宜；体重350g 以上。引进的亲蛙应经检疫，不得带有传染性疾病。

3. 亲蛙放养

池塘（网箱）消毒：放养前10d 左右进行池塘（网箱）消毒。清塘按 SC/T1008 的规定执行；网箱置于水中浸泡。

雌雄鉴别：雌蛙咽喉部呈白色或灰白色，鼓膜和眼睛的大小相近，前肢第一指不发达，无婚姻瘤；雄蛙咽喉部呈黄色，鼓膜明显大于眼径，前肢第一指特别发达，有明显的婚姻瘤。

性比：雌、雄亲蛙的放养比例一般为 1 : 1。

亲蛙消毒：放养时应进行药物消毒，可用 3% ~4% 食盐水溶液浸浴 20 ~15min，或 10 ~20mg/L 高锰酸钾溶液浸浴 20 ~15min。

放养密度：1 对/m²。

饲养管理：亲蛙进入培育池，经 2 ~3d 适应后，开始摄食。泥鳅、黄粉虫、小鱼、蝇蛆、动物内脏等动物性饲料日投喂量为亲蛙体重的 5% ~6%，配合饲料的日投喂量一般为体重的 2% ~3%，投饵量应根据天气和前一天的吃食情况灵活掌握，每天分上午、下午两次投喂，颗粒配合饲料及块状动物内脏，其最大长度应小于亲蛙口裂宽度的 1/2，泥鳅及小鱼虾等全长应小于亲蛙躯干长的 1/2。产卵期雌亲蛙要进行适当的控饵。

亲蛙池每 2 ~3d 换 1/2 左右的水；发现蛙病及时治疗；防偷、防敌害和防逃。

4. 产卵与孵化

产卵条件：溶氧不低于 4mg/L；水温 20 ~30℃；水中有适量水草。

产卵时间：自然产卵排精多在早晨，雨后天晴时常为高峰期。

卵的收集：产卵后应及时收集卵块，用光滑硬质容器将同期卵块（连同水草）轻轻移入同一孵化池或网箱，严防卵块成团。

孵化密度：孵化池中卵的密度为 5 000 ~10 000粒/m²；孵化网箱中卵的密度为 10 000 ~20 000粒/m²。

孵化管理：孵化池每天换水一次，每次换 1/4 左右的水，加注新水时不得冲动卵粒，并防止鱼、蛙、水生昆虫等的进入；阳光直晒强烈或大雨时应遮盖孵化池或网箱。

（三）蝌蚪培育

池塘（网箱）消毒：方法如前所述。

施肥、注水：蝌蚪入池前 4 ~ 5d，每亩施粪肥 300kg，或绿肥 400kg。有机肥须经发酵腐熟并用 1% ~2% 生石灰消毒，使用原则应符合 NY/T394 的规定。培育前期，保持水深约 50cm。

蝌蚪质量要求：规格整齐；无伤，无疾病；体质健壮；能逆水游动；离水后跳动有力。

蝌蚪的体长与体重见表 3 – 3。

表 3 – 3　蝌蚪的体长与体重

项目	蝌蚪日龄						
	1（刚出膜）	10	20	30	40	50	60*
体长/cm	0.82	1.29 ~ 1.39	2.25 ~ 3.71	5.76 ~ 8.26	10.45 ~ 12.9	13.55 ~ 17.85	12.7 ~ 17.8
体重/g	8.2×10^{-3}	3×10^{-2} ~ 4×10^{-2}	0.21 ~ 0.78	3.15 ~ 5.66	10.57 ~ 19.75	22.1 ~ 29.75	18.5 ~ 27

注：＊该日龄蝌蚪群体中约 12% 尾消失，24% 前肢伸出。

蝌蚪消毒：蝌蚪放养前用 3% ~4% 食盐水溶液浸浴 20 ~15min，或 5 ~7mg/L 硫酸铜、硫酸亚铁合剂（5：2）浸浴 5 ~10min。

放养密度：孵化出膜 10 ~15d 的蝌蚪，转入蝌蚪培育池，放养密度为：水泥池 300 ~500 尾/m²；土池 150 ~200 尾/m²。留 2 ~3 个养殖池用于养殖过程的分级处理。

饲养管理：孵化出膜 3d 后，首天每万尾蝌蚪投喂一个熟蛋黄，第二天再稍增加些，7 日龄后投喂量为每万尾蝌蚪 100g 黄豆浆；15 日龄后，逐步训喂配合饲料，日投喂量每万只蝌蚪为 100 ~150g；随着个体的生长，适当增加投饵量。

变态控制：变态适宜水温 23 ~32℃；在蝌蚪变态早期适量增加动物性饵料，促进变态；蝌蚪培育后期以投喂蝌蚪料为主，尾部吸收时，需减少投饵，加设饵料台，适当搭配牛蛙颗粒性饲料；7 月中下旬后孵出的蝌蚪应采用提高放养密度，减少投饵或加注井水降温等措施，延迟变态时间。

（四）幼蛙与食用蛙饲养

1. 幼蛙饲养

池塘（网箱）消毒：如前面所述。

幼蛙选择：规格整齐，体质健壮，体表无伤痕，富有光泽，无畸形。

幼蛙消毒：见亲蛙消毒。

放养密度：放养刚变态的幼蛙，水泥池：120～180 只/m^2；土池：90～110 只/m^2。网箱幼蛙放养密度为土池的 2～3 倍。按蛙体大小适时分级饲养。

饲养管理：①投饲：刚变态的幼蛙以蝇蛆、黄粉虫幼虫、蚯蚓、小鱼苗、小虾类等小型动物活体作饵料为宜。动物性饵料，日投喂量为牛蛙体重的 5%～8%；配合饲料，日投喂量为牛蛙体重的 2%～3%。②驯饲：驯食使用池不设陆地，池中应设饵料台；变态后的幼蛙应及时驯食；将饵料台底浸入水中大约 2cm；适当密集饲养；饵料以配合饲料为主，日投饵量＝蛙的平均只重×总数量×投饵率，并逐渐减少小型活体动物投喂量，一般一周后幼蛙主动食用配合饲料，完成驯饲。③日常管理：加强巡塘，及时分级饲养；做好防病、防逃、防敌害。

2. 食用蛙饲养

池塘（网箱）消毒：方法如前所述。

放养蛙的消毒：见亲蛙消毒。

放养密度：放养量为 1.8～2.5kg/m^2。网箱幼蛙放养密度为池塘的 2～3 倍。

饲养管理：以投喂颗粒配合饲料为主，投饵量根据个体大小、养殖密度、天气、水温等变化灵活掌握，一般日投饵量＝蛙的平均只重×总数量×投饵率。

（五）饲料要求

饲料安全卫生指标应符合 NY5072 的规定；不宜长期投喂单一饲料。

（六）病害的防治

1. 疾病的预防

疾病防治以预防为主，一般措施为：

（1）严格进行清塘：蝌蚪、幼蛙入塘后，每半个月按 0.1～0.2mg/L二氧化氯或 0.2～0.3mg/L 二溴海因全池泼洒一次；高温季节，饲料中按每 kg 鱼体重每日拌入 50g 大蒜头或 0.2g 大蒜素粉，连续

4~6d。

（2）提倡疾病免疫预防：患病个体应及时隔离治疗，病死个体应及时捞出，深埋无害化处理；应定时间、定地点、定数量、定质量投喂饲料；使用的工具要浸洗消毒，消毒方法按本标准的"亲蛙消毒"规定执行；病蛙池水未经消毒不得任意排放。

2. 敌害生物及其预防

敌害生物的预防详见表 3 - 4。

表 3 - 4　敌害生物及其预防

有害生物	危害对象	预防措施
肉食性鱼类	卵、蝌蚪、幼蛙、食用蛙	清塘、拉网、注水口加滤网
龟鳖类、虾类、蛙类	卵、蝌蚪、幼蛙	拉网、注水口加滤网、围栏
桡足类、水生昆虫类	卵、蝌蚪	清塘、注水口加滤网
鼠类、蛇类、鸟类	卵、蝌蚪、幼蛙、食用蛙	保持陆地清洁、诱捕、加盖防护网
丝状水生藻类	蝌蚪、幼蛙	捞出，0.7~1.4mg/L 硫酸酮全池泼洒

3. 常见病的防治

常见蝌蚪病及其防治见表 3 - 5。

渔药的使用和休药期按 NY 5071 执行。

表 3 - 5　见蝌蚪病及其防治

病名	发病季节	主要症状	防治方法
出血病	5—8 月易发生	体表有出血点，腹部肿大；严重时仰浮于水面	0.5mg/L 三氯异氰尿酸全池泼洒
车轮虫病	5—8 月，水温 20~28℃时易发生	皮肤和鳃表面呈青灰色斑；尾鳍发白，严重时被腐蚀	2%~4% 食盐浸浴 20~30min，或 0.5~0.7mg/L 硫酸铜、硫酸亚铁合剂（5：2）全池泼洒
舌杯虫病	7—8 月易发生	游动迟缓，呼吸困难；尾部呈毛状物，严重时感染全身	0.5~0.7mg/L 硫酸铜、硫酸亚铁合剂（5：2）全池泼洒，或 1 g/m³ 漂白粉（28% 有效氯）泼洒

（续表）

病名	发病季节	主要症状	防治方法
锚头鳋病	6—11 月易发生	肉眼可见虫体；感染处发炎红肿，严重时溃烂	10～20mg/L 高锰酸钾溶液浸浴 10～20min
水霉病	2—5 月易发生	体表菌丝大量繁殖如絮状	5mg/L 高锰酸钾溶液浸浴 30min，连续 3d
气泡病	7—9 月，水温 35℃ 以上易发生	腹部膨大，身体失去平衡，漂浮于水面	及时换水；4%～5% 食盐或 20% 硫酸镁全池泼洒

注：浸浴后药物残液不得倒入养殖水体。

常见蛙病及其防治见表 3 – 5。

表 3 – 6   常见蛙病及其防治

病名	发病季节	主要症状	防治方法
红腿病	常年可见	后肢、腹部红肿，出现红斑、肌肉充血，舌、口腔有出血性斑块	1 g/m³ 漂白粉（28% 有效氯）泼洒，或 0.3g/m³ 三氯异氰尿酸全池泼洒
腐皮病	4—10 月易发生	头部表皮腐烂发白，四肢关节处腐烂；严重时蹼部骨外露，四肢红肿	20mg/L 高锰酸钾浸浴 30min；0.3～0.5mg/L 二氧化氯全池泼洒，饲料中补加适量维生素 A、维生素 B 或鱼肝油
肠胃炎病	4—5 月和 9—10 月易发生	体色变浅，蛙体瘫软不活动，不吃食	2mg/L 漂白粉（28% 有效氯）浸泡饵料台；每天每 kg 蛙体重 0.2～0.3g 酵母片或 0.2g 大蒜素或 0.1g 土霉素拌入饲料中填喂

注：浸浴后药物残液不得倒入养殖水体。

二、无公害对虾养殖技术规程

20 世纪 80 年代中后期，同安区对虾养殖进入了迅猛发展的新阶段，1984 年全县建虾池 1 150 亩，年产对虾 25 吨；2002 年养殖面积、产量达到历史的顶峰，全区对虾养殖面积 2.6 万亩，产量 2 590 吨。2003 年厦门市区域调整设立翔安区，东部海域划为翔安区管辖，同安的对虾养殖大幅度缩减，对虾养殖面积 1.98 万亩，产量 1 553 吨。2006 年，厦门开展环东海域综合整治，海上水产养殖全部退出，陆上虾池大规模被征用。2015 年同安区对虾养殖面积仅剩 1 815 亩，产量 459 吨，主要养殖品种有：南美白对虾、日本对虾、草虾、罗氏沼虾等，主要分布在同安中洲岛、洪塘镇、西柯镇、祥平街道。主要养殖模式以半精养、中等密度混养为主，少数精养和单养。

（一）苗种培育

1. 培育用水

水源水质应符合 GB11607 的要求，培育水质应符合 NY5052 的要求。用水应经沉淀、过滤等处理后使用。

2. 培育池

以水泥池为宜，面积 $10 \sim 50m^2$，排灌、控温、增氧、控光设施齐备。春末夏初季节，还可在养虾池中采用网箱培育。

3. 培育密度

仔虾培育密度以（$10 \sim 20$）$\times 104$ 尾/m^3 为宜。

4. 培育管理

水质：视水质情况更换池水，使溶解氧保持在 5mg/L 以上，保持充气增氧，及时吸除残饵、污物。

投饲：所用饲料应符合 NY5072 的要求。饲料大小适口，以微颗粒配合饲料为宜，配合饲料日投喂率为 5% ~ 15%，生物饵料日投喂率为 30% ~ 70%，每日投喂 4 ~ 8 次。

病害防治：对培养用水进行过滤、消毒处理，药物使用应符合 NY5071 要求。

5. 苗种出池

水泥池培育采取虹吸排水，然后开启排水孔排水，集苗出池。中国对虾苗种应符合 GB/T15101.2 的要求，其他对虾参照 GB/T15101.2 执行。苗种出池进行检疫，应是无特异性病原（SPF）的健康虾苗。

（二）养成

1. 选址

无污染的泥质或砂质"荒滩""盐碱地"及适于养殖的沿海地区均可。

2. 水环境

海水水源应符合 GB11607 的要求，养成水质应符合 NY5052 的要求。养殖取水区潮流应通畅。

3. 设施

（1）养成池：滩涂大面积养虾池，长方形，面积 1.0 ~ 7.0hm²，池底平整，向排水口略倾斜，比降 0.2% 左右，做到池底积水可排干。养成池底不漏水，必要时加防渗漏材料。养成池相对两端设进、排水设施。高密度精养方式的养殖池分为泥砂质池塘和水泥池，面积 0.1 ~ 1.0hm²，方形或圆形，池水深 1.5 ~ 2.5m，池中央设排污孔。

（2）养成池配套设施如下。

防浪主堤：在潮间带建虾池，需修建防浪主堤。主堤应有较强的抗风浪能力，一般情况下堤高应在当地历年最高潮位 1m 以上，堤顶宽度应在 6m 以上，迎海面坡度宜为 1：（3 ~ 5），内坡度宜为 1：（2 ~ 3）。

蓄水池：蓄水池应能完全排干，水容量为总养成水体的 1/3 以上。

废水处理池：采用循环用水方式，养成池的水排出后，应先进入处理池，经过净化处理后，再进入蓄水池。不采用循环用水，养成后的废水，也应经处理池后，方可排放。

进、排水渠道：在集中的对虾养成区，需要建设进、排水渠道，协调各养成场、养成池的进、排水，进水口与排水口尽量远离。排水渠的宽度应大于进水渠，排水渠底一定要低于各相应虾池排水闸底 30cm 以上。

增氧设备：对高密度精养和蓄水养殖的养虾方式，应配备增氧设备，土池可用增氧机，水泥池可用冲气泵和鼓风机。

设置防蟹屏障：在滩涂蟹类比较多的地区，应在养成池堤围置 30 ~ 40cm 高而光滑的塑料膜或薄板防蟹隔离墙。

（三）苗种放养前的准备工作

1. 清污整池

收虾之后，应将养成池及蓄水池、沟渠等积水排净，封闸晒池，维修堤坝、闸门，并清除池底的污物杂物，特别要清除杂藻。沉积物较厚的地方，应翻耕曝晒或反复冲洗，促进有机物分解排出。不得直接将池中污泥搅起，直接冲入海中。

2. 消毒除害

清污整池之后，应清除对虾的敌害生物、致病生物及携带病原的中间宿主。常用生石灰进行清池除害，将池水排至 30～40cm 后，全池泼洒生石灰，用量为 1 000kg/hm² 左右。

3. 纳水繁殖基础饵料

清污整池消毒结束 1～2d 后，可开始纳水，培养基础生物饵料。

4. 肥料使用

肥料使用应遵循下列原则：

（1）应平衡施肥，提倡使用优质有机肥。施用肥料结构中，有机肥所占比例不得低于 50%。

（2）应控制肥料使用总量，水中硝酸盐含量在 40mg/L 以下。

（3）不得使用未经国家或省级农业部门登记的化学或生物肥料，有机肥应经过充分发酵方可使用。

（四）放　苗

1. 放苗环境

放苗时，池水深为 60～80cm，池水透明度达 40cm 左右。大风、暴雨天不宜放苗。

2. 苗种规格

南美白对虾苗 0.7cm 以上，中国对虾苗 1cm 以上，斑节对虾苗 1.3～1.5cm 以上。

3. 放苗密度

滩涂大面积养虾池，放苗密度以（6～10）×10⁴ 尾/hm² 为宜；高密度精养方式的养殖池，放苗密度以（25～50）×10⁴ 尾/hm² 为宜。

4. 水温

放养中国对虾苗水温应达 14℃ 以上，放养南美白对虾、斑节对虾苗水温应在 22℃以上。

5. 盐度

池水盐度应在 1~32，虾苗培养池、中间培育池和养成池水盐度差应小于 5，池水盐度相差大于 5 时，可通过驯化虾苗使之适应盐度的变化，通常 24h 内逐渐过渡的盐度差小于 10。

(五) 养成管理

1. 水环境控制

进水水质管理：放苗前，向养成池注入清洁或经消毒清野处理的养成用水，在放苗后，养成用水要经过蓄水池沉淀、净化处理。

水量及水交换：养成前期，每日添加水 3~5cm，直到水位达 1m 以上，保持水位。养成中后期，根据水质情况，如透明度过低（低于 20cm），或透明度较大（大于 80cm），有害的单细胞藻过量繁殖时，酌情换水，采取缓慢换水的方式，调节水质。

2. 饲料管理

饲料品质：配合饲料质量和安全卫生应符合 SC2002 和 NY5072 的规定。

饲料投喂量：常规配合饲料日投喂率为 3%~5%，鲜杂鱼日投喂率为 7%~10%。实际操作中应根据对虾尾数、平均体重、体长及日摄食率，计算出每日理论投饲量，再根据摄食情况、天气状况，确定当日投喂量。投饲后，继续观察对虾摄食情况，对投饲量进行调整。

配合饲料的投喂方法：放苗后的初期，通常日投喂 4 次，以后随着对虾增长，投饲料量加大，调整每日投喂次数，下午以后的投喂量约占全天投喂量的 60% 左右。养成初期，对虾活动范围小，应全池均匀投喂。随着对虾的生长，可选择对虾经常聚集处投喂。

3. 测定

每日测量水温、溶解氧、pH 值、透明度、池水盐度等水质要素。经常检测池内浮游生物种类及数量变化，有条件者可检测氨氮等其他水质要素的变化。每 5~10d 测量一次对虾生长情况。可测量对虾体长，也可测量体重，每次测量尾数应大于 50 尾。定期估测池内对虾尾数，室外大型养虾池，可用旋网在池内多点打网取样测定。

（六）病害防治

1. 巡池

养虾人员应每日凌晨及傍晚各巡池一次，注意清除养虾池周围的蟹类、鼠类，注意发现病虾及死虾，检查病因、死因，及时捞出病虾、死虾进行处理。观察对虾活动及分布，观察对虾摄食及饲料利用情况。

2. 切断病原

不得纳入其他死虾池及发病虾池排出的水，不得投喂带有病原的饵料。

3. 病原生物检测

定期对虾池中的病原生物进行检测。

4. 药物使用

药物使用应符合 NY5071 的要求，掌握以下原则：

（1）使用的渔药应"三证"（渔药登记证、渔药生产批准证、执行标准号）齐全。

（2）应使用高效、低毒、低残留药物，建议使用生态制剂。不得使用含有有机磷等剧毒农药清池消毒。

（七）养成收获

采取排水收虾的方法，也可使用定置的陷网或专用的电网捕捞。

三、无公害尼罗罗非鱼养殖技术规程

罗非鱼原产非洲，1977 年联合国粮农组织（FAO）提出罗非鱼是今后应加注意的蛋白质资源，并定为向世界各国推荐的养殖对象。同安区大规模养殖罗非鱼始于 20 世纪 80 年代，由于其适应性好，繁殖力强，且味道好深受城乡民众所喜爱。90 年代，各地兴起了挖池塘热，养殖面积逐年扩大，养殖方式从池塘到水库，从淡水到海水都有养殖。目前，淡水池塘已由罗非鱼占主导地位，四大家鱼等鲤科鱼类已降至从属地位，成为搭配品种。据统计，2015 年全区淡水池塘养殖面积 840 亩，产量 784 吨，分布在各个乡镇，本技术规程也可用于指导四大家鱼的无公害生产。

（一）环境条件

1. 场地的选择

水源充足，排灌方便；水源没有对渔业水质构成威

胁的污染源。池塘通风向阳；网箱设置在背风向阳，水体微流，水深 4m 以上的水体中。

2. 水质

水源水质应符合 GB11607 的规定。养殖池塘水质应符合 NY5051 的规定。池水透明度 30cm 左右。

3. 鱼池要求

详见表 3 – 7。

表 3 – 7　鱼池要求

鱼池类别	面积（m²）	水深（m）	底质要求	淤泥厚度（cm）	清池消毒
产卵池	650 ~ 1 500	1 ~ 1.5	池底平坦，壤土或沙壤土	≤10	鱼入池前 15d 左右进行药物清池，按 SC/T1008 的规定执行
鱼种池	1 000 ~ 2 000			≤20	
食用鱼饲养池	1 000 ~ 10 000	2 ~ 3			

（二）亲鱼

1. 来源

从尼罗河水系引进经选育的尼罗罗非鱼苗种，经专门培育成亲鱼，或直接从原产地引进亲鱼。苗种或亲鱼需经鉴定认可。持有国家发放的原（良）种生产许可证的原（良）种场生产的苗种，经专门培育成亲鱼。

2. 生物学特性

应符合 SC1027 的规定。

3. 繁殖体重

繁殖亲鱼的体重：雌鱼应在 0.25kg/尾以上，雄鱼应在 0.5kg/尾以上。

（三）繁殖

1. 亲鱼的放养

雌雄鉴别：雌鱼腹部臀鳍前方有肛门、生殖孔和泌尿孔，成熟个体的生殖孔突出；雄鱼腹部臀鳍前方有肛门、泄殖孔，成熟个体的泄殖孔大而突出，用手轻压鱼体腹部有乳白色的精液流出。

性比：雌、雄亲鱼的放养比例为（3~5）：1。

亲鱼消毒：亲鱼放养时应进行药物消毒，可用食盐 2%~4% 浸浴5min，或高锰酸钾 20mg/L（20℃）浸浴 20~30min，或 30mg/L 聚维酮碘（1% 有效碘）浸浴 5min。

放养时间：池塘水温稳定在 18℃ 以上时，即可放养亲鱼。长江中下游地区一般为 4 月下旬，北方地区推迟 15~30d。

放养密度：一般每亩水面放养 600~1 000尾。

2. 饲养管理

巡池：观察池水水色和透明度变化，严防缺氧浮头；观察亲鱼活动情况，及时清除病鱼。

投饲：以配合饲料为主，辅以饼粕、糠麸；日投食率为鱼体重的3%~5%。

3. 鱼苗捕捞

产卵的适宜水温为 25~30℃。亲鱼下池后 10~20d 即见鱼苗，便开始捞苗；见到池有集群的鱼苗后，采用三角抄网每天捞取，或用密网每周全池捕捞一次。鱼苗移至鱼种池培育，或将亲鱼转池，留鱼苗于原池中培育成鱼种。

（四）鱼苗鱼种

鱼苗、鱼种的质量要求应符合 SC/T1044.3 的规定。

（五）池塘饲养

1. 鱼种培育

1. 施肥、注水：鱼苗、鱼种投放前 5 ~ 7d，施绿肥 6 000 ~ 7 000kg/hm²，或粪肥 3 000 ~ 4 000kg/hm²。有机肥应经发酵腐熟，并用 1% ~ 2% 石灰消毒，使用原则应符合 NY/T394 的规定。施肥 2 ~ 3d 后，将鱼种池池水加深至 0.5m，食用鱼池则加深至 1.5m。

鱼苗放养：当水温稳定在 18℃ 以上时，即为适宜投放的时间。在长江中下游地区为 4 月中、下旬，华南、华北地区相应提前或推迟 20 ~ 30d；投放鱼苗的规格为全长 1 ~ 1.5cm；投放密度每平方米水面 75 ~ 100 尾。

饲养管理：鱼苗入池后，每 5d 划分为一培育阶段。第一阶段喂豆浆，每万尾鱼每天喂 0.1 ~ 0.2kg 黄豆；第二阶段起，改喂配合饲料等，每万尾鱼每天喂 0.25 ~ 0.3kg。以后的每个阶段增加投喂量，增加量为上一阶段的 20% ~ 25%。培育期间，每 5 ~ 7d 注水一次，使池水深在最后培育阶段达 1 ~ 1.5m。

2. 食用鱼饲养

（1）鱼种（苗）的投放规格、密度见表 3 – 8。

表 3 – 8　鱼种（苗）的投放规格及密度

鱼种类别	投放规格（全长）（cm）	主养（搭养草鱼、鲢、鳙、鳊等）密度（尾/m²）	单养密度（尾/m²）
越冬鱼种 *	6 ~ 10	0.6 ~ 0.7（轮捕）	2 ~ 3 或 4（轮捕）
夏花鱼种	4 ~ 5	0.7 ~ 0.8（轮捕）	4 ~ 5
鱼苗	1.5 ~ 2	—	6 ~ 7.5

注：* 越冬后的鱼种。

（2）饲养管理：以投喂配合饲料为主，日投饲率为鱼体体重的 5% ~ 7%，每天投喂 4 ~ 5 次；每 15 ~ 20d（高温季节 10 ~ 15d）注水一次，使池水保持在 2m 以上。每 5 000 ~ 10 000m²，配备 2 ~ 3kW 增氧机一台，每天午后及清晨各开机一次，每次 2 ~ 3h，高温季节，每次增加

1～2h。

（3）起捕：按鱼体出池规格要求确定起捕时间。当水温下降至15℃时，所有尼罗罗非鱼均需捕完。

（六）网箱饲养

1. 网箱规格、设置

按 SC/T1006 规定执行。

2. 鱼种放养

鱼种消毒：如前面"亲鱼消毒"所述执行。

鱼种规格：体重宜为 20～50g/尾。

投放密度：按不同规格时鱼种决定投放密度，一般为 600～1 000 尾/m^2。

3. 饲养

宜投膨化配合饲料。根据水温、溶氧等决定投喂量，投饲率一般为体重的 3%～5%，每投喂 3～5 次。

（七）越冬

1. 越冬方式

鱼池可建在玻璃温房或在塑料大棚内进行室内加温保暖越冬，也可利用热源进行室外流水保温越冬。

2. 越冬池

越冬池结构为砖砌的水泥池；位置应靠近水源，避风向阳；池的形状以圆形或椭圆形为好；室内越冬池面积以 10～50m^2 为宜，池深 1.5m；室外越冬池面积 100～200m^2，水深 1.5～2.0m；鱼入越冬池前，应清理池底污物，并用 30mg/L 漂白粉溶液泼洒池壁和池底进行消毒处理。

3. 越冬时间

秋季室外水温降至18℃前鱼入越冬池，春末室外水温稳定在18℃以上后，鱼方可出越冬池。长江流域一般从 10 月中旬至翌年 5 月，约 200d；珠江流域一般从 11 月中旬至翌年 4 月上旬，约 150d；北方地区应相应延长越冬时间。

4. 越冬鱼的选择

越冬鱼应选择体质健壮、体形匀称、无伤无病、体型饱满的个体；越冬亲鱼规格以体重 0.2kg/尾、0.5kg/尾为宜，每立方米放亲鱼 7 ~ 8kg，雌、雄比例以 4∶（1 ~ 5）∶1 为宜；进行越冬的鱼种全长按 3 ~ 5cm、6 ~ 10cm 两种规格分类，每立方米水体放鱼种 7 ~ 8kg。

5. 越冬期饲养管理

越冬鱼消毒：如前面"亲鱼消毒"所述执行。

水质调节：水温保持在 18 ~ 22℃，换水时温差不得超过 ±2℃；每天排污一次，每隔 3 ~ 5d 清洗鱼池一次，使池水保持溶解氧在 3mg/L 以上。

投饲：投喂配合颗粒饲料，日投饲率为鱼体重的 0.5% ~ 0.8%。越冬鱼出池前一个月，投饲率可增加到 1%，投饲次数为每日 2 次。

（八）饲料要求

饲料应符合 NY 5072 的规定；配合饲料营养要求应符合 SC/T1025 的规定。

（九）鱼病防治

1. 鱼病防治以预防为主

一般措施为：

（1）鱼苗、鱼种人塘（网）前，严格进行消毒。

（2）鱼苗、鱼种下塘半月后，按 1 ~ 2g/m³ 漂白粉（28% 有效氯）泼洒一次。

（3）高温季节，饲料中按每千克鱼体重每日拌入 5g 大蒜头或 0.47g 大蒜素，连续 6d，同时加入适量食盐。

（4）死鱼应及时捞出，埋入土中。

（5）病鱼池（网）中使用过的鱼具要浸洗消毒，消毒方法按前述的规定执行。

（6）病鱼池水未经消毒不得任意排放。

2. 常见鱼病及其防治

详见表 3 – 9。

渔药的使用和休药期参照 NY5071 的要求执行。

表 3 – 9　常见鱼病及其防治

病名	发病季节	症状	防治方法
车轮虫病	5—8 月	鳃组织损坏	0.5 ~ 0.7mg/L 硫酸酮，硫酸亚铁合剂（5∶2）全池泼洒
小瓜虫	12 月—翌年 6 月	体表、鳍条或鳃部布满白色囊胞	3.5% 食盐和 1.5% 硫酸镁，浸浴 15min，或 0.38mg/L 干辣椒粉与 0.15mg/L 生姜片混合加水煮沸后泼洒
斜管虫病	12 月、3—5 月	皮肤和鳃呈苍白色，体表有浅蓝或灰色薄膜覆盖	0.5 ~ 0.7mg/L 硫酸亚铁合剂（5∶2）全池泼洒，或 2.5% 食盐浸浴 20min
鲺病	常年可见，2—5 月易发生	病鱼消瘦，肉眼可见臭虫大小的鲺	0.2 ~ 0.5mg/L 90% 晶体敌百虫全池泼洒
锚头蚤病	常年可见，6—11 月易发生	肉眼可见虫体；病鱼不安，寄生处组织发炎	0.2 ~ 0.5mg/L90% 晶体敌百虫全池泼洒
水霉病	常年可见，2—5 月易发生	体表菌丝大量繁殖如絮状，寄生部位充血	避免鱼体受伤；2% ~3% 食盐浸浴 10min，或 400mg/L 食盐、小苏打（1∶1）全池泼洒
链球菌病	水温 25 ~ 28℃时易发生	体色发黑，鱼体运动失衡，眼球外突、角膜浊白、肛门红肿等	饲料中每 kg 体重每日拌入 25 ~ 75mg/L 呋喃唑酮，连续 7d
溃烂病	亲鱼养殖、越冬期间易发生	体表充血、鳞片脱落、皮肤溃烂等	0.5 ~1mg/L 呋喃唑酮全池泼洒，每日一次，连接 3d，或 1mg/L 漂白粉（28% 有效氯）全池泼洒

注：浸浴后药物残液不得倒入养殖水体。

四、无公害鳗鲡池塘养殖技术规程

同安湾及沿海各河汊港口，每年冬春盛产鳗苗（学名日本鳗鲡）。1986 年，继莆田地区养鳗业的兴起，同安与厦门郊区、福州、漳洲同时掀起集约化养鳗热，至 2015 年，全区共有养鳗场 16 家，面积 600 多亩，主要分布在汀溪镇、莲花镇、五显镇、竹坝农场等，主要养殖方式为水泥池、土池精养。近几年,养殖品种在原来养殖日本鳗鲡的基础上,又增加了欧鳗、美洲鳗、花鳗(菲律宾鳗)等。

(一) 环境条件

1. 池塘

鳗种池每口池塘面积 0.35 ~ 0.50hm², 水深 1.2 ~ 1.5m。

成鳗池每口池塘面积 0.5 ~ 1.0hm², 水深 1.5 ~ 2.0m。池底淤泥厚度 10cm 左右,坡比 1: (1.5 ~ 2)。

2. 水源

水源充足,水质清新,排灌方便,进排水分开。

3. 池塘水质

主要物理因子指标见表 3 – 10。

主要化学因子指标见表 3 – 11。

主要生物因子指标见表 3 – 12。

其他理化因子指标应符合 NY5051 的规定。

表 3 – 10　主要物理因子指标

饲养季节	透明度(cm)	水温(℃)	水色
4 ~ 10 月	25 ~ 30	12 ~ 33	油青(绿豆青)色
11—翌年 3 月	15 ~ 25		

表 3 – 11　主要化学因子指标

pH 值	溶解氧(mg/L)	盐度	铵态氮(mg/L)	硫化氢(mg/L)	化学耗氧量(mg/L)
7.0 ~ 8.5	4 ~ 11	0 ~ 2	0 ~ 2	< 0.1	10 ~ 15

表 3 – 12　主要生物因子指标

浮游植物优势种与生物量(mg/L)	浮游动物生物量(mg/L)	底栖动物生物量(mg/L)	对有害生物的要求
绿藻类的衣藻、悬球藻、小球藻,生物量 25 ~ 45	≤10	≤70	防止蛇类、水鸟及凶猛性鱼类伤害鳗鲡

（二）放养模式

池塘清整：清塘方法及清塘药用量应符合 SC/T1008 的规定。

鳗种质量：放养的鳗种由白仔鳗驯食人工配合饲料育成，应规格整齐，体质健壮无病，游动活泼。

放养时间：大规格鳗种可常年放养。规格为 500～800 尾/kg 的黑仔鳗，每年 3 月下旬至 6 月放养。

分级饲养及放养密度：规模经营的养鳗场，从 500～800 尾/kg 的黑仔鳗养成 400g/尾以上的食用鳗采用分级饲养。分级方法及各级鳗池的放养密度见表 3 - 13。

表 3 - 13　池塘饲养鳗鲡的分级及放养密度

鱼池级别	放养规格（尾/kg）	出池规格（尾/kg）	放养密度（尾/hm²）	饲养天数（d）	备注
1	500～800	100	225 000～195 000	25	体重达到 100 尾/kg 的分池，余下原池继续饲养
2	100	25～35	105 000～135 000	40	体重达到 25～35 尾/kg 的分池，余下原池继续饲养
3	25～35	7～10	45 000～75 000	45	体重达到 7～10 尾/kg 的分池，余下原池继续饲养尾/kg
4	7～10	≤2.5	22 500～30 000	150	达到上市规格，分批上市

池塘面积配套：放养鳗种当年，黑仔鳗（500～800 尾/kg）、幼鳗种（100 尾/kg）、中鳗种（25～35 尾/kg）和成鳗 4 个级别池塘面积比例为 1:1:3:5。次年随鳗鲡不断长大、不断上市，各类池塘均转变为成鳗池。

（三）饲养管理

1. 饲料

（1）使用的饲料应符合 NY 5072 和 SC 1004 的规定。

（2）在饲料中添加的药物应符合《饲料药物添加剂使用规范》的规定。

2. 投饲

当水温达到12℃以上时，需要每天投饲，水温在12～22℃时，每天投饲一次，投饲时间为下午2～3时。水温在23℃以上时，每天投饲两次，投饲时间为上午6～8时，下午4～6时，投饲量视鳗鲡不同生长阶段以及不同季节灵活掌握。在幼鳗种和中鳗种阶段，投饵量占体重和6%～8%，成鳗阶段，投饵量占体重的2%～4%。

3. 水质调节

（1）物理调节。常用的物理调节有：①冲、加水调节。在秋季末至早春季节，养鳗池每月换水一次，每次换水量为池水的10%～20%；夏季每月加水两次，每次加水量为池水的5%～20%；台风前夕，雷暴雨天气，养鳗池缺氧时可加大换水量。②机械调节。晚上及中午均开动增氧机，中午开机时间为2～3h；台风前夕，雷暴雨天气，可适当延长增氧机的开机时间。

（2）化学调节。常用的化学调节有：①当池水 pH 值在 7 以下时，可全池泼洒生石灰，每次用量为 225～375kg/hm²，直至池水 pH 值在 7.5～8.5 为止。②夏天池水透明度大于35cm，冬季大于30cm 时，应适当减少换水量或每公顷水面用复合肥5kg 或尿素2kg 加复合肥3kg 对水全池泼洒，以增加池水中浮游植物生物量，改善池塘水体溶氧及水质状况。

（3）生物调节。①每公顷放养规格为每尾0.25～0.5kg 的鲢、鳙各750～1 200尾，控制"湖靛"的繁殖。鲢、鳙鱼种的质量应符合 GB/T 11777、GB/T 11778 的规定。②污塘内底栖动物数量较多时，每公顷可放养规格250g/尾左右的青鱼种150～225尾。青鱼种的质量应符合 GB/T 9956。③适当混养底栖杂食性鱼类，以清除池底残饵，防止水质变坏。④当鳗种长至表4 出苗规格时，即捕捞上市或分池饲养，保持较适宜的密度，以利水质稳定。

4. 日常管理

巡塘：上下午各一次，清晨观察池塘水色变化，有无浮头、鳗鲡病害等情况，并检查塘基有无渗漏；下午着重观察池塘水色变化，池水肥度，鳗鲡摄食情况，并根据天气情况决定是否冲、加水或增加开增氧机的时间。

防止鳗鲡浮头、泛池：鳗鲡密度较大、池底淤泥较多，或台风前夕，暴风雨引起上下水层急剧对流时，均会造成池水缺氧，引起鳗鲡浮头；池塘浮游动物大量繁殖，浮游植物锐减时，也会引起鳗鲡浮头或泛池。防止方法按③的措施处理。

池塘清洁卫生：饲养期间，每月用生石灰全池泼洒一次，每次用量为 $225 \sim 375 kg/hm^2$，以改善水质，保持池水清洁卫生。

防逃：每当收获鳗鲡、清塘时，应彻底检查塘基，堵塞蛇、鼠穴，加以修整。特别要对进排水口进行彻底检修，以防止鳗鲡逃逸。

5. 鳗病防治

（1）坚持"以防为主，防治结合"的原则。

（2）彻底清塘消毒。细心操作，避免鱼体受伤。不放养带病鳗种下塘。

（3）防治鳗鲡病害的药物使用方法按 NY 5071 的规定执行。

（四）机械配备

每 $0.2 \sim 0.3 hm^2$ 池塘配置一台水车式增氧机，如水深 2m 或以上的池塘除配置一台水车式增氧机外，在池中央应加配一台 1.5kW 叶轮式增氧机；每 $1.3 \sim 2.7 hm^2$ 池塘配置一台 3kW 轴流泵，用于加、注水。如扬程太高，需用离心泵，依据池塘总动力负荷的 70% 配置备用发电设备，以备停电急救之用。

第四章　相关法律法规概述及
无公害农产品认证

第一节　相关法律法规政策概述及新法解读

一、农产品质量安全法律法规政策概述

在我国《农产品质量安全法》颁布之前，只是在一些经济法规中直接或者间接地涉及农产品质量安全问题，如《中华人民共和国农业法》（以下简称《农业法》）、《中华人民共和国产品质量法》（以下简称《产品质量法》）、《无公害农产品管理办法》。《农业法》明确规定了多个关于农产品市场准入的基本条件。1993年实施的《产品质量法》，当涉及的农产品不适用《中华人民共和国食品卫生法》（以下简称《食品卫生法》）且处于法律空白状态时，可以参照适用。其中第二条规定"本法所称产品是指经过加工、制作，用于销售的产品"，明显对产品的范围做出了限制，但对没有经过加工的初级农业产品的规制造成空白。《无公害农产品管理办法》的制定是为加强对无公害农产品的管理，维护消费者权益，提高农产品质量。同时，《中华人民共和国认证认可条例》（以下简称《认证认可条例》）以及农产品质量安全认证管理办法、技术标准和认证程序的实施，对我国农产品质量安全规范的认证工作也提供了理论基础。

2006年，我国颁布了《农产品质量安全法》，改变了我国农产品质量安全的法律空白，真正做到了农产品质量安全有法可依。内容包括农

产品生产的全过程，农产品质量安全的标准、农产品产地环境、生产、包装标识等，并对农产品的监督检查和法律责任做了明确的规定，加强了农产品的监督检查，明确了相关责任人的法律责任，规范了农产品的生产过程、加工制作过程、销售等过程，奠定了农产品质量安全的法律基础，确保了农产品的质量安全，维护了消费者的合法权益。该法明确规定了我国农产品质量安全相关监管部门的权责。这是我国农产品质量安全立法的一个重要转折点，从法律上保证了农产品的质量安全，是我国农产品质量安全监管制度进入一个新阶段的重要表现。《农产品质量安全法》中规定的农产品是广义上的农产品，主要是指农业的初级产品，也就是在农业活动中所取得的动植物和微生物以及其产生的产品。

2009 年，我国《食品安全法》颁布实施，更加全面地确保了农产品的质量安全，也进一步完善了我国的农产品质量安全法律法规体系。食品安全既包括初级农产品的质量安全问题，还包括经过加工的农产品的质量安全问题。但《食品安全法》主要对经过加工的农产品以及进入市场流通的农产品进行监督管理。《食品安全法》第二条也明确规定，关于食用农产品质量安全的标准以及食用农产品相关信息的公布都适用本法规定。

目前，我国涉及农产品质量管理方面的法律法规还有《中华人民共和国标准化法》（以下简称《标准化法》）《农药管理条例》和《农业转基因生物安全管理条例》等。1998 年制定的《标准化法》，为国家制定更多的农产品质量标准提供了法律依据。1997 年出台的《农药管理条例》以及 1999 年出台的《农药管理条例实施办法》，为农产品的源头标准提供了依据。2001 年出台了《农业转基因生物安全管理条例》，加强了农业转基因生物安全管理，保障了人体健康和动植物、微生物安全，保护了生态环境。

为加强农产品质量安全管理，农业部相继出台了农产品质量安全的相关政策。2009 年，根据《农产品质量安全检测机构考核办法》的要求，农业部组织制定了《农产品质量安全检测机构考核评审员管理办法》《农产品质量安全检测机构考核评审细则》。2010 年，农业部发布了《农产品质量安全信息发布管理办法（试行）》。2012 年,《农产品质量量安全监测管理办法》发布, 规范了农产品质量安全监测工作。

其他相关法律规范, 如《中华人民共和国种子法》《中华人民共和国消费者保护法》《中华人民共和国环境保护法》《中华人民共和国清洁生产促进法》以及《中华人民共和国清洁生产法》, 从各个侧面保障了农产品质量的安全。

二、解读新《食品安全法》《农产品质量安全法》与农业生产经营

2001 年启动了国家新时期的菜篮子工程, 提出了国家无公害行动计划, 用行政担保的方式, 来解决中国供求基本平衡的食物的自然安全。2006 年 11 月 1 日起施行了《农产品质量安全法》。我国农产品质量安全和食品安全形成了《农产品质量安全法》与《食品安全法》(下称"两法")"两法并行、各有侧重、相互衔接"的法律框架。

1. "两法"对农产品生产经营者的要求

自 2015 年 10 月 1 日起, 新修订的《中华人民共和国食品安全法》开始实行, 新安全法旨在保障大众的饮食安全, 曾三易其稿, 被称为"史上最严"的食品安全法, 主要修改内容有:①禁止剧毒高毒农药用于果蔬茶叶。②保健食品标签不得涉防病治疗功能。③婴幼儿配方食品生产全程质量控制。④网购食品纳入监管范围。⑤生产经营转基因食品应按规定标示。

与农业生产经营相关的, 新《食品安全法》对农产品质量安全管理更加明确了:一是农业初级产品的质量安全管理, 遵守《中华人民共和国农产品质量安全法》的规定;二是新增了"国家对农药的使用实行严格的管理制度, 加快淘汰剧毒、高毒、高残留农药, 推动替代产品的研发和应用, 鼓励使用高效低毒低残留农药"的规定;三是参照《农产品质量安全法》对农产品进入市场后的监管。

在《农产品质量安全法》中, 对农产品生产者在生产过程中保证农产品质量安全的基本义务作了规定, 主要包括:①依照规定合理使用农

业投入品。农产品生产者应当按照法律、行政法规和国务院农业主管部门的规定，合理使用化肥、农药、兽药、饲料和饲料添加剂等农业投入品，严格执行农业投入品使用安全间隔期或者休药期的规定，禁止使用国家明令禁止使用的农业投入品，防止因违反规定使用农业投入品危及农产品质量安全。②依照规定建立农产品生产记录。农产品生产企业和农民专业合作经济组织应当建立农产品生产记录，如实记载使用农业投入品的有关情况、动物疫病和植物病虫草害的发生和防治情况，以及农产品收获、屠宰、捕捞的日期等情况。③对其生产的农产品的质量安全状况进行检测。农产品生产企业和农民专业合作经济组织应当自行或者委托检测机构对其生产的农产品的质量安全状况进行检测，经检测不符合农产品质量安全标准的，不得销售。

《农产品质量安全法》第33条还规定，有下列情形之一的农产品，不得销售：①含有国家禁止使用的农药、兽药或者其他化学物质的。②农药、兽药等化学物质残留或者含有的重金属等有毒有害物质不符合农产品质量安全标准的。③含有的致病性寄生虫、微生物或者生物毒素不符合农产品质量安全标准的。④使用的保鲜剂、防腐剂、添加剂等材料不符合国家有关强制性的技术规范的。⑤其他不符合农产品质量安全标准的。

2. "两法"对违法违规生产经营者的责任追究

新修订《食品安全法》六方面罚则设置确保"重典治乱"：一是强化刑事责任追究：构成犯罪的追究刑事责任，终身不得从事食品生产经营的管理工作。二是增设行政拘留：对用非食品原料生产食品、经营病死畜禽、违法使用剧毒高毒农药等严重行为增设拘留行政处罚。三是大幅提高罚款额度；四是对重复违法行为加大处罚：一年内累计3次因违法受到罚款、警告等行政处罚的，给予责令停产停业直至吊销许可证的处罚。五是非法提供场所增设罚则；六是强化民事责任追究。

《农产品安全法》第46条的规定，使用农业投入品违反法律、行政法规和国务院农业行政主管部门的规定的，依照有关法律、行政法规的规定处罚。

《农产品安全法》第47条规定，农产品生产企业、农民专业合作经济组织未建立或者未按照规定保存农产品生产记录的，或者伪造农产品生产记录的，责令限期改正；逾期不改正的，可以处二千元以下罚款。

《农产品安全法》第50条的规定，农产品生产企业、农民专业合作经济组织销售的农产品有本法第三十三条第一项至第三项或者第五项所列情形之一的，责令停止销售，追回已经销售的农产品，对违法销售的农产品进行无害化处理或者予以监督销毁；没收违法所得，并处二千元以上二万元以下罚款。

3. 农产品生产经营者如何遵守"两法"实现产品质量安全

民以食为天，食以安为先，颁布新的《食品安全法》、实施《农产品质量安全法》无疑是利民之举。从新食品安全法的内容来看，国家将对生产中的农药使用进行严格的限定，并逐步以生物农药或高效低毒农药替代传统高毒高残留农药。农民朋友在生产（尤其是蔬菜、药材、瓜果、茶叶生产）中，除了科学使用投入品、按要求做好生产记录等等外，要特别注意药剂品种选择和适当的使用量和使用方法，以蔬菜生产为例，一定要注意采收前的农药停用间隔，避免不合格产品带来不必要麻烦。

在生产实践中，农药确实是比较高效快速且效果明显的作物病虫害防治方法，也是农民朋友比较习惯接受的方式。近几年来，由于农药的大量使用使病虫害抗性不断增强、药效减弱，且新型农药发展研究相对较慢，使得更多剂量的高毒农药进入到环境中。新食品安全法在强调限用高毒农药、倡导实用新型高效农药的同时，也是在强调作物病虫害的非农药防治措施：

（1）坚持我国"预防为主，综合防治"的植保方针，综合运用各种手段（而不是只依赖农药）将病虫控制在接受范围之内。

（2）注意选择抗病品种，加强作物的栽培管理，使作物自身生长强健以抵御病虫害。

（3）农业措施防治病虫害，包括采用合理密植、改进耕作制度、合理灌溉施肥、调整播期、翻耕土壤等措施构造有利于作物生长而不利于病虫生长的环境条件。

（4）协调采用植物检疫、物理机械、生物方法、病虫监测等措施防治病虫草害，以化学减少农药的使用。

第二节　无公害农产品认证流程规范及产地认定管理办法

无公害农产品产地认定与产品认证一体化工作流程规范

第一条　为做好无公害农产品产地认定与产品认证一体化推进工作，根据《无公害农产品管理办法》、《无公害农产品产地认定程序》和《无公害农产品认证程序》，结合无公害农产品发展需要，制定本工作流程规范。

第二条　本工作流程规范适用于经农业部农产品质量安全中心批复认可的省、自治区、直辖市及计划单列市无公害农产品产地认定与产品认证一体化推进工作。

第三条　从事农产品生产的单位和个人，可以直接向所在县级农产品质量安全工作机构（简称"工作机构"）提出无公害农产品产地认定和产品认证一体化申请，并提交以下材料：

（一）《无公害农产品产地认定与产品认证（复查换证）申请书》（附表略）；

（二）国家法律法规规定申请者必须具备的资质证明文件（复印件）；

（三）无公害农产品生产质量控制措施；

（四）无公害农产品生产操作规程；

（五）符合规定要求的《产地环境检验报告》和《产地环境现状评价报告》或者符合无公害农产品产地要求的《产地环境调查报告》；

（六）符合规定要求的《产品检验报告》；

（七）规定提交的其他相应材料。

申请产品扩项认证的，提交材料（一）、（四）、（六）和有效的《无公害农产品产地认定证书》。

申请复查换证的，提交材料（一）、（六）、（七）和原《无公害农产品产地认定证书》和《无公害农产品认证证书》复印件，其中材料（六）的要求按照《无公害农产品认证复查换证有关问题的处理意见》执行。

第四条 同一产地、同一生长周期、适用同一无公害食品标准生产的多种产品在申请认证时，检测产品抽样数量原则上采取按照申请产品数量开二次平方根（四舍五入取整）的方法确定，并按规定标准进行检测。

申请之日前两年内部、省监督抽检质量安全不合格的产品应包含在检测产品抽样数量之内。

第五条 县级工作机构自收到申请之日起 10 个工作日内，负责完成对申请人申请材料的形式审查。符合要求的，在《无公害农产品产地认定与产品认证报告》（以下简称《认证报告》，附表略）签署推荐意见，连同申请材料报送地级工作机构审查。

不符合要求的，书面通知申请人整改、补充材料。

第六条 地级工作机构自收到申请材料、县级工作机构推荐意见之日起 15 个工作日内，对全套申请材料进行符合性审查，符合要求的，在《认证报告》上签署审查意见（北京、天津、重庆等直辖市和计划单列市的地级工作合并到县级一并完成），报送省级工作机构。

不符合要求的，书面告之县级工作机构通知申请人整改、补充材料。

第七条 省级工作机构自收到申请材料及县、地两级工作机构推荐、审查意见之日起 20 个工作日内，应当组织或者委托地县两级有资质的检查员按照《无公害农产品认证现场检查工作程序》进行现场检查，完成对整个认证申请的初审，并在《认证报告》上提出初审意见。

通过初审的，报请省级农业行政主管部门颁发《无公害农产品产地认定证书》，同时将申请材料、《认证报告》和《无公害农产品产地认定与产品认证现场检查报告》（附表略）及时报送部直各业务对口分中心复审。

未通过初审的，书面告之地县级工作机构通知申请人整改、补充材料。

第八条　本工作流程规范未对无公害农产品产地认定和产品认证作调整的内容，仍按照原有无公害农产品产地认定与产品认证相应规定执行。

第九条　农业部农产品质量安全中心审核颁发《无公害农产品证书》前，申请人应当获得《无公害农产品产地认定证书》或者省级工作机构出具的产地认定证明。

第十条　本工作流程规范由农业部农产品质量安全中心负责解释，自 2006 年 8 月 1 日起实施。

（以上内容摘自（农质安发〔2006〕9 号文《无公害农产品产地认定与产品认证一体化推进实施意见》之附件1

文中涉及的附表均可从"中国农产品质量安全网"下载）

厦门市无公害农产品产地认定管理办法

厦农〔2016〕123 号

第一章　总则

第一条　为加快厦门市无公害农产品基地建设，推进无公害农产品产地认定与产品认证一体化，产地认定产品认证与证后监管同步实施，大力推进标准化生产和实施品牌化战略，提高农产品质量安全水平，促进农业和农村经济发展，根据《农产品质量安全法》、《无公害农产品管理办法》、《无公害农产品产地认定程序》、《无公害农产品认证程序》

和《厦门市生鲜食品安全监督管理办法》的规定，制定本办法。

第二条 本办法中所称的无公害农产品产地，是指农产品产地环境及质量控制措施符合国家有关标准和规范的要求，经认定合格，获得无公害农产品产地认定证书的农产品生产产地。

第三条 厦门市农业局是本市辖区内无公害农产品产地认定的行政主管部门。厦门市农业局成立厦门市无公害农产品产地认定委员会负责产地认定工作，厦门市绿色食品发展中心具体实施无公害农产品产地认定管理工作。

各区农业行政主管部门设立无公害农产品工作机构，负责本行政区域内无公害农产品产地认定的申请受理、初审、推荐和监督管理等工作。

第四条 各级农业行政主管部门应当在政策、资金、技术等方面扶持无公害农产品产地建设，组织无公害农产品新技术的研究、开发和推广，推动无公害农产品的发展。

第五条 鼓励从事农产品生产经营的企业、农民专业合作经济组织申请无公害农产品产地认定。申请无公害农产品产地认定同时须申请无公害农产品认证。

第二章 无公害农产品产地条件与生产管理

第六条 无公害农产品产地应当符合下列条件：

（一）环境检测

无公害农产品产地环境必须经具有资质的检测机构检测，水源（灌溉水、畜禽饮用水、产品加工用水）、土壤、大气等方面应当符合农业部颁布实施的无公害食品产地环境标准要求。

（二）产地周边环境

种植业产地：周围 5 千米以内应没有对产地环境可能造成污染的污染源，蔬菜、茶叶、果品等园艺产品产地应距离交通主干道 100 米以上。

畜牧业产地：符合本区域的行政规划，不在禁养区内；周围 1 千米范围内及水源上游应没有对产地环境可能造成污染的污染源。养殖区所处位置应符合环境保护和动物防疫要求，应远离干线公路、铁路、城镇、居民区、公共场所等。

（三）产地规模

无公害农产品产地应区域范围明确、相对集中，产品相对稳定，附报区域范围图，具备一定的生产规模：粮、油、茶、果、菜作物达 100 亩以上，设施栽培作物 30 亩以上，食用菌 1 万平方米（或 50 万袋）以上；蛋用禽存栏 3 000 羽以上，肉用禽年出栏 6 000 羽以上，生猪年出栏 600 头以上，奶牛存栏 60 头以上，肉牛年出栏 200 头以上，羊年存栏 180 只以上。

第七条 无公害农产品的生产过程应当符合下列要求：

（一）管理制度

无公害农产品产地应有能满足无公害农产品生产的组织管理机构和相应的技术、管理人员，并建立无公害农产品生产管理制度。

（二）生产规程

无公害农产品产地的生产过程控制应参照无公害食品相关标准，并结合本产地生产特点，制定详细的无公害农产品生产质量控制措施和生产操作细则。

（三）农业投入品使用

按无公害农产品生产技术标准（规程、规范、准则）要求使用农业投入品，实施农（兽）药停（休）药期制度。

（四）动植物病虫害监测

无公害农产品产地应定期开展动植物病虫害监测，并建立动植物病虫害监测报告档案制度。畜牧业产地按《动物防疫法》要求实施动物疫病免疫程序和消毒制度，养殖企业具备防疫合格证。

（五）生产记录档案

无公害农产品产地应建立生产过程和主要措施的记录制度，农产品生产记录应保存二年。

第八条 产地产品实行质量安全追溯管理，推行溯源标识管理。进入市场的产地产品按规定实施包装上市，实行标识管理，包装物上标明产地和产品证书号、地址、生产经营主体、采收（出栏）日期、品种、数量等。畜禽产品实施免疫标识和免疫档案管理。

第三章　申请与认定

第九条 凡在本市行政区域内农业生产企业或农民专业合作经济组织，均可直接向所在区级无公害农产品工作机构提出申请，并提交以下材料：

（一）《无公害农产品产地认定与产品认证申请和审查报告》；

（二）主体资质证明材料复印件（法人、产地区域范围、生产规模情况等）；

（三）无公害农产品生产质量控制措施；

（四）最近两年农业投入品（农药、兽药）使用记录（复印件）；

（五）《产地环境检验报告》及《产地环境现状评价报告》或《产地环境调查报告》；

（六）以农民专业合作经济组织及"公司加农户"形式申报的，需提交与合作农户签署的含有农产品质量安全管理措施的合作协议及农户名册（包括农户名单、地址、生产规模等），畜牧业材料按照农业部农产品质量安全中心《关于印发无公害农产品（畜牧业产品）认证申报材料要求》的通知（农质安发〔2010〕13号）执行；

申请复查换证的，提交材料（一）以及《无公害农产品产地认定证书》和《无公害农产品认证证书》复印件。

申请人向所在区级无公害农产品工作机构申领《无公害农产品产地认定与产品认证申请和审查报告》，或通过中国农产品质量安全网下载获取。

第十条　无公害农产品产地按下列程序认定。

（一）申请。申请人向所在区级无公害农产品工作机构提出正式书面申请。

（二）受理、初审。区级无公害农产品工作机构受理申请，在 10 个工作日内就申报主体资格、材料的真实性、完整性和符合性等进行初审，提出初审意见。符合要求的报厦门市绿色食品发展中心；不符合要求的，书面通知申请人。

（三）复审。厦门市绿色食品发展中心在 20 个工作日内对申报材料进行复审。符合要求的，组织现场检查和环境质量调查；不符合要求的，书面通知申请人限期整改。

（四）现场检查和环境质量调查。厦门市绿色食品发展中心组织专业人员对产地现场进行检查和环境质量调查，提交现场检查报告和环境质量调查报告。现场检查按《无公害农产品认证现场检查规范（修订稿）》（农质安发〔2012〕15 号）执行，环境质量调查按 NY/T 5335—2006（无公害食品 产地环境质量调查规范）执行。

（五）环境检测与评价。对现场检查和环境质量调查符合要求的，通知申请人委托有质资的检测机构对其产地环境按 NY/T 5295—2015（无公害农产品 产地环境评价准则）进行抽样检测。

（六）综合评审。厦门市绿色食品发展中心组织 2 名以上（含 2 名）专家对申报材料、现场检查报告、环境调查报告、环境检测报告和环境评价报告进行综合评审，提出专家评审推荐意见。不符合要求的，书面通知申请人。

（七）颁证。综合评审符合要求的，提交市无公害农产品产地认定委员会讨论，由市无公害农产品产地认定委员会做出认定。由厦门市绿色食品发展中心上报农业部农产品质量安全中心备案，同时上报申请无公害农产品认证的相关材料。待获得无公害农产品认证证书连同无公害农产品产地认定证书一并颁发。

第十一条　复查换证。《无公害农产品产地认定证书》有效期为 3

年。期满需要继续使用的，应当在有效期满 90 日前按照有关规定重新申请，经市无公害农产品产地认定委员会办公室综合审查后，提交认定委员会主任审核，符合要求的，换发《无公害农产品产地认定证书》；审查不合格的，限期整改；整改不合格或有效期满后未办理申请手续的，视为自动撤销认定。

第四章　监督管理

第十二条　无公害农产品产地实行证书和标牌管理。《无公害农产品产地认定证书》有效期满后，未办理复查换证的，自动撤销认定，应主动撤销无公害农产品产地标志牌。

（一）无公害农产品产地应当树立标志牌，标明产地证书编号、获证单位名称、范围、规模、产品品种、审批部门，以接受社会监督。

（二）各级无公害农产品工作机构负责对通过认定的无公害农产品产地进行监督管理，实行跟踪检查。按照国家有关规定对获得无公害农产品产地认定证书的产地进行定期或不定期的监督检查。

区级无公害农产品工作机构每季度对获得无公害农产品产地认定证书的产地进行监督检查，对认证产品进行监督抽检，及时将监督检查和监督抽检情况上报厦门市绿色食品发展中心备案。

厦门市绿色食品发展中心对获得无公害农产品产地认定证书的产地和认证产品进行不定期的监督检查和监督抽检。

（三）获证企业或个人应及时将上一年无公害农产品的生产记录档案和质量安全管理档案整理归档，以备各级无公害农产品工作机构检查。

（四）任何单位和个人不得伪造、冒用、转让、买卖无公害农产品产地认定证书，不得随意树立无公害农产品产地标志牌。违反规定的，由区级以上农业行政主管部门责令其停止，并依据《无公害农产品管理办法》第三十七条规定进行处罚。

第十三条　监督管理中发现有如下情形的，责令获证单位限期整改；责令整改期间，停止使用证书。

（一）产地有随意倾倒生活、工业垃圾废弃物的；

（二）产地周围有规划新建或正在新建对环境有污染的工程的；

（三）生产过程中档案记录欠规范的；

第十四条 有如下情形的，撤销无公害农产品产地认定证书，并提请农业部农产品质量安全中心撤销产品认证证书。

（一）产地被污染或产地环境质量达不到要求的；

（二）擅自扩大无公害农产品产地范围的；

（三）发现使用违禁投入品，或使用投入品的剂量、频次、休药期、安全间隔期未按无公害农产品相关标准或规范规定执行的；

（四）不按标准进行生产或严重违反技术操作规程的；

（五）没有建立档案管理制度或伪造虚假记录的；

（六）产品出现严重质量问题或连续 2 次抽检不合格的；

（七）拒绝接受监督管理职能部门监督的；

（八）转让和买卖无公害农产品标志行为的；

（九）限期整改未完成的；

（十）有其他严重影响农产品质量安全因素存在的。

第十五条 从事无公害农产品产地认定管理的工作人员违反有关规定，依据《无公害农产品管理办法》第三十九条规定进行处理。

第五章　附则

第十六条 从事无公害农产品的产地认定和产品认证的机构不得收取费用。无公害农产品的产地认定和产品认证所需相关检测机构检测、无公害农产品标志按国家规定收取费用。

第十七条 本办法由厦门市农业局负责解释。

第十八条 本办法 2016 年 8 月 1 日起施行，有效期五年。